U0376664

深度学习原理及应用

周 彦 王冬丽 编著

科学出版社

北 京

内 容 简 介

近年来，深度学习发展极为迅速，是当前人工智能研究的前沿和热点。在图像识别、目标检测、环境感知、系统建模等诸多领域都有广泛的应用。本书系统介绍深度学习的原理及应用，共分为9章，包括绪论、神经网络基础、卷积神经网络、循环神经网络、深度信念网络、生成对抗网络、深度强化学习、网络轻量化，以及深度学习的几个前沿发展方向，包括可解释性、元学习和自监督学习等。

本书可作为普通高等院校自动化、计算机、电子信息等专业高年级本科生和相关专业研究生的教材，也可供人工智能相关领域从事设计、开发、应用的工程技术人员学习参考。

图书在版编目（CIP）数据

深度学习原理及应用/周彦，王冬丽编著. —北京：科学出版社，2025.3

ISBN 978-7-03-078509-1

Ⅰ. ①深… Ⅱ. ①周…②王… Ⅲ. ①机器学习-高等学校-教材 Ⅳ. ①TP181

中国国家版本馆CIP数据核字（2024）第095047号

责任编辑：孙露露　王会明 / 责任校对：王万红

责任印制：吕春珉 / 封面设计：东方人华平面设计部

科学出版社 出版

北京东黄城根北街16号

邮政编码：100717

http://www.sciencep.com

三河市中晟雅豪印务有限公司印刷

科学出版社发行　各地新华书店经销

*

2025年3月第　一　版　开本：787×1092　1/16

2025年3月第一次印刷　印张：13 3/4

字数：326 000

定价：53.00元

（如有印装质量问题，我社负责调换）

销售部电话　010-62136230　编辑部电话　010-62135763-2010

版权所有，侵权必究

前言

深度学习（deep learning，DL）是机器学习（machine learning，ML）领域一个新的研究方向，它被引入机器学习使其更接近于最初的研究目标——人工智能（artificial intelligence，AI）。深度学习是指学习样本数据的内在规律和表示层次，这些学习过程中获得的信息对文字、图像和声音等数据的解释有很大的帮助。深度学习的最终目标是让机器能够像人一样具有分析学习的能力，能够识别文字、图像和声音等数据。深度学习是一个复杂的机器学习算法，在语音和图像识别方面取得的成果，远远超过先前的相关技术。

2006 年，杰弗里·辛顿（Geoffrey Hinton）和他的学生鲁斯兰·萨拉赫丁诺夫（Ruslan Salakhutdinov）正式提出了深度学习的概念。2012 年，在著名的 ImageNet 图像识别大赛中，杰弗里·辛顿领导的小组采用深度学习模型 AlexNet 一举夺冠。随着深度学习技术的不断进步和数据处理能力的不断提升，2014 年，Facebook 提出的 DeepFace 项目，在人脸识别方面的准确率已经在 97%以上，与人类识别的准确率几乎没有差别。2016 年，随着谷歌公司基于深度学习开发的 AlphaGo 以 4∶1 的比分战胜了国际顶尖围棋高手李世石，深度学习的热度再次攀升。2019 年，AI 在自然语言处理方面取得了巨大进步，OpenAI 发布了基于 Transformer 的大型 GPT-2 模型。2024 年，生成式人工智能模型 ChatGPT 和 Sora 分别在跨媒体问答和文本转视频模型方面取得巨大成功。

深度学习在搜索技术、数据挖掘、机器学习、机器翻译、自然语言处理、多媒体学习、语音、推荐和个性化技术，以及其他相关领域都取得了很多成果。总的来说，深度学习使机器模仿视听和思考等人类的活动，解决了很多复杂的模式识别难题，使人工智能相关技术取得了很大进步。

本书共分 9 章。第 1 章介绍深度学习的发展简史、相关概念及与人工智能的关系、相关的深度学习框架和主要应用。第 2 章介绍神经网络的基础，包括前馈神经网络和反向传播算法、优化问题及如何使用 PyTorch 构建神经网络模型。第 3 章介绍经典的深度学习方法——卷积神经网络，并给出其在图像分类、目标检测和语义分割中的应用实例。第 4～7 章分别介绍循环神经网络、深度信念网络、生成对抗网络和深度强化学习的方法、框架和应用实例。第 8 章和第 9 章是深度学习的发展前沿，第 8 章介绍深度网络的轻量化方法，重点介绍通道修剪、知识蒸馏和强化学习等方法，并给出模型轻量化的开放性问题；第 9 章介绍模型可解释性、元学习和自监督学习等前沿内容。

深度学习领域中常用的深度学习框架有很多，包括 MindSpore、PaddlePaddle、PyTorch 及 TensorFlow 等。其中，PyTorch 是一个广泛使用的深度学习框架，由 Facebook 开发和维护。它主要应用于计算机视觉、自然语言处理和强化学习等领域，以其动态图机制、易用性、灵活性和快速迭代而受到欢迎。因此，本书各章均基于 PyTorch 框架对理论和方法进行介绍。

本书由周彦和王冬丽合作编著。周彦撰写第 1、6～9 章，王冬丽撰写第 2～5 章。

另外，还要感谢湘潭大学智能信息处理与系统实验室的研究生对本书部分素材的收集、整理所做的贡献。感谢湘潭大学研究生精品教材建设基金的资助！

深度学习技术发展非常迅速，尽管我们尽力在本书中包含了许多新的内容，但仍然会遗漏一些新的思想、方法和不断涌现的新技术。由于编者水平所限，书中不足之处在所难免，敬请读者批评指正。

目　录

第 1 章 绪 论

深度学习（DL）在近年来发展极为迅速。在人工智能时代，深度学习及深度学习所带来的成果和产品深刻改变着人们的生产、生活方式。

1.1 深度学习发展简史

就在几年前，不管在大公司还是创业公司，都鲜有工程师和科学家将深度学习应用到智能产品与服务中。作为深度学习前身的神经网络，才刚刚摆脱被机器学习学术界认为是过时工具的印象。那个时候，即使是机器学习也仅仅被看作一门具有前瞻性，并拥有一系列小范围实际应用的学科。在包含计算机视觉和自然语言处理（natural language processing，NLP）在内的实际应用中通常需要大量的相关领域知识：这些实际应用被视为相互独立的领域，而机器学习只占其中的一小部分。然而仅仅经过几年的发展，深度学习便令全世界大吃一惊。

深度学习有力地推动了计算机视觉、自然语言处理、自动语音识别、强化学习和统计建模等多个领域的快速发展。随着这些领域的不断进步，人们制造出自动驾驶的汽车，开发出通过短信、邮件甚至电话的自动回复系统，开发出在围棋比赛中击败最优秀人类选手的软件。这些由深度学习带来的新工具正产生着广泛的影响：它们改变了电影制作和疾病诊断的方式，并在从天体物理学到生物学等各个基础科学中扮演越来越重要的角色。

1.1.1 深度学习的起源

远在古希腊时期，发明家就梦想着创造能自主思考的机器。神话人物皮格马利翁（Pygmalion）、代达罗斯（Daedalus）和赫菲斯托斯（Hephaestus）可以被看作传说中的发明家，而加拉提亚（Galatea）、塔罗斯（Talos）和潘多拉（Pandora）则可以被视为人造生命。

早在世界上第一台计算机问世之前，人类在第一次构思可编程计算机时，就已经在思考计算机能否变得智能了。如今，人工智能（AI）已经成为一个具有众多实际应用和活跃研究课题的领域，并且正在蓬勃发展。人们期望通过智能软件自动地处理常规劳动、理解语音或图像、帮助医学诊断和支持基础科学研究。

在人工智能发展的早期，那些对人类来说非常困难、但对计算机来说相对简单的问题就得到迅速解决，比如那些可以通过一系列形式化的数学规则来描述的问题。人工智能的真正挑战在于解决那些对人类来说很容易执行，但很难形式化描述的任务，如识别人们所说的话或图像中的脸。这些问题，人类往往可以凭借直觉轻易地解决。

针对这些比较直观的问题，可以让计算机从经验中学习，并根据层次化的概念体系来理解世界，而每个概念则通过与某些相对简单的概念之间的关系来定义。让计算机从经验中获取知识，可以避免由人类给计算机形式化地指定它需要的所有知识。层次化的概念让计算机构建简单的概念来学习复杂概念。如果绘制出这些概念如何建立在彼此之上的图，将得到一张"深"（层次很多）的图，基于这个原因称这种方法为AI深度学习。

早在 17 世纪，雅各布·伯努利（Jakob Bernoulli）（1655—1705）提出了描述只有两种结果的随机过程（如抛掷一枚硬币）的伯努利分布。大约一个世纪之后，约翰·卡尔·弗里德里希·高斯（Johann Carl Friedrich Gauss）（1777—1855）发明了至今从保险计算到医学诊断等领域都在广泛使用的最小二乘法。概率论、统计学和模式识别等工具帮助研究自然科学的科学家从数据回归到自然定律，从而发现了如欧姆定律（描述电阻两端电压和流经电阻电流关系的定律）这类可以用线性模型完美表达的一系列自然法则。

即使是在中世纪，数学家们也热衷于利用统计学来做出估计。例如，在雅可比·科贝尔（Jacob Köbel）（1460—1533）的几何书中记载了如何使用 16 名男子的平均脚长来估计男子的平均脚长。如图 1.1 所示，在这个研究中，16 名成年男子被要求站成一排并把脚贴在一起，然后量出他们脚的总长度，用这个总长度除以 16 得到的一个估计值，这个值大约相当于今日的 1 英尺（1 英尺≈30.48 厘米）。这个算法之后又被改进，以应对特异形状的脚，计算时最长的脚长和最短的脚长不计入，只对剩余的脚长取平均值，即裁剪平均值的雏形。

图 1.1 中世纪 16 名男子的平均脚长被用来估计男子的平均脚长

现代统计学在 20 世纪的真正起飞要归功于数据的收集和发布。统计学巨匠之一罗纳德·费希尔（Ronald Fisher）（1890—1962）对统计学理论和统计学在基因学中的应用功不可没，他发明的许多算法和公式仍经常被使用，如线性判别分析和费希尔信息，即使是他在 1936 年发布的鸢尾花（Iris）数据集，仍然偶尔被用于演示其学习算法。

1.1.2 深度学习的发展

深度学习是近年来发展迅速的研究领域，并且在人工智能的很多子领域都取得了巨大的成功。从根源上讲，深度学习是机器学习的一个分支，是指一类问题以及解决这类问题的方法。

互联网的崛起、价廉物美的传感器和低价的存储器使人们越来越容易获取大量数据，加之便宜的计算力，尤其是原本为计算机游戏设计的图形处理单元（graphics processing unit，GPU）的运用，使原本认为不可能的算法和模型变得触手可及。

首先，深度学习问题是一个机器学习问题，指从有限样例中通过算法总结出一般性的规律，并可以应用到新的未知数据上。例如，一般可以从一些历史病例的集合中总结症状和疾病之间的规律。这样当有新的患者时，就可以利用总结出来的规律判断这个患者得了什么疾病。

其次，深度学习采用的模型一般比较复杂，指样本的原始输入到输出目标之间的数据流经过多个线性或非线性的组件（component）。因为每个组件都会对信息进行加工，并进而影响后续的组件，所以当最后得到输出结果时，一般并不清楚其中每个组件的贡献是多少，这个问题叫作贡献度分配问题（credit assignment problem，CAP）。贡献度分配问题也是一个关键问题，关系到如何学习每个组件中的参数。

目前，一种可以比较好地解决贡献度分配问题的模型是人工神经网络（artificial neural network，ANN）。人工神经网络，简称神经网络，是一种受人脑神经系统的工作方式启发而构造的数学模型。与目前计算机的结构不同，人脑神经系统是一个由生物神经元组成的高度复杂网络，是一个并行的非线性信息处理系统。人脑神经系统可以将声音、视觉等信号经过多层的编码，从最原始的低层特征不断加工、抽象，最终得到原始信号的语义表示。与人脑神经网络类似，人工神经网络是由人工神经元以及神经元之间的连接构成的，其中有两类特殊的神经元：一类用来接收外部的信息，另一类用来输出信息。这样，神经网络可以看作信息从输入到输出的信息处理系统。如果把神经网络看作由一组参数控制的复杂函数，并用来处理一些模式识别任务（如语音识别、人脸识别等），则神经网络的参数可以通过机器学习的方式从数据中学习。因为神经网络模型一般比较复杂，从输入到输出的信息传递路径一般比较长，所以复杂神经网络的学习可以看成是一种深度的机器学习，即深度学习。神经网络和深度学习并不等价。深度学习可以采用神经网络模型，也可以采用其他模型，如深度信念网络（deep belief networks，DBN），这是一种概率图模型。但是，由于神经网络模型可以比较容易地解决贡献度分配问题，因此神经网络模型成为深度学习中主要采用的模型。虽然深度学习一开始用来解决机器学习中的表示学习（representation learning）问题，但是由于其强大的能力，深度学习越来越多地用来解决一些通用人工智能问题，如推理、决策等。

1.1.3 深度学习的爆发

2006 年，杰弗里·辛顿（Geoffrey Hinton）和他的学生鲁斯兰·萨拉赫丁诺夫（Ruslan Salakhutdinov）正式提出了深度学习的概念。他们在世界顶级学术期刊《科学》发表的一篇文章中详细给出了“梯度消失”问题的解决方案——通过无监督的学习方法逐层训练算法，再使用有监督的反向传播（back propagation，BP）算法进行调优。该深度学习方法的提出，立即在学术圈引起了巨大的反响，以斯坦福大学、多伦多大学为代表的众多世界知名高校纷纷投入巨大的人力、财力进行深度学习领域的相关研究，而后又迅速蔓延到工业界。

2012 年，在著名的 ImageNet 图像识别大赛中，杰弗里·辛顿领导的小组采用深度学习模型 AlexNet 一举夺冠。AlexNet 采用 ReLU（rectified linear unit，整流线性单元）激活函数，从根本上解决了梯度消失问题，并采用 GPU 极大地提高了模型的运算速度。同年，由斯坦福大学著名的吴恩达教授和世界顶尖计算机专家杰夫·迪恩（Jeff Dean）共同主导的深度神经网络（deep neural networks，DNN）[也称深度前馈网络（deep feedforward network，DFN）、前馈神经网络（feedforward neural networks，FNN）、多层感知机（multilayer perceptron，MLP）]技术在图像识别领域取得了惊人的成绩，在 ImageNet 评测中成功地把错误率从 26%降到了 15%。深度学习算法在世界大赛的脱颖而出，也再一次吸引了学术界和工业界对于深度学习的关注。

随着深度学习技术的不断进步以及数据处理能力的不断提升，2014 年，Facebook（2021 年 10 月更名为 Meta）基于深度学习技术的 DeepFace 项目在人脸识别方面的准确率已经在 97%以上，与人类识别的准确率几乎没有差别。这样的结果再一次证明深度学习算法在图像识别方面的“一骑绝尘”。

2016 年，随着谷歌公司基于深度学习开发的 AlphaGo 以 4∶1 的比分战胜了国际顶尖围棋高手李世石，深度学习的热度再次攀升。后来，AlphaGo 又接连与众多世界级围棋高手过招，均取得了完胜。这也证明了在围棋界，基于深度学习技术的机器人已经超越了人类。

2017 年，基于强化学习算法的 AlphaGo 升级版 AlphaGo Zero 横空出世，其采用从零开始、无师自通的学习模式，以 100∶0 的比分轻而易举地打败了之前的 AlphaGo。除了围棋，它还精通国际象棋等其他棋类游戏，可以说是真正的棋类“天才”。此外，在这一年，深度学习的相关算法在医疗、金融、艺术、无人驾驶等多个领域均取得了显著的成果。所以，也有专家把 2017 年看作深度学习甚至是人工智能发展最为突飞猛进的一年。

2019 年，AI 在自然语言处理方面取得了巨大进步，OpenAI 发布了大型 GPT-2 模型，这一年主要的发展是来自 Transformer 的双向编码器表示（bidirectional encoder representations from transformers，BERT），这是一种语言建模神经网络模型，可以在几乎所有任务上提高自然语言处理的质量，谷歌公司甚至将其用作相关性的主要信号之一，这是多年来最重要的更新。

2022 年，DeepMind 发布了 Gopher，一个拥有 2800 亿参数的大型语言模型（large language model，LLM）；谷歌发布了拥有 5400 亿个参数的 Pathways 语言模型（Pathways language model，PaLM）和多达 1.2 万亿个参数的通用语言模型（generalist language model，GLaM）；微软和英伟达发布了 Megatron-Turing NLG，一个拥有 5300 亿参数的 LLM。其中，较大的模型成功地完成了较小的模型不可能完成的任务，随着 LLM 规模的扩大，模型在更广泛的任务和基准测试中展示出更好的结果。

2024 年，生成式人工智能模型在人的交流和服务方面展现出巨大的潜力。不同的语言导致生活在不同地区的人类有交流障碍，同声翻译 AI 软件有助于解决这一难题。美国的 Meta 公司研发出开源无缝交流语音翻译模型 Seamless，谷歌公司则研发了无监督语音翻译 AI 系统 Translation 3。其中，Meta 公司的 Seamless 是一个“大一统模型”，集成了其他深度学习模型的功能，可以实时进行更自然、更真实的跨语言交流。谷歌公司的 Translation 3 在翻译词汇的同时，还能处理停顿、语速、说话者身份等非文本语音的细微差异。

1.2 深度学习的相关概念

深度学习是机器学习的一个分支，它通过模仿人类大脑的神经网络结构来解决复杂的模式识别问题。

1.2.1 深度学习与传统机器学习的区别

AI 许多早期的成功发生在相对简单的环境中，而且不要求计算机储备很多的知识。例如，IBM 公司的深蓝（Deep Blue）国际象棋系统在 1997 年击败了世界冠军加里 • 基莫维奇 • 卡斯帕罗夫（Гарри Кимович Каспаров）。显然国际象棋是一个非常简单的领域，因为它仅有 64 个位置并且只能以严格限制的方式移动 32 个棋子。设计一种成功的国际象棋策略是巨大的成就，但向计算机描述棋子及其允许的走法并不是挑战的困难所在。国际象棋完全可以由一个非常简短的、完全形式化的规则列表来描述，并可以容易地由程序员事先准备好。

讽刺的是，抽象和形式化的任务对人类而言是最困难的脑力任务之一，但对计算机而言却是最容易的。计算机早就能够打败人类最好的象棋选手，但直到最近，计算机才在识别对象或语音任务中达到人类的平均水平。一个人的日常生活需要关于世界的巨量知识，很多这方面的知识是主观的、直观的，因此很难通过形式化的方式表达清楚。计算机需要获取同样的知识才能表现出智能，人工智能的一个关键挑战就是如何将这些非形式化的知识传达给计算机。

一些人工智能项目力求将关于世界的知识用形式化的语言进行硬编码（hard-code），计算机可以使用逻辑推理规则来自动地理解这些形式化语言中的声明，这就是众所周知的人工智能的知识库（knowledge base）方法。然而，这些项目最终都没有取得重大的成功。其中，最著名的是 Cyc（encyclopedia，百科全书）项目，其包括一个推断引擎和一个使用 CycL 语言描述的声明数据库，这些声明是由人类监督者输入的，这是一个笨拙的过程。人们设法设计出足够复杂的形式化规则来精确地描述世界。例如，Cyc 不能理解一个关于名为 Fred 的人在早上剃须的故事。它的推理引擎检测到故事中的不一致性：它知道人体的构成不包含电气零件，但由于 Fred 正拿着一个电动剃须刀，它认为实体“正在剃须的 Fred”（Fred while shaving）含有电气部件。因此，它产生了这样的疑问：Fred 在刮胡子的时候是否仍然是一个人。

依靠硬编码的知识体系面对的困难表明，AI 系统需要具备自己获取知识的能力，即具备从原始数据中提取模式的能力，这种能力被称为机器学习。引入机器学习使计算机能够解决涉及现实世界知识的问题，并能做出看似主观的决策。例如，一个被称为逻辑回归（logistic regression）的简单机器学习算法可以决定是否建议剖宫产；而同样是简单机器学习算法的朴素贝叶斯（naive Bayes）则可以区分垃圾电子邮件和合法电子邮件。

这些简单的机器学习算法的性能在很大程度上依赖于给定数据的表示。例如，当逻辑回归被用于判断产妇是否适合剖宫产时，AI 系统不会直接检查患者。相反，医生需要告诉系统几条相关的信息，如是否存在子宫疤痕等。表示患者的每条信息被称为一个特征。逻辑回归学习患者的这些特征如何与各种结果相关联。然而，它丝毫不能影响该特征定义的方式。如果将患者的磁共振成像（magnetic resonance imaging，MRI）扫描作为逻辑回归的输入，而不是医生正式的报告，它将无法做出有用的预测。MRI 扫描的单一像素与分娩过程中并发症之间的相关性微乎其微。

在整个计算机科学乃至日常生活中，对表示的依赖都是一个普遍现象。在计算机科学中，如果数据集合被精巧地结构化并被智能地索引，那么诸如搜索之类的操作的处理速度就可以成指数级地加快。人们可以很容易地在阿拉伯数字的表示下进行算术运算，但在罗马数字的表示下运算会比较耗时。因此，毫不奇怪，表示的选择会对机器学习算法的性能产生巨大的影响。图 1.2 展示了一个简单的可视化例子，假设在散点图中画一条线来分割两类数据，在图（a）中使用笛卡儿坐标表示数据，这个任务是不可能的；在图（b）中使用极坐标表示数据，可以用垂直线简单地解决这个任务。

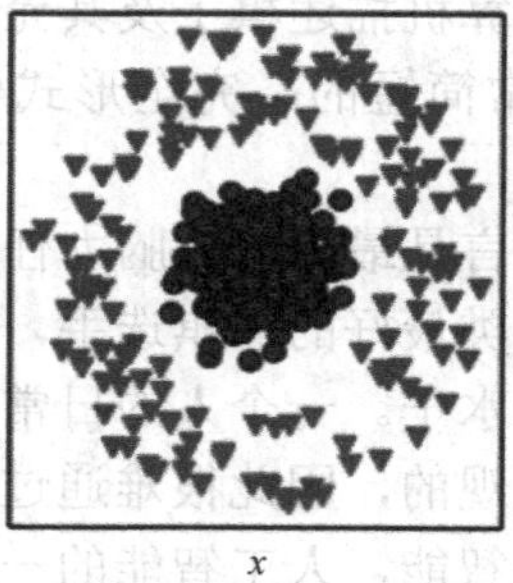

（a）使用笛卡儿坐标表示数据

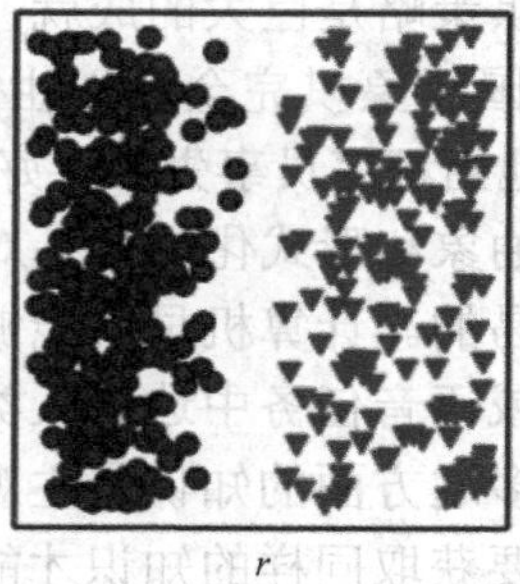

（b）使用极坐标表示数据

图 1.2　同一分类问题的不同表示

许多人工智能任务都可以通过以下方式解决：先提取一个合适的特征集，然后将这些特征提供给简单的机器学习算法。例如，对于通过声音鉴别说话者的任务来说，一个有用的特征是对其声道大小的估计。这个特征为判断说话者是男性、女性还是儿童提供了有力线索。

然而，对于许多任务来说很难知道应该提取哪些特征。例如，假设编写一个程序来检测照片中的车。因为汽车有轮子，所以可能会想用车轮的存在与否作为特征。但是，根据像素值来描述车轮看上去像什么通常是很难描述准确的。虽然车轮具有简单的几何形状，但是它的图像可能会因场景的不同而不同，如落在车轮上的阴影、太阳照亮的车轮的金属零件、汽车的挡泥板或者遮挡住车轮一部分的前景物体等。

解决这个问题的途径之一是使用机器学习来发掘表示本身，而不仅仅是把表示映射到输出。这种方法称为表示学习，学习到的表示往往比手动设计的表示表现得更好，并且它们只需要最少的人工干预，就能让 AI 系统迅速适应新的任务。表示学习算法只需要几分钟就能为简单的任务发现一个很好的特征集，对于复杂的任务则需要几个小时到几个月的时间，而手动给一个复杂的任务设计特征则需要耗费大量的时间和精力，甚至需要花费整个研究团队所有研究人员几十年的时间。

深度学习通过其他较简单的表示来表达复杂表示，解决了表示学习中的核心问题。机器学习是指从有限的观测数据中学习（或“猜测”）出具有一般性的规律，并利用这些规律对未知数据进行预测的方法。机器学习是人工智能的一个重要分支，并逐渐成为推动人工智能发展的关键因素。

传统的机器学习主要关注如何学习一个预测模型。一般需要首先将数据表示为一组特征（feature），特征的表示形式可以是连续的数值、离散的符号或其他形式。然后将这些特征输入预测模型，并输出预测结果。这类机器学习可以看作浅层学习（shallow learning）。浅层学习的一个重要特点是不涉及特征学习，其特征主要靠人工经验或特征转换方法来抽取。

当机器学习被用来解决实际任务时，会面对多种多样的数据形式（如声音、图像、文本等），不同数据的特征构造方式差异很大。对于图像这类数据，可以很自然地将其表示为一个连续的向量；而对于文本数据，因为其一般由离散符号组成，并且每个符号在计算机内部都表示为无意义的编码，所以通常很难找到合适的表示方式。

为了学习一种好的表示，需要构建具有一定“深度”的模型，并通过学习算法让模型自动学习出好的特征表示（从底层特征到中层特征，再到高层特征），从而最终提升预测模型的准确率。所谓“深度”是指原始数据进行非线性特征转换的次数。如果把一个表示学习系统看作一个有向图结构，深度也可以看作从输入节点到输出节点所经过的最长路径的长度。这样就需要一种学习方法可以从数据中学习一个“深度模型”，这就是深度学习。深度学习是机器学习的子问题，其主要目的是从数据中自动学习到有效的特征表示。

1.2.2 线性回归

线性回归（linear regression）是机器学习和统计学中最基础也是应用最广泛的模型，是一种对自变量和因变量之间的关系进行建模的回归分析。自变量数量为 1 时称为简单回归，自变量数量大于 1 时称为多元回归。

从机器学习的角度来看，自变量就是样本的特征向量 $\boldsymbol{x}\in\mathbb{R}^D$（每一维对应一个自变量），因变量就是标签 y，这里 $y\in\mathbb{R}$ 是连续值（实数或连续整数）。假设空间是一组参数化的线性函数：

$$f(\boldsymbol{x};\boldsymbol{w},b)=\boldsymbol{w}^{\mathrm{T}}\boldsymbol{x}+b \tag{1.1}$$

式中，权重向量 $\boldsymbol{w}\in\mathbb{R}^D$ 和偏置 $b\in\mathbb{R}$ 都是可学习的参数，函数 $f(\boldsymbol{x};\boldsymbol{w},b)\in\mathbb{R}$ 也称为线性模型。

为简单起见，将式（1.1）写为

$$f(\boldsymbol{x};\hat{\boldsymbol{w}})=\hat{\boldsymbol{w}}^{\mathrm{T}}\hat{\boldsymbol{x}} \tag{1.2}$$

式中，$\hat{\boldsymbol{w}}$ 和 $\hat{\boldsymbol{x}}$ 分别称为增广权重向量和增广特征向量：

$$\hat{\boldsymbol{x}} = \boldsymbol{x} \oplus 1 \triangleq \begin{bmatrix} \boldsymbol{x} \\ 1 \end{bmatrix} = \begin{bmatrix} x_1 \\ \vdots \\ x_D \\ 1 \end{bmatrix} \tag{1.3}$$

$$\hat{\boldsymbol{w}} = \boldsymbol{w} \oplus b \triangleq \begin{bmatrix} \boldsymbol{w} \\ b \end{bmatrix} = \begin{bmatrix} w_1 \\ \vdots \\ w_D \\ b \end{bmatrix} \tag{1.4}$$

式中，$\oplus$ 定义为两个向量的拼接操作。

不失一般性，在本章后面的描述中采用简化的表示方法，直接用 $\boldsymbol{w}$ 和 $\boldsymbol{x}$ 分别表示增广权重向量和增广特征向量。这样，线性回归的模型可简写为 $f(\boldsymbol{x};\boldsymbol{w}) = \boldsymbol{w}^{\mathrm{T}}\boldsymbol{x}$。

1.2.3 Softmax 回归

Softmax 回归（Softmax regression）也称为多项（multinomial）或多类（multi-class）的逻辑回归，是逻辑回归在多分类问题上的推广。

对于多类问题，类别标签 $y \in \{1,2,\cdots,C\}$ 可以有 C 个取值。给定一个样本 $\boldsymbol{x}$，Softmax 回归预测属于类别 c 的条件概率为

$$\begin{aligned} p(y=c\mid\boldsymbol{x}) &= \mathrm{Softmax}(\boldsymbol{w}_c^{\mathrm{T}}\boldsymbol{x}) \\ &= \frac{\exp(\boldsymbol{w}_c^{\mathrm{T}}\boldsymbol{x})}{\sum_{c'=1}^{C}\exp(\boldsymbol{w}_{c'}^{\mathrm{T}}\boldsymbol{x})} \end{aligned} \tag{1.5}$$

式中，$\boldsymbol{w}_c$ 是第 c 类的权重向量。

Softmax 回归的决策函数可以表示为

$$\begin{aligned} \hat{y} &= \underset{c=1}{\overset{C}{\arg\max}}\ p(y=c\mid\boldsymbol{x}) \\ &= \underset{c=1}{\overset{C}{\arg\max}}\ \boldsymbol{w}_c^{\mathrm{T}}\boldsymbol{x} \end{aligned} \tag{1.6}$$

当类别数 $C=2$ 时，Softmax 回归的决策函数为

$$\begin{aligned} \hat{y} &= \underset{y\in\{0,1\}}{\arg\max}\ \boldsymbol{w}_y^{\mathrm{T}}\boldsymbol{x} \\ &= I(\boldsymbol{w}_1^{\mathrm{T}}\boldsymbol{x} - \boldsymbol{w}_0^{\mathrm{T}}\boldsymbol{x} > 0) \\ &= I[(\boldsymbol{w}_1 - \boldsymbol{w}_0)^{\mathrm{T}}\boldsymbol{x} > 0] \end{aligned} \tag{1.7}$$

式中，$I(\cdot)$ 是指示函数。对比二分类决策函数，可以发现，二分类中的权重向量 $\boldsymbol{w} = \boldsymbol{w}_1 - \boldsymbol{w}_0$。

式（1.6）用向量形式可以写为

$$\begin{aligned} \hat{\boldsymbol{y}} &= \mathrm{Softmax}(\boldsymbol{W}^{\mathrm{T}}\boldsymbol{x}) \\ &= \frac{\exp(\boldsymbol{W}^{\mathrm{T}}\boldsymbol{x})}{\boldsymbol{1}_C^{\mathrm{T}}\exp(\boldsymbol{W}^{\mathrm{T}}\boldsymbol{x})} \end{aligned} \tag{1.8}$$

式中，$\boldsymbol{W}=[\boldsymbol{w}_1, \boldsymbol{w}_2, \cdots, \boldsymbol{w}_C]$是由 C 类的权重向量组成的矩阵；$\mathbf{1}_C^{\mathrm{T}}$ 为 C 维的全 1 向量；$\hat{\boldsymbol{y}} \in \mathbb{R}^C$ 为所有类别的预测条件概率组成的向量，第 c 维的值是第 c 类的预测条件概率。

1.2.4 多层感知机

前面已经介绍了包括线性回归和 Softmax 回归在内的单层神经网络，然而深度学习主要关注多层模型。本节将以多层感知机（multilayer perceptron，MLP）为例，介绍多层神经网络的概念。

多层感知机在单层神经网络的基础上引入了一到多个隐藏层（hidden layer），隐藏层位于输入层和输出层之间。图 1.3 所示为一个多层感知机的神经网络图。

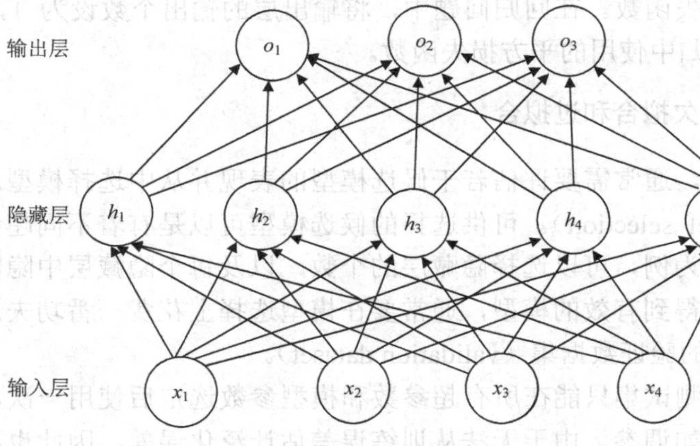

图 1.3 多层感知机的神经网络图

在图 1.3 所示的多层感知机中，输入层和输出层的个数分别为 4 和 3，中间的隐藏层包含 5 个隐藏单元（hidden unit）。由于输入层不涉及计算，图中的多层感知机的层数为 2。从图中可以看出，隐藏层中的神经元和输入层中各个输入完全连接，输出层中的神经元和隐藏层中的各个神经元也完全连接。因此，多层感知机中的隐藏层和输出层都是全连接层。

具体来说，给定一个小批量样本 $\boldsymbol{X} \in \mathbb{R}^{n \times d}$，其批量大小为 n，输入个数为 d。假设多层感知机只有一个隐藏层，其中隐藏单元的个数为 h。记隐藏层的输出（也称为隐藏层变量或隐变量）为 $\boldsymbol{H}$（$\boldsymbol{H} \in \mathbb{R}^{n \times h}$）。因为隐藏层和输出层均是全连接层，可以将隐藏层的权重参数和偏差参数设为 $\boldsymbol{W}_h \in \mathbb{R}^{d \times h}$ 和 $\boldsymbol{b}_h \in \mathbb{R}^{1 \times h}$，输出层的权重参数和偏差参数分别为 $\boldsymbol{W}_o \in \mathbb{R}^{h \times q}$ 和 $\boldsymbol{b}_o \in \mathbb{R}^{1 \times q}$。首先来看一种含单个隐藏层的多层感知机的设计，其输出 $\boldsymbol{O} \in \mathbb{R}^{n \times q}$ 的计算为

$$\boldsymbol{H} = \boldsymbol{X}\boldsymbol{W}_h + \boldsymbol{b}_h \tag{1.9}$$

$$\boldsymbol{O} = \boldsymbol{H}\boldsymbol{W}_o + \boldsymbol{b}_o \tag{1.10}$$

也就是将隐藏层的输出直接作为输出层的输入。如果将式（1.9）和式（1.10）联立起来，可以得到

$$\boldsymbol{O} = (\boldsymbol{X}\boldsymbol{W}_h + \boldsymbol{b}_h)\boldsymbol{W}_o + \boldsymbol{b}_o = \boldsymbol{X}\boldsymbol{W}_h\boldsymbol{W}_o + \boldsymbol{b}_h\boldsymbol{W}_o + \boldsymbol{b}_o \tag{1.11}$$

从式（1.11）中可以看出，虽然神经网络引入了隐藏层，却依然等价于一个单层神

经网络，其中输出层权重参数为$\boldsymbol{W}_h\boldsymbol{W}_o$，偏差参数为$\boldsymbol{b}_h\boldsymbol{W}_o+\boldsymbol{b}_o$。不难发现，即便再添加更多的隐藏层，以上设计依然只能得到仅含输出层的单层神经网络。

多层感知机就是含有至少一个隐藏层的由全连接层组成的神经网络，且每个隐藏层的输出通过激活函数进行变换。多层感知机的层数和各隐藏层中隐藏单元的个数都是超参数。以单隐藏层为例并沿用本节之前定义的符号，多层感知机按以下方式计算输出：

$$\boldsymbol{H}=\phi(\boldsymbol{X}\boldsymbol{W}_h+\boldsymbol{b}_h) \tag{1.12}$$

$$\boldsymbol{O}=\boldsymbol{H}\boldsymbol{W}_o+\boldsymbol{b}_o \tag{1.13}$$

式中，ϕ表示激活函数。在分类问题中，对输出$\boldsymbol{O}$做 Softmax 运算，并使用 Softmax 回归中的交叉熵损失函数。在回归问题中，将输出层的输出个数设为 1，并将输出$\boldsymbol{O}$直接提供给线性回归中使用的平方损失函数。

1.2.5 模型选择、欠拟合和过拟合

在机器学习中，通常需要评估若干候选模型的表现并从中选择模型。这一过程称为模型选择（model selection）。可供选择的候选模型可以是有着不同超参数的同类模型。以多层感知机为例，可以选择隐藏层的个数，以及每个隐藏层中隐藏单元的个数和激活函数。为了得到有效的模型，通常要在模型选择上花费一番功夫。下面描述模型选择中经常使用的验证数据集（validation dataset）。

严格意义上，测试集只能在所有超参数和模型参数选定后使用一次，不能使用测试数据选择模型，如调参。由于无法从训练误差估计泛化误差，因此也不应只依赖训练数据选择模型。有鉴于此，可以预留一部分在训练数据集和测试数据集以外的数据来进行模型选择，这部分数据被称为验证数据集，简称验证集（validation set）。例如，可以从给定的训练集中随机选取小部分作为验证集，而将剩余部分作为真正的训练集。

在实际应用中，由于数据不容易获取，测试数据极少只使用一次就丢弃。因此，实践中验证数据集和测试数据集的界限可能比较模糊。严格意义上，除非明确说明，本书中实验所使用的测试集为验证集，实验报告的测试精度为验证精度。

接下来，将探究模型训练中经常出现的两类典型问题：一类是模型无法得到较低的训练误差，称该现象为欠拟合（underfitting）；另一类是模型的训练误差远小于它在测试数据集上的误差，称该现象为过拟合（overfitting）。在实践中，要尽可能同时解决欠拟合和过拟合。虽然有很多因素可能导致这两种拟合问题，但是这里只重点讨论模型复杂度和训练数据集大小两个因素。

为了解释模型复杂度，这里以多项式函数拟合为例：给定一个由标量数据特征x和对应的标量标签y组成的训练数据集，多项式函数拟合的目标是找一个K阶多项式函数来近似y，即

$$y=b+\sum_{k=1}^{K}x^k w_k \tag{1.14}$$

式中，w_k是模型的权重参数；b是偏差参数。与线性回归相同，多项式函数拟合也使

用平方损失函数。特别地，一阶多项式函数拟合又称线性函数拟合。

因为高阶多项式函数模型参数更多，模型函数的选择空间更大，所以高阶多项式函数比低阶多项式函数的复杂度更高。因此，高阶多项式函数比低阶多项式函数更容易在相同的训练数据集上得到更低的训练误差。给定训练数据集，模型复杂度和误差之间的关系通常如图 1.4 所示。给定训练数据集，如果模型的复杂度过低，很容易出现欠拟合；如果模型的复杂度过高，很容易出现过拟合。应对欠拟合和过拟合的一个办法是针对数据集去选择合适复杂度的模型。

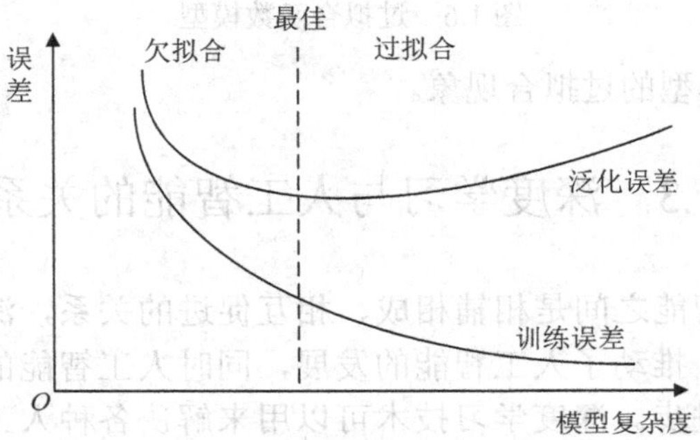

图 1.4 模型复杂度对欠拟合和过拟合的影响

影响欠拟合和过拟合的另一个重要因素是训练数据集的大小。一般来说，如果训练数据集中样本数过少，特别是比模型参数数量（按元素计）更少时，过拟合更容易发生。此外，泛化误差不会随着训练数据集中样本数量的增加而增大。因此，在计算资源允许范围之内，通常希望训练数据集大一些，特别是当模型复杂度较高时，如层数较多的深度学习模型。

如图 1.5 所示，在欠拟合的情况下，该模型的训练误差在迭代早期下降后便很难继续降低。在完成最后一次迭代周期后，训练误差依旧很高。线性模型在非线性模型（如三阶多项式函数）生成的数据集上容易欠拟合。

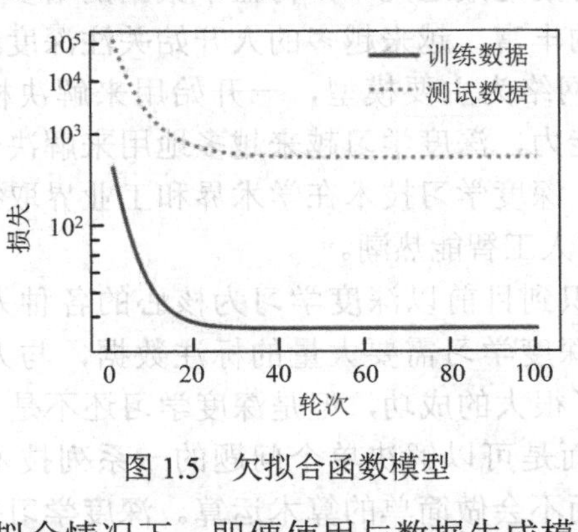

图 1.5 欠拟合函数模型

如图 1.6 所示，在过拟合情况下，即便使用与数据生成模型同阶的三阶多项式函数模型，如果训练量不足，该模型依然容易过拟合。如果仅使用两个样本来训练模型，显然训练样本过少了，甚至少于模型参数的数量，这使模型显得过于复杂，以至于容易被训练数据中的噪声影响。在迭代过程中，即便训练误差较低，但是测试数据集上

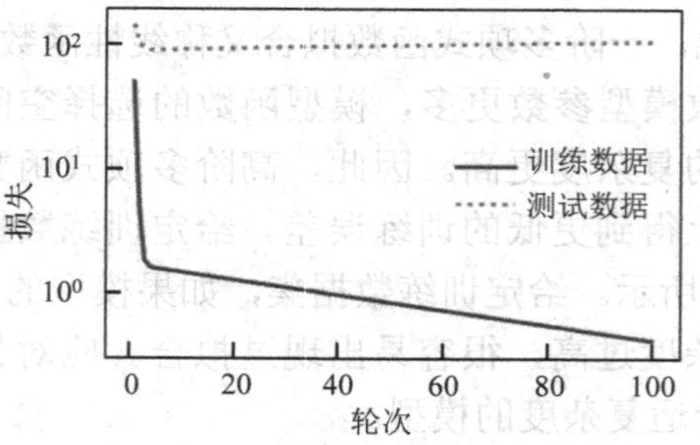

图 1.6 过拟合函数模型

的误差却很高，这是典型的过拟合现象。

1.3 深度学习与人工智能的关系

深度学习与人工智能之间是相辅相成、相互促进的关系，深度学习作为人工智能的一个重要技术手段，推动了人工智能的发展，同时人工智能的需求也促进了深度学习技术的不断创新和进步。深度学习技术可以用来解决各种人工智能领域的问题，包括图像识别、语音识别、自然语言处理等。通过训练大规模的神经网络，深度学习技术使计算机能够模仿人类的感知和认知能力。除了深度学习之外，人工智能还涉及许多其他技术和方法，如符号推理、专家系统等。深度学习是其中的一种方法，它在解决某些问题上表现出色，但并不是所有人工智能问题都可以通过深度学习来解决。

1.3.1 深度学习在人工智能中的角色

近年来，以机器学习、知识图谱（knowledge graph）为代表的人工智能技术逐渐普及。从车牌识别、人脸识别、语音识别、智能助手、推荐系统到自动驾驶，人们在日常生活中可能有意无意地用到人工智能技术。这些技术的背后都离不开人工智能领域研究者的长期努力。特别是最近几年，得益于数据的增多、计算能力的增强、学习算法的成熟及应用场景的丰富，越来越多的人开始关注深度学习这个“崭新”的研究领域。深度学习以神经网络为主要模型，一开始用来解决机器学习中的表示学习问题。但是由于其强大的能力，深度学习越来越多地用来解决一些通用人工智能问题，如推理、决策等。目前，深度学习技术在学术界和工业界取得了广泛的成功，受到高度重视，并掀起新一轮的人工智能热潮。

然而，也应充分意识到目前以深度学习为核心的各种人工智能技术和“人类智能”还不能相提并论。深度学习需要大量的标注数据，与人类的学习方式差异性很大。虽然深度学习取得了很大的成功，但是深度学习还不是一种可以解决一系列复杂问题的通用智能技术，而是可以解决单个问题的一系列技术，比如可以打败人类的 AlphaGo 只能下围棋，而不会做简单的算术运算。深度学习技术与增强学习相结合，可以用来解决各种复杂的决策问题，如游戏策略优化、智能控制等。AlphaGo 就是一个典型的例子，利用深度神经网络和增强学习算法实现了在围棋等游戏中超越人类水平的表现。就目前现有的技术来看，想要达到通用人工智能依然困难重重。

深度学习越来越多地用来解决一些通用人工智能问题，如推理、决策等。

1.3.2 深度学习在人工智能中的应用

长期以来，机器学习总能完成其他方法难以完成的目标。例如，自 20 世纪 90 年代起，邮件的分拣就开始使用光学字符识别。实际上这正是知名的 MNIST（modified National Institute of Standards and Technology Database，国家标准与技术混合研究所数据库）和 USPS（United States Postal Service，美国邮政署）手写数字数据集的来源。机器学可以用于读取银行支票、进行授信评分和防金融欺诈。机器学习算法在网络上被用来提供搜索结果、个性化推荐和网页排序。尽管长期处于公众视野之外，机器学习已经渗透到了人们工作和生活的方方面面。在图像识别、目标检测、图像分割等方面均有广泛的应用。例如，在自动驾驶、医学影像分析、安防监控、人脸识别等领域，深度学习技术被用于实现各种视觉任务。在自然语言处理领域也取得了显著进展，包括语言模型、文本分类、命名实体识别、机器翻译等。一些深度学习模型已成为自然语言处理领域的主流方法，如 Transformer、BERT 等。在语音识别和语音合成领域也有重要应用，包括语音识别系统、智能助手、语音合成系统等。在医疗健康领域有着广泛的应用，包括医学影像诊断、基因组学分析、医疗数据分析等。深度学习技术可以帮助医生提高诊断准确性，加快疾病筛查和治疗速度。在金融领域的应用包括风险管理、信用评分、交易预测等方面，通过对大量金融数据的分析和建模，提高了金融决策的效率和精度。在智能交通领域被用于交通流量预测、交通信号优化、智能驾驶辅助等方面，帮助提高交通系统的效率和安全性。在游戏领域也有广泛应用，包括游戏智能体的设计、游戏内容生成、游戏推荐等方面。

直到近年来，机器学习在此前被认为无法解决的问题和直接关系到消费者的问题上取得突破性进展后才逐渐变成公众的焦点，这些进展基本归功于深度学习。

苹果公司的 Siri、亚马逊的 Alexa 和谷歌助手一类的智能助手能以较高的准确率回答口头提出的问题，甚至包括从简单的开关灯具（对残疾群体帮助很大）到提供语音对话帮助。智能助手的出现或许可以作为人工智能开始影响人们生活的标志。

智能助手的关键是需要能够精确地识别语音，而这类系统在某些应用上的精确度已经渐渐增长到可以与人类并肩。

物体识别也经历了漫长的发展过程。在 2010 年，从图像中识别出物体的类别仍是一个相当有挑战性的任务。当年在 ImageNet 基准测试上取得了 28%的错误率，到了 2017 年这个数字降低到了 2.25%。利用深度学习技术，研究人员在鸟类识别和皮肤癌诊断上也取得了同样惊人的成绩。

游戏曾被认为是人类智能最后的堡垒。自使用时间差分强化学习玩双陆棋的 TD-Gammon 算法之始，算法及算力的发展催生了一系列在游戏上使用的新算法。与双陆棋不同，国际象棋有着更复杂的状态空间和更多的可选动作，“深蓝”用大量的并行、专用硬件和游戏树的高效搜索打败了卡斯帕罗夫。围棋因其庞大的状态空间被认为是更难的游戏，AlphaGo 在 2016 年用结合深度学习与蒙特卡洛树采样的方法达到了人类水准。对德州扑克游戏而言，除了巨大的状态空间之外，更大的挑战是游戏的信息并不完全可见（如看不到对手的牌），而“冷扑大师”用高效的策略体系超越了人类。以上的例子都体现出了先进的算法是人工智能在游戏上的表现大幅提升的重要原因。

机器学习的崛起促使自动驾驶领域空前发展。尽管距离完全自主驾驶还有很长的路要走，但诸如 Momenta、Tesla、Nvidia、Mobileye 和 Waymo 这样的公司交出的具有部分自主驾驶功能的产品展示出了这个领域巨大的进步。完全自主驾驶的难点在于它需要将感知、思考和规则整合在同一个系统中。目前，深度学习主要被应用在计算机视觉部分，剩余部分还需要工程师们大量调试。

在医疗保健领域，深度学习的应用也日益显现。深度学习算法已经被用来诊断疾病、预测疾病进展，甚至指导手术。这不仅提高了医疗服务的精确度，也为医疗资源的优化分配提供了可能。

人脸检测技术是一种通过对图像或视频中的人脸进行检测和分析，从而实现人脸识别任务的技术。例如，TSINGSEE 视频智能分析系统人脸检测技术可以应用于安全监控领域，在公共场所、商业区域等地方通过对摄像头拍摄的画面进行人脸检测，可以及时发现可疑人物，提高公共安全。

人体行为分析基于人体行为检测技术，可以识别人体的姿态和动作，如攀爬、摔倒、打架、抽烟、玩手机等。在企业的安全生产场景中，人体行为检测技术的应用也十分广泛，如在工地上通过行为识别可以发现施工人员的违规和危险行为（如玩手机、抽烟、攀爬、打架等），一旦检测到，智能分析系统能立即发出告警消息，并进行抓拍。

以上列出的仅仅是近年来深度学习所取得成果的冰山一角。机器人学、物流管理、计算生物学、粒子物理学和天文学近年来的发展也有部分要归功于深度学习。可以看到，深度学习已经逐渐演变成一个工程师和科学家皆可使用的普适工具。

1.4 常用的深度学习框架

深度学习框架各有特点，选择合适的框架取决于具体的应用场景、个人偏好及团队的技术栈。以下是一些目前常用的深度学习框架。

1.4.1 TensorFlow

TensorFlow：由谷歌公司开发的深度学习框架，可以在任意具备中央处理器（central processing unit，CPU）或者 GPU 的设备上运行。TensorFlow 的计算过程使用数据流图来表示。TensorFlow 的名字来源于其计算过程中的操作对象为多维数组，即张量（tensor）。

谷歌大脑自 2011 年成立起开展了面向科学研究和谷歌产品开发的大规模深度学习应用研究，其早期工作即是 TensorFlow 的前身 DistBelief。DistBelief 的功能是构建各种尺度下的神经网络分布式学习和交互系统，也被称为“第一代机器学习系统”。DistBelief 在谷歌和 Alphabet 旗下其他公司的产品开发中被改进和广泛使用。2015 年 11 月，在 DistBelief 的基础上，谷歌大脑完成了对“第二代机器学习系统”TensorFlow 的开发并对代码开源。相比于以前的版本，TensorFlow 在性能上有显著改进，构架灵活性和可移植性也得到增强。此后，TensorFlow 快速发展，截至稳定 API（application program interface，应用程序接口）1.12 版本，已拥有包含各类开发和研究项目的完整生态系统。在 2018 年 4 月的 TensorFlow 开发者峰会中，有 21 个 TensorFlow 有关的主题得到展示。TensorFlow 的发展由于自身的原因遭遇到瓶颈。PyTorch 以动态图的开发模式、统一化的模块命名方式、更加人性化的编程方式强势出道。这些优势无一不击中 TensorFlow 的痛点，不断追赶、威胁 TensorFlow 的霸主地位。

而后全新的 TensorFlow 2.0 提高了在 GPU 上的性能表现。以 ResNet-50 和 BERT 为例，只需要几行代码，混合精度使用 Volta 和 Turing GPU，训练表现最高可以提升 3 倍。谷歌公司的深度学习科学家和 Keras 的作者表示，TensorFlow 2.0 是一个新时代的机器学习平台，这将改变一切。深度学习研究和教育者、Fast.ai 创始人杰瑞米·霍华德（Jeremy Howard）也称赞 TensorFlow 2.0 版本的发布是“令人兴奋的一步，与 TensorFlow 一代相比是一个巨大的飞跃”。

1.4.2 PyTorch

PyTorch：由 Facebook、NVIDIA、Twitter 等公司开发维护的深度学习框架，其前身为 Lua 语言的 Torch3。PyTorch 也是基于动态计算图的框架，在需要动态改变神经网络结构的任务中有着明显的优势。

PyTorch 的前身是 Torch，其底层和 Torch 框架一样，但是使用 Python 重新写了很多内容，不仅更加灵活，支持动态图，而且提供了 Python 接口。它由 Torch7 团队开发，是一个以 Python 优先的深度学习框架，不仅能够实现强大的 GPU 加速，同时还支持动态神经网络。PyTorch 是相当简洁且高效快速的框架，其设计追求最少的封装，符合人类思维，它能让用户尽可能地专注于实现自己的想法，与谷歌公司的 TensorFlow 类似，Facebook 人工智能研究院（Facebook AI research，FAIR）的支持足以确保 PyTorch 获得持续的开发更新，PyTorch 作者亲自维护的论坛供用户交流和求教问题并且其入门简单。

PyTorch 提供两个高级功能：①具有强大的 GPU 加速的张量计算（NumPy）；②包含自动求导系统的深度神经网络。2022 年 9 月，马克·艾略特·扎克伯格（Mark Elliot Zuckerberg）亲自宣布，PyTorch 基金会已新鲜成立，并归入 Linux 基金会旗下。

1.4.3 Keras

Keras 是一个使用 Python 编写的开源人工神经网络库，可以作为 TensorFlow、Microsoft-CNTK 和 Theano 的高阶应用程序接口，进行深度学习模型的设计、调试、评估、应用和可视化。

Keras 在代码结构上由面向对象方法编写，完全模块化并具有可扩展性，其运行机制和说明文档将用户体验和使用难度纳入考虑，并试图简化复杂算法的实现难度。Keras 支持现代人工智能领域的主流算法，包括前馈结构和递归结构的神经网络，也可以通过封装参与构建统计学习模型。在硬件和开发环境方面，Keras 支持多操作系统下的多 GPU 并行计算，可以根据后台设置转化为 TensorFlow、Microsoft-CNTK 等系统下的组件。Keras 的主要开发者是谷歌工程师弗朗索瓦·肖莱（François Chollet），此外其 GitHub 项目页面包含 6 名主要维护者和超过 800 名直接贡献者。Keras 在其正式版本公开后，除部分预编译模型外，按麻省理工学院（Massachusetts Institute of Technology，MIT）许可证开放源代码。

1.5 深度学习的研究进展与应用

深度学习的研究和应用在近年来取得了显著的进展，涉及多个领域和方面。

1.5.1 深度学习在计算机视觉中的应用

无论是医疗诊断、无人车、摄像监控还是智能滤镜，计算机视觉领域的诸多应用都与人们当下和未来的生活息息相关。近年来，深度学习技术深刻推动了计算机视觉系统性能的提升。可以说，当下最先进的计算机视觉应用几乎离不开深度学习。

大规模数据集是成功应用深度神经网络的前提。图像增广（image augmentation）技术通过对训练图像做一系列的随机改变，产生相似但又不同的训练样本，从而扩大训练数据集的规模。图像增广的另一种解释是，随机改变训练样本可以降低模型对某些属性的依赖，从而提高模型的泛化能力。例如，可以对图像进行不同方式的裁剪，使感兴趣的物体出现在不同的位置，从而让模型减轻对物体出现位置的依赖性。此外，也可以调整亮度、色彩等因素来降低模型对色彩的敏感度。

在图像分类任务中，假设图像里只有一个主体目标，并关注如何识别该目标的类别。然而，很多时候图像里有多个感兴趣的目标，不仅需要知道它们的类别，还要知道它们在图像中的具体位置。在计算机视觉里，通常将这类任务称为目标检测（或物体检测）。

目标检测在多个领域被广泛使用。例如，无人驾驶时需要通过识别拍摄到的视频图像中的车辆、行人、道路和障碍的位置来规划行进线路。机器人也常通过该任务来检测感兴趣的目标。安防领域则需要检测异常目标，如歹徒或炸弹等。

语义分割（semantic segmentation）问题，它关注如何将图像分割为属于不同语义类别的区域。值得一提的是，这些语义区域的标注和预测都是像素级的。与目标检测相比，语义分割标注的像素级的边框显然更加精细。计算机视觉领域还有两个和语义分割相似的重要问题：图像分割（image segmentation）和实例分割（instance segmentation）。

图像分割通常利用图像中像素之间的相关性将图像分割成若干组成区域。它在训练时无须有关图像像素的标签信息，在预测时也无法保证分割出的区域具有研究人员希望得到的语义。例如，以一只黄色小狗的图像为输入，图像分割可能将狗分割成两个区域：一个覆盖以黑色为主的嘴巴和眼睛，另一个覆盖以黄色为主的身体其余部分。

实例分割又叫同时检测和分割（simultaneous detection and segmentation），主要研究如何识别图像中各个目标实例的像素级区域。与语义分割有所不同，实例分割不仅需要区分语义，还要区分不同的目标实例。例如，如果图像中有两只狗，实例分割需要区分像素属于这两只狗中的哪一只。

1.5.2　深度学习在自然语言处理中的应用

自然语言处理关注计算机与人类之间的自然语言交互。在实际研究中，研究人员常常使用自然语言处理技术（如“循环神经网络”一章中介绍的语言模型）来处理和分析大量的自然语言数据。

自然语言处理任务中很多输出是不定长的，如任意长度的句子。本书将描述应对这类问题的编码器到解码器模型、束搜索和注意力机制，并将它们应用到机器翻译中。

自然语言是一套用来表达含义的复杂系统。在这套系统中，词是表义的基本单元。顾名思义，词向量是用来表示词的向量，也可被认为是词的特征向量。把词映射为实数域向量的技术也称词嵌入（word embedding）。近年来，词嵌入已逐渐成为自然语言处理的基础知识。

可以使用嵌入层和小批量乘法来实现跳字模型。它们也常常用于实现其他自然语言处理的应用。英语单词通常有其内部结构和构成方式。例如，可以从 dog、dogs 和 dogcatcher 的字面上推测它们的关系。这些词都有同一个词根 dog，但使用不同的后缀来改变词的含义。而且，这个关联可以推广至其他词汇。例如，dog 和 dogs 的关系如同 cat 和 cats 的关系，boy 和 boyfriend 的关系如同 girl 和 girlfriend 的关系。这一特点并非为英语所独有。在法语和西班牙语中，很多动词根据场景不同有 40 多种不同的形态；而在芬兰语中，一个名词可能有 15 种以上的形态。事实上，构词学（morphology）作为语言学的一个重要分支，研究的正是词的内部结构和构成方式。

1.5.3　深度学习在医学领域中的进展

深度学习在医学领域的应用和进展是医学领域中一个备受关注的研究方向。以下是深度学习在医学领域取得的一些主要进展。

影像识别和分析：深度学习在医学影像领域的应用是其中最为显著的进展之一。通过卷积神经网络（convolutional neural network，CNN）等深度学习模型，可以实现对 X 光、MRI、电子计算机断层扫描（computed tomography，CT）等影像数据的自动分析和诊断。这种技术已经被广泛用于肿瘤检测、病灶定位、器官分割等任务中。

临床决策支持系统：深度学习模型在临床决策支持系统中的应用有望提高诊断准确性和患者管理效率。这些系统可以利用深度学习模型对患者的临床数据进行分析，帮助医生制定治疗方案或预测病情发展。

基因组学和生物信息学：深度学习在基因组学和生物信息学领域的应用有助于挖掘大规模基因组数据中的模式和关联，从而更好地理解疾病的遗传基础、预测风险和个体化治疗。

药物发现与设计：利用深度学习模型分析药物分子结构与活性之间的关系，可以加速药物发现和设计的过程。这种技术可以通过虚拟筛选、分子对接等方式，帮助研究人员发现潜在的药物靶点和药物候选物。

医疗大数据分析：医疗领域积累了大量的临床数据和健康数据，包括病历、医学影像、生理参数等。深度学习技术可以帮助医疗专业人员从这些数据中提取有价值的信息，促进疾病预测、患者管理和医疗资源优化。

个性化医疗：深度学习可以利用患者的临床数据和基因组信息，为每个患者提供个性化的诊断和治疗方案，以实现精准医疗的目标。

医学图像生成与增强：通过生成对抗网络（generative adversarial networks，GAN）等深度学习模型，可以生成具有医学意义的图像数据，如合成CT图像、MRI图像等，用于训练医学影像分析模型或进行数据增强。

总的来说，深度学习在医学领域的进展为医疗诊断、治疗和管理带来了新的机会和挑战，有望为提高医疗健康服务质量和效率做出重要贡献。然而，深度学习技术的应用也面临着数据隐私、模型可解释性、临床可行性等方面的挑战，需要进一步研究和探索。

本章小结

要理解深度学习的意义或重要性，就要从机器学习或人工智能的更广的视角来分析。在传统机器学习中，除了模型和学习算法外，特征或表示也是影响最终学习效果的重要因素，甚至在很多任务上比算法更重要。因此，要开发一个实际的机器学习系统，人们往往需要花费大量的精力去尝试设计不同的特征及特征组合来提高最终的系统能力，这就是所谓的特征工程问题。

如何自动学习有效的数据表示成为机器学习中的关键问题。早期的表示学习方法（如特征抽取和特征选择）都是人工引入一些主观假设来进行学习的。这种表示学习不是端到端的学习方式，得到的表示不一定对后续的机器学习任务有效；而深度学习是将表示学习和预测模型的学习进行端到端的学习，中间不需要人工干预。深度学习所要解决的问题是贡献度分配问题，而神经网络恰好是解决这个问题的有效模型。套用马克思的一句名言“金银天然不是货币，但货币天然是金银”，我们可以说，神经网络天然不是深度学习，但深度学习天然是神经网络。

思考题或自测题

1. 解释神经网络中的激活函数的作用，并举例说明常用的激活函数有哪些？

2. 为什么深度学习模型需要进行随时间反向传播（back propagation through time，BPTT）算法？它是如何帮助调整模型参数的？

3. 简要描述卷积神经网络的工作原理，并说明它在计算机视觉任务中的应用。

4. 什么是循环神经网络（recurrent neural network，RNN）？它在自然语言处理中的作用是什么？

5. 为什么深度学习模型容易出现过拟合问题？你能提出一些缓解过拟合的方法吗？

6. 介绍深度学习中常用的优化算法，如随机梯度下降（stochastic gradient descent，SGD）、自适应运动估计（adaptive motion estimation，ADAM）等，以及它们的优缺点。

7. 解释深度学习中的批量归一化（batch normalization，BN）是如何工作的？它的作用是什么？

8. 简述自动编码器（auto encoder）的原理，并描述它在无监督学习和特征提取中的应用。

9. 介绍深度学习中迁移学习（transfer learning）的概念及其在实际任务中的应用。

10. 深度学习模型的训练过程中会出现梯度消失和梯度爆炸问题，这两个问题是如何产生的？应当如何解决？

第 2 章　神经网络基础

在信息时代的浪潮中，计算机科学和人工智能领域的飞速发展为人类提供了前所未有的机遇和挑战。在这个变革的时代，神经网络作为人工智能的核心技术之一，正在引领科技的潮流。神经网络是受到人脑结构启发而设计的计算模型，其独特的能力在于通过学习和适应，从数据中提取模式和规律。无论是图像处理、语音识别、自然语言处理，还是其他复杂的任务，神经网络都展现出惊人的潜力。本章介绍关于神经网络的基础知识，从最基本的概念开始，逐步探讨神经网络的原理和应用。

2.1　神经元与网络结构

本节首先介绍人工神经元的模型，解析输入、权重和激活函数的关系，帮助读者理解作为信息处理单元的神经元，然后介绍人工神经网络的基本概念和原理，对能够学习抽象特征的人工神经网络建立起初步印象。其中，激活函数这一部分详细阐述不同激活函数的优点和缺点，为理解神经网络的非线性建模能力奠定基础。之后，探究全连接层，这对于网络结构的理解至关重要。最后，关注输出层和误差计算，这是神经网络的决策和性能评估的关键部分。

2.1.1　人工神经元模型

人工神经网络的基本思想源自仿生学，即模拟人脑神经元的工作原理。在生物学中，神经元是构成神经系统结构和功能的基本单元，它通过树突接受刺激，将兴奋传递到细胞体，然后通过轴突将兴奋传送到其他神经元或组织。通常情况下，大多数神经元处于抑制状态，一旦某个神经元接收到刺激，导致其电位超过阈值，该神经元就会被激活，转变为兴奋状态，并释放神经递质向其他神经元传递信息。人工神经元的设计灵感正是来源于这种生物学上神经元的信息传递机制。

人工神经元是神经网络的基本单位，如同生物神经元有许多接受输入的树突一样，人工神经元也有很多输入信号，并同时作用到人工神经元上。在生物神经元中，突触的性质和强度各异，导致不同输入的激励产生差异。为了模拟这一特性，人工神经元对每个输入引入可变的加权，以模拟突触的不同连接强度和可变传递特性。为了模拟生物神经元的时空整合功能，人工神经元需要对所有的输入进行累加求和，求和的结果类似于生物神经元的膜电位。在生物神经元中，只有在膜电位超过动作电位的阈值时，生物神经元才能产生神经冲动，反之则不能，因此在人工神经元中，也必须考虑该动作的阈值。与生物神经元一样，人工神经元也仅具有一个输出。

1943 年，美国神经科学家沃伦・麦卡洛克（Warren McCulloch）和计算神经科学家沃尔特・皮茨（Walter Pitts）基于神经元的生理结构，建立了单个神经元的数理模型——M-P 模型，如图 2.1 所示，它是目前最常用的人工神经网络的基本结构单元。

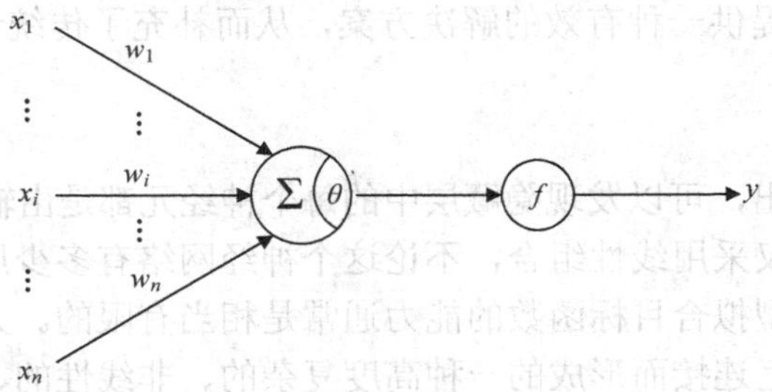

图 2.1　M-P 模型

该神经元的输出如下：

$$y = f\left(\sum_{i=1}^{n} w_i x_i - \theta\right) \tag{2.1}$$

式中，x_i 为其他神经元的输入；w_i 为突触的连接权重；θ 为神经元的激活阈值；f 为对线性加权求和的结果进行非线性变换的激活函数。

在这个模型中，神经元接收其他神经元传递过来的输入信号 x_i，这些输入信号通过带权重 w_i 的连接进行传递，计算输入的加权总和得到总输入值，之后将总输入值与神经元的阈值 θ 进行比较，然后通过激活函数 f 产生神经元的输出。

2.1.2　人工神经网络

人工神经网络是一种应用类似于大脑神经突触联结的结构进行信息处理的数学模型。芬兰科学家泰沃·科霍宁（Teuvo Kohonen）给出了人工神经网络的定义："人工神经网络是由具有适应性的简单单元组成的广泛并行互连的网络，它的组织能够模拟生物神经系统对真实世界物体所做出的交互反应。"

如果只知道输入和相应的输出，而不清楚如何从输入得到输出的机制，可以将输入和输出之间的关系看作一个"网络"。通过反复提供输入和相应的输出来对这个网络进行"训练"，使该网络能够根据输入和输出动态调整各节点之间的权值以适应输入和输出的关系。这样，当训练完成时，给定一个输入，网络就能利用已经调整好的权值计算出一个输出。这是神经网络的基本原理。

人工神经网络以其具有自学习、自组织、较好的容错性和优良的非线性逼近能力，受到众多领域学者的关注，在航线模拟、飞行器控制系统、飞机构件故障检测、汽车自动驾驶系统、保单行为分析、银行票据和其他文档读取、信用卡申请书评估、人脸识别、新型传感器、声呐、雷达、特征提取与噪声抑制、图像识别、动画特效、市场预测等方面都得到了广泛应用。

一般而言，与经典计算方法相比，人工神经网络并非总是表现出明显的优越性。其优势通常在于当传统方法无法解决或效果较差时，人工神经网络方法才能显现出独特的优点。特别是在对问题的机理了解不足或无法用数学模型精确描述的系统中（如故障诊断、特征提取和预测等领域），人工神经网络往往成为解决问题的强有力工具。此外，对于处理大量原始数据，难以用规则或公式明确定义的问题，人工神经网络展现出极大的灵活性和自适应性。总的来说，人工神经网络在面对复杂、非线性或难以建模的问题时，能够提供一种有效的解决方案，从而补充了传统计算方法的不足。

2.1.3 激活函数

观察神经元的输出，可以发现隐藏层中的每个神经元都是由输入特征 x 的线性组合构成的。然而如果仅仅采用线性组合，不论这个神经网络有多少层，结果都将与特征呈线性相关，而线性模型拟合目标函数的能力通常是相当有限的。人类的大脑是由大量的神经元经过复杂的相互连接而形成的一种高度复杂的、非线性的、并行处理的信息处理系统，为了模拟这种非线性，可以在每个神经元结果之后添加一个激活函数。

激活函数是一种在人工神经网络中引入的函数，旨在帮助网络学习数据中的复杂模式，加强神经网络的表示能力，更加平滑地拟合目标函数，并且类似于人类大脑中基于神经元的模型，激活函数最终决定了要发送给下一个神经元的内容，因此激活函数的选择对于神经网络的性能和学习能力起到关键作用。下面介绍 4 种常用的激活函数。

1．Sigmoid 函数

Sigmoid 函数是常用的非线性激活函数，也叫逻辑函数，它能够把输入的连续实数映射为 0 到 1 之间的输出，它的数学形式如下：

$$\mathrm{Sigmoid}(x)=\frac{1}{1+\mathrm{e}^{-x}} \tag{2.2}$$

Sigmoid 函数图像如图 2.2 所示。

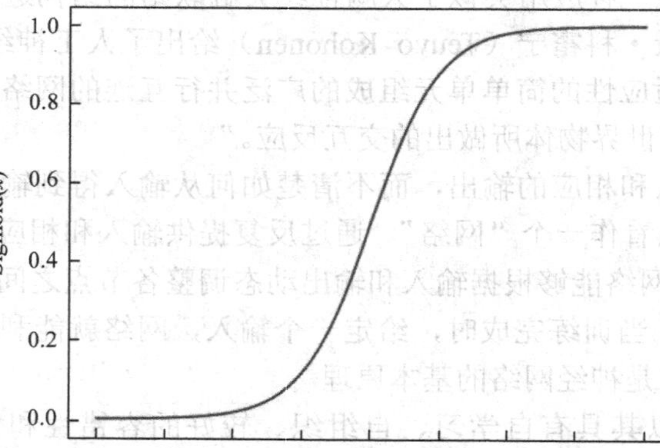

图 2.2　Sigmoid 函数图像

Sigmoid 函数图像呈现如下特性：当输入值接近 0 时，Sigmoid 函数近似为线性函数；当输入值靠近两端时，函数对输入进行抑制。具体而言，输入越小，函数值越接近 0；输入越大，函数值越接近 1。这种特性与生物神经元相似，即对某些输入产生兴奋，对另一些输入产生抑制。

Sigmoid 函数的导函数为

$$\mathrm{Sigmoid}'(x)=\frac{1}{1+\mathrm{e}^{-x}}\times\left(1-\frac{1}{1+\mathrm{e}^{-x}}\right) \tag{2.3}$$

Sigmoid 函数导函数图像如图 2.3 所示。

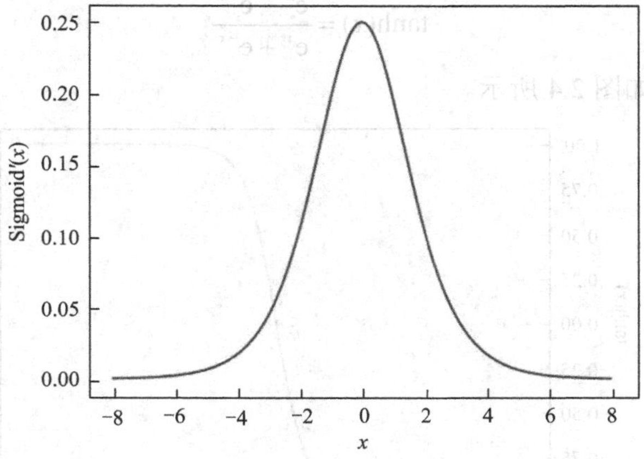

图 2.3 Sigmoid 函数导函数图像

相比于感知器使用的阶跃激活函数，Sigmoid 函数是连续可导的，因此具有更好的数学性质。这使搭载 Sigmoid 函数的神经元具有以下 3 个性质：①Sigmoid 函数的输出范围为 0～1，可以直接看作概率分布，使神经网络能更好地与统计学习模型结合；②Sigmoid 函数可视作一个软性门，用于控制神经元输出信息的数量；③Sigmoid 函数具备梯度平滑的特性，避免了跃迁式的输出值，有助于更稳定地进行梯度下降优化。

然而，在深度神经网络中，使用 Sigmoid 函数在梯度反向传播时易出现梯度消失问题。通常会使用反向传播方法来优化神经网络，这一过程首先计算输出层对应的损失，然后将损失以导数的形式不断传递至上一层神经网络，以修正相应的参数，从而降低整体损失。Sigmoid 函数在深度网络中常常会使导数渐变为零，从而使参数无法被有效更新，神经网络无法被充分优化。产生这一现象的原因有两个：①当输入值很大或很小时，Sigmoid 函数的导数接近于零，而在反向传播过程中会使用微积分求导的链式法则。具体而言，当前层的导数需要乘以之前各层导数的乘积，而几个接近于零的导数相乘，最终的结果也会趋近于零。②Sigmoid 函数的导数的最大值是 1/4，这意味着在每一层，导数至少会被压缩为原来的 1/4，通过两层之后，导数会被进一步压缩为原来的 1/16，……，随着神经网络层数的增加，导数将被压缩得越来越小，导致前面隐藏层的参数更新变得越来越缓慢。

值得注意的是，由于 Sigmoid 函数的输出是恒大于零的，而恒大于零的数据是非零均值化的，会使其后一层的神经元的输入发生偏置偏移，这会导致模型训练的收敛速度变慢。举例来讲，对于式（2.1），如果所有的输入 x_i 均为正数或负数，那么其对应的 w_i 的导数也总是正数或负数，每次返回的梯度都只会沿着一个方向发生变化，使权重收敛效率偏低，如果 x_i 有正数也有负数，就能对梯度变化方向进行“修正”，加速权重的收敛。所以总体来讲，训练深度学习网络应尽量使用零均值化的数据。

2. tanh 函数

tanh 函数又叫双曲正切激活函数，可以看作放大并平移的 Sigmoid 函数，它能将

输入的实数压缩到-1～1 的区间内。tanh 函数的解析式为

$$\tanh(x)=\frac{\mathrm{e}^{x}-\mathrm{e}^{-x}}{\mathrm{e}^{x}+\mathrm{e}^{-x}} \tag{2.4}$$

tanh 函数图像如图 2.4 所示。

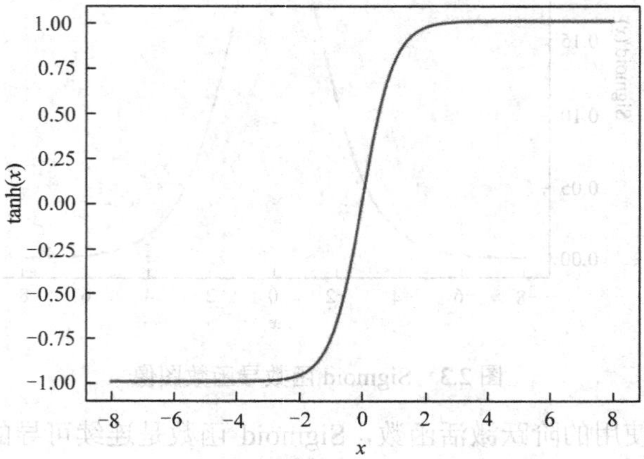

图 2.4　tanh 函数图像

tanh 函数的导函数为

$$\tanh'(x)=1-\left(\frac{\mathrm{e}^{x}-\mathrm{e}^{-x}}{\mathrm{e}^{x}+\mathrm{e}^{-x}}\right)^{2} \tag{2.5}$$

tanh 函数导函数图像如图 2.5 所示。

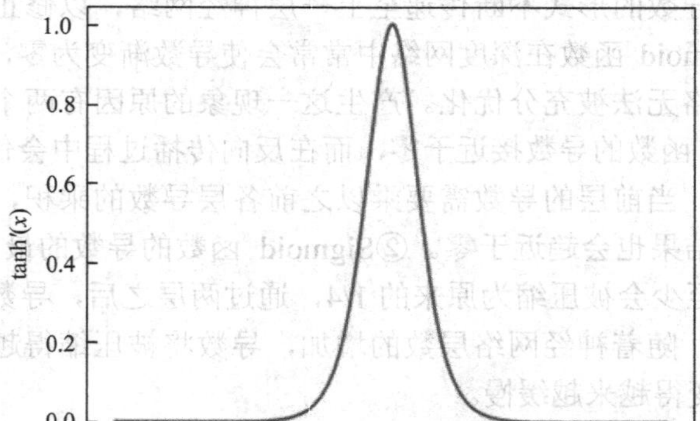

图 2.5　tanh 函数导函数图像

tanh 函数的输出区间为-1～1，是零均值化的，解决了 Sigmoid 函数的输出是非零均值化的问题，然而梯度消失的问题依然存在。

3. ReLU 函数

ReLU 函数又称为线性整流函数（linear rectification function），它提供了一个简单的非线性变换。给定元素 x，该函数定义为

$$\begin{cases} \text{ReLU}(x) = 0, & x \leqslant 0 \\ \text{ReLU}(x) = x, & x > 0 \end{cases} \tag{2.6}$$

ReLU 函数图像如图 2.6 所示。

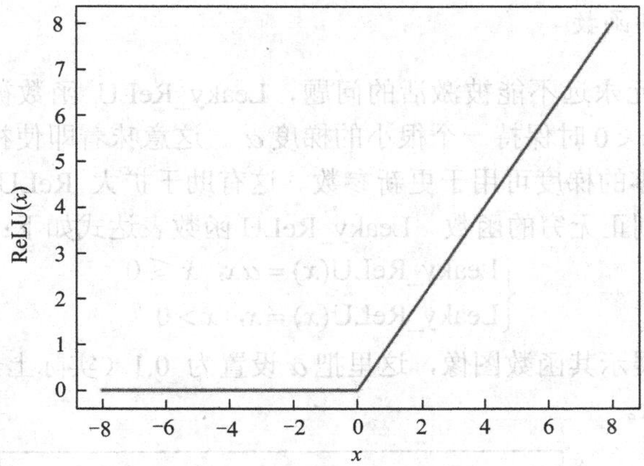

图 2.6　ReLU 函数图像

ReLU 函数的导函数为

$$\begin{cases} \text{ReLU}'(x) = 0, & x \leqslant 0 \\ \text{ReLU}'(x) = 1, & x > 0 \end{cases} \tag{2.7}$$

ReLU 函数导函数图像如图 2.7 所示。

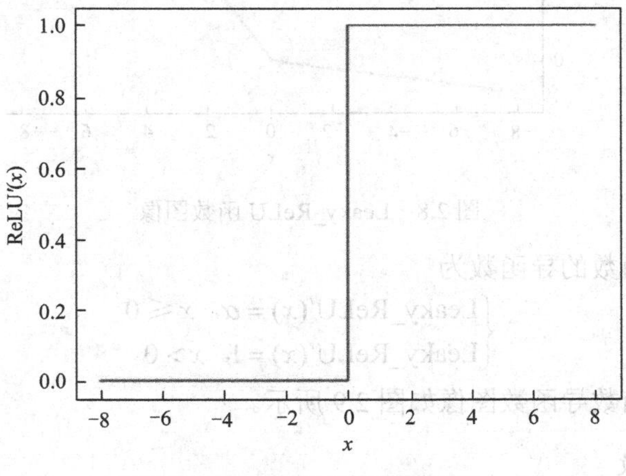

图 2.7　ReLU 函数导函数图像

采用 ReLU 函数的神经元在计算上更为高效，其收敛速度快于 Sigmoid 函数和 tanh 函数。在优化方面，与 Sigmoid 函数两端饱和相比，ReLU 函数为左饱和函数，在 $x > 0$ 时导数为 1，这在一定程度上缓解了神经网络的梯度消失问题，加速了梯度下降的收敛速度。然而，当输入为负数时，ReLU 函数将完全失效，并且，其输出仍然是非零均值化的，为后续层的神经网络引入了偏置偏移，影响了梯度下降的效率。此外，ReLU 神经元在训练时容易出现“死亡”问题，即 Dead ReLU 问题，在训练过程中，如果某一次梯度更新的幅度过大，可能导致某些 ReLU 节点的权重调整得过于剧烈，使输入激活函数的值始终为负。在这种情况下，反向传播经过这些节点的梯度将一直为零，相应的权重和偏置参数无法通过反向传播更新。如果对于所有的输入样本，激活函数的输入都保持为负，那么该神经元将再也无法学习。

4. Leaky_ReLU 函数

为了解决神经元永远不能被激活的问题，Leaky_ReLU 函数被广泛采用。Leaky_ReLU 函数在输入 $x<0$ 时保持一个很小的梯度 α。这意味着即使神经元处于非激活状态，也会有一个非零的梯度可用于更新参数。这有助于扩大 ReLU 函数的范围，使其变为一个从负无穷到正无穷的函数。Leaky_ReLU 函数表达式如下：

$$\begin{cases}\text{Leaky\_ReLU}(x)=\alpha x, & x\leqslant 0\\ \text{Leaky\_ReLU}(x)=x, & x>0\end{cases} \tag{2.8}$$

为了更直观地展示其函数图像，这里把 α 设置为 0.1（实际上一般取为 0.01），函数图像如图 2.8 所示。

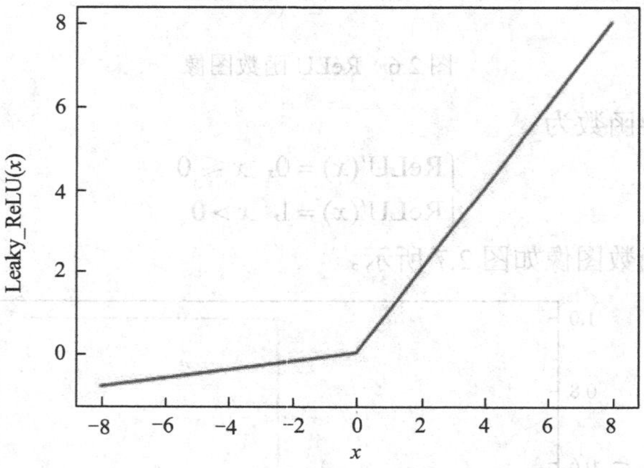

图 2.8 Leaky_ReLU 函数图像

Leaky_ReLU 函数的导函数为

$$\begin{cases}\text{Leaky\_ReLU}'(x)=\alpha, & x\leqslant 0\\ \text{Leaky\_ReLU}'(x)=1, & x>0\end{cases} \tag{2.9}$$

Leaky_ReLU 函数导函数图像如图 2.9 所示。

5. Softmax 函数

Softmax 函数通常用于多类别分类问题中。它将一个具有任意实数值的向量（通常称为 logits 或 scores）作为输入，并将其转换为一个概率分布，其中每个类别的概率值为 0～1，所有类别的概率总和为 1。这使得 Softmax 函数在分类任务中非常有用，因为它能够输出每个类别的概率，从而使模型能够对不同类别的置信度进行量化。Softmax 函数的数学表达式如下：

$$\text{Softmax}(x)_i = \frac{e^{x_i}}{\sum_{j=1}^{N} e^{x_j}} \tag{2.10}$$

式中，x 为输入向量；N 为输入向量 x 的总数；$\text{Softmax}(x)_i$ 为函数的输出向量的第 i 个元素。

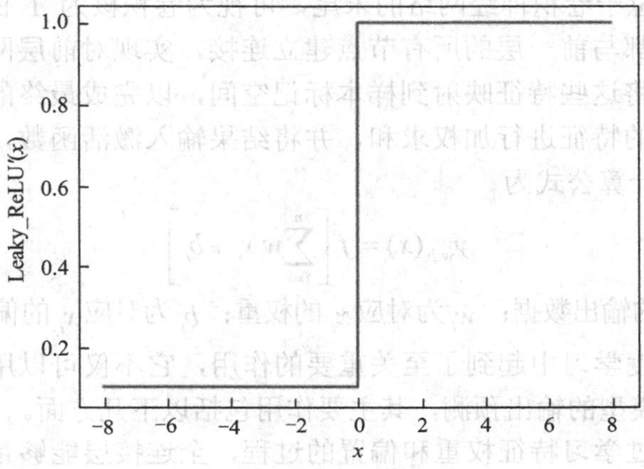

图 2.9　Leaky_ReLU 函数导函数图像

该函数对每个输入元素进行指数运算，然后对所有指数的和取分母，从而得到每个元素的概率分布。Softmax 函数图像如图 2.10 所示。

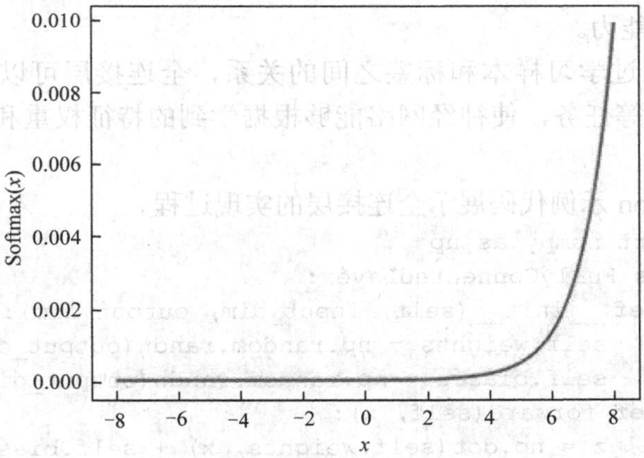

图 2.10　Softmax 函数图像

Softmax 函数具有如下特性。

（1）输出概率分布：Softmax 函数的输出可以看作多分类问题中每个类别的概率分布，最大的概率对应的类别被认为是模型的预测结果。

（2）对输入敏感：Softmax 函数对输入的相对大小非常敏感，即输入中较大的值会得到更大的概率，而较小的值对应的概率会趋近于零。

（3）输出相互关联：由于 Softmax 函数对所有类别的输出进行归一化，改变一个类别的输出值可能影响其他类别的概率值，因此 Softmax 函数的输出是相互关联的。

Softmax 函数通常用于多分类问题的输出层，常见的应用场景包括图像分类、自然语言处理中的文本分类等。在训练过程中，Softmax 函数的输出通常与真实标签进行比较，使用交叉熵损失函数来进行模型参数的更新。

2.1.4 全连接层

全连接层通常位于卷积神经网络的末尾，可视为卷积核为 1 的卷积操作。在全连接层中，每个节点都与前一层的所有节点建立连接，实现对前层网络提取的特征的整合，其主要任务是将这些特征映射到样本标记空间，以完成最终的分类目标。具体操作包括对前层输出的特征进行加权求和，并将结果输入激活函数，最终完成对样本的分类。加权求和的计算公式为

$$y_{w,b}(x)=f\left[\sum_{i=1}^{n}w_i x_i+b_i\right] \tag{2.11}$$

式中，x_i 为上一层的输出数据；w_i 为对应 x_i 的权重；b_i 为对应 x_i 的偏置；f 为激活函数。

全连接层在深度学习中起到了至关重要的作用，它不仅可以用于特征提取和表示学习，还可以用于模型的输出预测，其主要作用包括以下几方面。

特征提取：通过学习特征权重和偏置的过程，全连接层能够帮助神经网络自动从输入数据中提取具有意义的特征。这意味着网络能够识别和强化对于任务重要的输入信息。

表示学习：全连接层有能力将高维度的输入数据映射到低维度的表示空间，从而更好地展示数据的潜在结构。这有助于网络理解和捕捉输入数据的关键特征，提高了模型对数据的抽象能力。

输出预测：通过学习样本和标签之间的关系，全连接层可以用于模型的输出预测，如分类、回归等任务，使神经网络能够根据学到的特征权重和关系进行有效的预测和决策。

下面通过 Python 示例代码展示全连接层的实现过程。

```python
import numpy as np
class FullyConnectedLayer:
    def __init__(self, input_dim, output_dim):
        self.weights = np.random.randn(output_dim, input_dim)
        self.biases = np.random.randn(output_dim, 1)
    def forward(self, x):
        z = np.dot(self.weights, x) + self.biases
        return z
#输入数据
x = np.array([1, 2, 3])
#创建全连接层
fc_layer = FullyConnectedLayer(3, 2)
#前向传播计算
z = fc_layer.forward(x)
print("输出结果: ", z)
```

执行上述代码，将得到全连接层前向传播的输出结果。

2.1.5　输出层

神经网络结构的输出层是网络中的最后一层，其主要任务是将经过网络处理的信息转换为最终的输出，其设计取决于所解决的问题类型。

在解决单类别分类问题时，通常使用只有一个神经元的输出层。该神经元输出 0 或 1，表示样本属于或不属于某个类别。对于多类别分类问题，输出层包含与类别数量相等的神经元，每个神经元对应一个类别。通过使用 Softmax 函数，将网络的原始输出转换为概率分布，以实现对不同类别的分类。在处理回归任务时，输出层通常只有一个神经元，负责输出连续的数值。在图像生成任务中，如生成对抗网络，输出层可以是像素值的分布。在序列生成任务中（如机器翻译），输出层可以是一个词汇表大小的 Softmax 分布，用于预测下一个词的概率。对于一些无监督学习任务（如聚类），输出层可能只包含一个神经元，表示样本属于哪个聚类。

在不同的任务中，输出层的激活函数和损失函数也可能不同。例如，对于二元分类，通常使用 Sigmoid 函数和二元交叉熵损失函数；对于多类别分类，通常使用 Softmax 函数和分类交叉熵损失函数。

在神经网络的训练过程中，输出层的参数（权重和偏置）会通过反向传播算法被调整，以最小化模型的损失函数。选择适当的输出层结构对于不同的任务至关重要，它直接影响模型的性能。

2.1.6　误差计算

在模型训练中，需要衡量预测值与真实值之间的误差。通常会选取一个非负数作为误差，且数值越小表示误差越小。常用的选择是平方损失函数，它在评估索引为 i 的样本误差表达式为

$$\ell^{(i)}(w_1, w_2, b) = \frac{1}{2}\left(\hat{y}^{(i)} - y^{(i)}\right)^2 \tag{2.12}$$

在式（2.12）中，常数 1/2 的存在是为了确保对平方项求导后的常数系数为 1，这样在形式上更加简化。显然，误差越小表示预测值与真实值越接近，且当二者相等时误差为 0。在机器学习中，用于衡量误差的函数称为损失函数，所使用的平方误差函数也被称为平方损失函数。通常情况下，通过计算训练数据集中所有样本误差的平均值来衡量模型预测的质量，即

$$\begin{aligned}\ell(w_1, w_2, b) &= \frac{1}{n}\sum_{i=1}^{n}\ell^{(i)}(w_1, w_2, b) \\ &= \frac{1}{n}\sum_{i=1}^{n}\frac{1}{2}\left(x_1^{(i)}w_1 + x_2^{(i)}w_2 + b - y^{(i)}\right)^2\end{aligned} \tag{2.13}$$

在模型训练中，希望找出一组模型参数（记为 w_1^*, w_2^*, b^*），使训练样本平均损失最小，即

$$w_1^*, w_2^*, b^* = \underset{w_1, w_2, b}{\operatorname{argmin}}\, \ell(w_1, w_2, b) \tag{2.14}$$

2.2 前馈神经网络

本节首先探讨前馈神经网络的结构，通过分析网络层次结构、神经元连接方式及信息传递路径，帮助读者理解前馈神经网络如何组织和运作。之后，研究前馈神经网络的训练方法，这一部分将涵盖常见的训练算法和优化技术，包括反向传播算法、梯度下降等，帮助读者理解如何通过数据来调整网络参数，使其能够有效地学习和适应复杂的模式。

2.2.1 前馈神经网络结构

前馈神经网络是许多重要神经网络的基础，如卷积神经网络（广泛用于计算机视觉应用）、递归神经网络（广泛用于自然语言理解和序列学习）等。前馈神经网络本质上是一种多输入、多输出的非线性映射，是目前应用较多的一种神经网络结构。

前馈神经网络的节点可划分为输入单元和计算单元。每个计算单元可以接收任意多个输入，但只产生一个输出，它可以连接到任意多个其他节点作为输入。输入和输出节点与外界相连，而中间层则被称为隐藏层。每个神经元接收前一层的输入并将结果传递给下一层，不涉及反馈。这种结构被称为多层前馈神经网络，其结构示意图如图 2.11 所示。

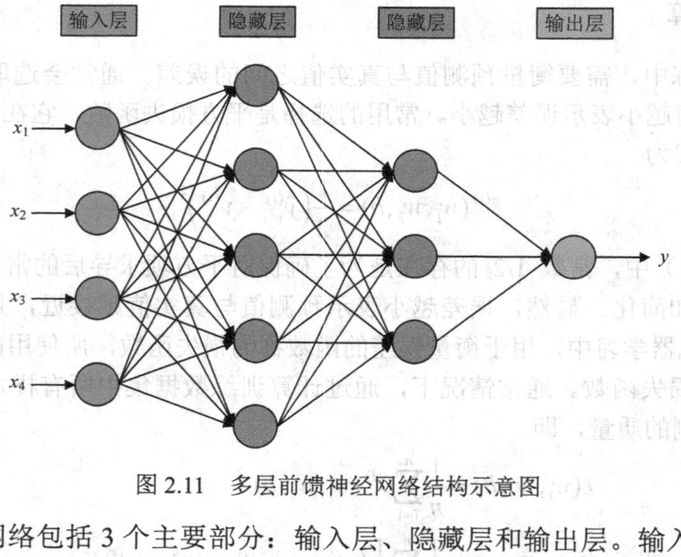

图 2.11　多层前馈神经网络结构示意图

前馈神经网络包括 3 个主要部分：输入层、隐藏层和输出层。输入层负责接收原始数据，通常对应于特征的维度；隐藏层包含一层或多层，每层由多个神经元组成，用于提取输入数据的抽象特征；输出层生成网络的最终预测或分类结果。前馈神经网络的工作过程可分为前向传播和反向传播两个阶段。在前向传播阶段，输入数据在每一层被加权和偏置后，经过激活函数进行非线性变换，传递至下一层；在反向传播阶段，通过计算输出误差和每一层的梯度，对网络中的权重和偏置进行更新。

前馈神经网络结构简单，易于理解和实现，适用于多种数据类型和任务。然而，它在处理具有时序关系的数据方面相对较弱，容易陷入局部最优解，因此需要合理选择激活函数和优化策略。

本节用下面的记号来描述一个前馈神经网络。

L：表示神经网络的层数；

$m^{(l)}$：表示第 l 层神经元的个数；

$f_l(\cdot)$：表示第 l 层神经元的激活函数；

$\boldsymbol{W}^{(l)} \in \mathbb{R}^{m^{(l)} \times m^{l-1}}$：表示第 $l-1$ 层到第 l 层的权重矩阵；

$\boldsymbol{b}^{(l)} \in \mathbb{R}^{m^l}$：表示第 $l-1$ 层到第 l 层的偏置；

$\boldsymbol{z}^{(l)} \in \mathbb{R}^{m^l}$：表示第 l 层神经元的净输入（净活性值）；

$\boldsymbol{a}^{(l)} \in \mathbb{R}^{m^l}$：表示第 l 层神经元的输出（活性值）。

前馈神经网络通过下面的公式进行信息传播：

$$\boldsymbol{z}^{(l)} = \boldsymbol{W}^{(l)} \cdot \boldsymbol{a}^{(l-1)} + \boldsymbol{b}^{(l)} \tag{2.15}$$

$$\boldsymbol{a}^{(l)} = f_l\left(\boldsymbol{z}^{(l)}\right) \tag{2.16}$$

这样前馈神经网络通过逐层的信息传递，得到网络最后的输出 $\boldsymbol{a}^{(L)}$。整个网络可以看作一个复合函数，将向量 $\boldsymbol{x}$ 作为第 1 层的输入 $\boldsymbol{a}^{(0)}$，将第 L 层的输出 $\boldsymbol{a}^{(L)}$ 作为整个函数的输出，即

$$\boldsymbol{x} = \boldsymbol{a}^{(0)} \to \boldsymbol{z}^{(1)} \to \boldsymbol{a}^{(1)} \to \boldsymbol{z}^{(2)} \to \cdots \to \boldsymbol{a}^{(L-1)} \to \boldsymbol{z}^{(L)} \to \boldsymbol{a}^{(L)} = \varphi(\boldsymbol{x};\boldsymbol{W},\boldsymbol{b}) \tag{2.17}$$

2.2.2　前馈神经网络的训练方法

神经网络具备极强的拟合能力，可被视为一种通用函数逼近器，通过进行复杂的特征转换，能够以任意精度近似任何有界闭集函数。在类似其他机器学习算法求解参数的数值计算方法中，首先考虑使用梯度下降法进行参数学习。

如果采用交叉熵损失函数，对于样本 $(\boldsymbol{x},\boldsymbol{y})$，其损失函数为

$$L(\boldsymbol{y},\hat{y}) = -\boldsymbol{y}^{\mathrm{T}} \log \hat{y} \tag{2.18}$$

式中，$\boldsymbol{y} \in \{0,1\}^C$ 为标签 $\boldsymbol{y}$ 对应的 one-hot 向量表示；C 为类别的个数。

给定训练集 $D = \left\{\left(x^{(1)}, y^{(1)}\right), \left(x^{(2)}, y^{(2)}\right), \cdots, \left(x^{(N)}, y^{(N)}\right)\right\}$，将每个样本 $x^{(n)}$ 输入给前馈神经网络，得到神经网络的输出后，其在训练集 D 上的结构化风险函数为

$$R(\boldsymbol{W},\boldsymbol{b}) = \frac{1}{N}\sum_{n=1}^{N}\mathcal{L}\left(y^{(n)},\hat{y}^{(n)}\right) + \frac{1}{2}\lambda\|\boldsymbol{W}\|_{\mathrm{F}}^2 \tag{2.19}$$

式中，$\boldsymbol{W}$ 和 $\boldsymbol{b}$ 分别表示网络中所有的权重矩阵和偏置向量。$\|\boldsymbol{W}\|_{\mathrm{F}}^2$ 是正则化项，公式为

$$\|\boldsymbol{W}\|_{\mathrm{F}}^2 = \sum_{l=1}^{L}\sum_{i=1}^{m^{(l)}}\sum_{j=1}^{m^{(l-1)}}\left(W_{ij}^{(l)}\right)^2 \tag{2.20}$$

然后用梯度下降法来进行学习。在梯度下降法的每次迭代中，第 l 层的参数 $\boldsymbol{W}^{(l)}$ 和 $\boldsymbol{b}^{(l)}$ 的参数更新方式为

$$\boldsymbol{W}^{(l)} \leftarrow \boldsymbol{W}^{(l)} - \alpha\frac{\partial\mathcal{R}(\boldsymbol{W},\boldsymbol{b})}{\partial\boldsymbol{W}^{(l)}} = \boldsymbol{W}^{(l)} - \alpha\left(\frac{1}{N}\sum_{n=1}^{N}\left(\frac{\partial\mathcal{L}\left(y^{(n)},\hat{y}^{(n)}\right)}{\partial\boldsymbol{W}^{(l)}}\right) + \lambda\boldsymbol{W}^{(l)}\right) \tag{2.21}$$

$$\boldsymbol{b}^{(l)} \leftarrow \boldsymbol{b}^{(l)} - \alpha \frac{\partial \mathcal{R}(\boldsymbol{W}, \boldsymbol{b})}{\partial \boldsymbol{b}^{(l)}} = \boldsymbol{b}^{(l)} - \alpha \left(\frac{1}{N} \sum_{n=1}^{N} \frac{\partial \mathcal{L}\left(y^{(n)}, \hat{y}^{(n)}\right)}{\partial \boldsymbol{b}^{(l)}} \right) \tag{2.22}$$

梯度下降法需要计算损失函数对参数的偏导数。如果采用链式法则逐一对每个参数求偏导数，牵涉到矩阵微分，效率相对较低。因此，在神经网络中，通常采用反向传播算法以高效地计算梯度。

下面使用 PyTorch 构建前馈神经网络的模型结构，主要介绍定义网络架构、选择激活函数、权重初始化、选择优化器、训练循环和模型验证等关键步骤。

1. 定义网络架构

可以使用 PyTorch 的 nn.Module 类来定义自定义的网络架构。下面是一个具有单个隐藏层的前馈神经网络示例代码。

```
import torch.nn as nn
class SimpleFNN(nn.Module):
    def __init__(self, input_dim, hidden_dim, output_dim):
        super(SimpleFNN, self).__init__()
        self.hidden_layer = nn.Linear(input_dim, hidden_dim)
        self.output_layer = nn.Linear(hidden_dim, output_dim)
        self.activation = nn.ReLU()
    def forward(self, x):
        x = self.activation(self.hidden_layer(x))
        x = self.output_layer(x)
        return x
```

2. 选择激活函数

激活函数的选择取决于特定的任务和层的类型。在隐藏层中，ReLU 函数通常是一个良好的选择；对于分类任务的输出层，Softmax 函数可能更合适。

3. 权重初始化

合适的权重初始化可以大幅加快训练的收敛速度。PyTorch 提供了多种预定义的初始化方法，下面是 Xavier 和 He 初始化代码。

```
def init_weights(m):
    if type(m) == nn.Linear:
        nn.init.xavier_uniform_(m.weight)
        m.bias.data.fill_(0.01)
model = SimpleFNN(784, 256, 10)
model.apply(init_weights)
```

4. 构建与任务相匹配的损失函数

损失函数的选择应与特定任务匹配。例如，对于分类任务，交叉熵损失函数是一个常见的选择，代码如下。

```
loss_criterion = nn.CrossEntropyLoss()
```

一旦构建了前馈神经网络的模型结构，下一步就是训练模型。训练过程涉及多个关键步骤和技术选择。

5. 选择优化器

优化器用于更新模型的权重以最小化损失函数。PyTorch 提供了多种优化器,如 SGD、Adam 和 RMSProp。下面是 Adam 优化器代码。

```
1.    import torch.optim as optim
2.    optimizer = optim.Adam(model.parameters(), lr = 0.001)
```

6. 训练循环

训练循环是整个训练过程的核心,包括前向传递、损失计算、反向传播和权重更新,具体代码如下。

```
1.    for epoch in range(epochs):
2.      for data, target in train_loader:
3.        optimizer.zero_grad()
4.        output = model(data)
5.        loss = loss_criterion(output, target)
6.        loss.backward()
7.        optimizer.step()
```

7. 模型验证

在训练过程中定期在验证集上评估模型可以提供有关模型泛化能力的信息。

8. 调整学习率

学习率是训练过程中的关键超参数,使用学习率调度程序可以根据训练进展动态调整学习率,具体代码如下。

```
scheduler = optim.lr_scheduler.StepLR(optimizer, step_size = 10, gamma = 0.7)
```

9. 保存和加载模型

保存模型权重并能够重新加载它们是进行长期训练和模型部署的关键,具体代码如下。

```
1.    #保存模型
2.    torch.save(model.state_dict(), 'model.pth')
3.    #加载模型
4.    model.load_state_dict(torch.load('model.pth'))
```

2.3 反向传播算法

本节首先介绍导数与梯度的基本概念,了解这些数学原理对理解神经网络中权重调整的方向和程度至关重要。接下来,讨论神经网络中常用的损失函数,这一部分将解释损失函数的作用和选择原则。链式法则是反向传播算法的理论基础,也是神经网络中梯度计算的关键,本节将探讨链式法则的原理和应用,以便读者能够理解反向传播算法的推导过程。最后，介绍反向传播算法，通过结合导数与梯度、损失函数以及链式法则的知识，读者将能够深入理解反向传播算法的工作原理和实现细节，从而掌握神经网络的训练过程。

2.3.1 导数与梯度

导数是一种用来度量函数“变化率”的度量方式。对于函数中的某个特定点 x_0，该点的导数即为 x_0 点的“瞬间斜率”，即切线斜率。这个斜率越大，表明函数在该点的上升趋势越强烈。当斜率为 0 时，函数达到了极值点。导数公式如下：

$$f'(x_0)=\lim_{\Delta x\to 0}\frac{\Delta y}{\Delta x}=\lim_{\Delta x\to 0}\frac{f(x_0+\Delta x)-f(x_0)}{\Delta x} \tag{2.23}$$

梯度最初的概念是一个向量，表示某一函数在该点处的方向导数沿着该方向取得最大值。换句话说，函数在该点处沿梯度方向变化最快，变化率最大。

在单变量的实值函数中，梯度可以简单地理解为导数，或者说对于一个线性函数而言，梯度就是曲线在某点的斜率。但对于多维变量的函数，梯度概念就不那么容易理解了，要涉及标量场概念了。

在向量微积分中，标量场的梯度实际上是一个向量场。假设一个标量函数 f 的梯度记为 ∇f 或 grad$f$ （∇ 表示向量微分算子），在一个三维直角坐标系中，该函数的梯度可以表示为

$$\nabla f=\left(\frac{\partial f}{\partial x},\frac{\partial f}{\partial y},\frac{\partial f}{\partial z}\right) \tag{2.24}$$

神经网络在学习时必须调整权重和偏置以找到损失函数最小值时的最优参数，梯度法是一种通过巧妙使用梯度来寻找函数最小值的方法。

梯度表示的是各点处函数值减小最多的方向。需要注意的是，函数的极小值、最小值以及被称为鞍点的地方，梯度都为零。极小值是局部最小值，即限定在某个范围内的最小值。鞍点在一个方向上看是极大值，在另一个方向上看是极小值。因此，梯度所指的方向不一定是函数的最小值或真正应该前进的方向。

虽然梯度的方向不一定指向最小值，但是沿着它的方向能够最大限度地减小函数的值。在寻找函数最小值的任务中，需要以梯度的信息为线索，决定前进的方向。在梯度法中，函数的取值从当前位置沿着梯度方向前进一定距离，然后在新的地方重新求梯度，再沿着新梯度方向前进，如此反复，不断沿梯度方向前进。

2.3.2 损失函数

损失函数是一个非负实数函数，用来量化模型预测和真实标签之间的差异。最直观的损失函数是模型在训练集上的错误率，即 0-1 损失函数：

$$L(\hat{y},y)=\begin{cases}0, & \hat{y}=y\\ 1, & \hat{y}\neq y\end{cases} \tag{2.25}$$

虽然 0-1 损失函数能够客观评价模型的好坏，但是其缺点是数学性质不是很好，不连续且导数为 0，难以优化，因此经常用连续可微的损失函数替代。平方损失函数经常用在预测标签 y 为实数值的任务中，定义为

$$L(\hat{y},y)=\frac{1}{2}(\hat{y}-y)^2 \tag{2.26}$$

但对于分类问题的损失函数，一般不使用平方损失函数，因为平方损失函数一般是非凸函数，可能会得到局部最优解，而不是全局最优解。因此经常选择如下的交叉熵损失函数，也叫负对数似然函数：

$$L(\hat{y},y)=-\sum_{i=1}^{I}y_i\log\hat{y}_i \tag{2.27}$$

式中，y_i 为样本真实值；$\hat{y}_i$ 为样本预测值。

2.3.3 链式法则

链式法则是微积分中的一个重要概念，当一个函数由两个或多个函数组成时，链式法则可以有效地计算这个复合函数的导数。简单来说，链式法则可以将复合函数的导数分解为各个组成函数的导数的乘积。

假设有两个函数 $y=f(u)$ 和 $u=g(x)$，那么复合函数 $y=f(g(x))$。根据链式法则，有

$$\frac{\mathrm{d}y}{\mathrm{d}x}=\left(\frac{\mathrm{d}y}{\mathrm{d}u}\right)\left(\frac{\mathrm{d}u}{\mathrm{d}x}\right) \tag{2.28}$$

对于多元函数，链式法则也同样适用。例如，考虑一个多元函数 $z=f(x,y)$，其中 $x=x(u,v)$ 和 $y=y(u,v)$。在这种情况下，链式法则可以表示为

$$\begin{cases}\dfrac{\mathrm{d}z}{\mathrm{d}u}=\left(\dfrac{\partial f}{\partial x}\right)\left(\dfrac{\partial x}{\partial u}\right)+\left(\dfrac{\partial f}{\partial y}\right)\left(\dfrac{\partial y}{\partial u}\right)\\[2ex]\dfrac{\mathrm{d}z}{\mathrm{d}v}=\left(\dfrac{\partial f}{\partial x}\right)\left(\dfrac{\partial x}{\partial v}\right)+\left(\dfrac{\partial f}{\partial y}\right)\left(\dfrac{\partial y}{\partial v}\right)\end{cases} \tag{2.29}$$

在神经网络中，激活函数通常用于引入非线性特性，使网络能够学习更加复杂的函数表示。链式法则在这一过程中发挥了关键作用，它为计算网络中每个函数的导数提供了便捷的方式。

以一个简单的包括输入层、隐藏层和输出层的三层神经网络为例，可以将输入层到隐藏层的计算表示为 $f(g(x))$，其中 $f(u)$ 表示隐藏层的激活函数，$g(x)$ 表示输入层到隐藏层的线性变换。

在前向计算中，从输入层开始，逐层向后，首先进行输入层到隐藏层的线性变换，然后通过激活函数得到隐藏层的输出。这一过程一直持续到输出层，最终得到网络的预测结果。在反向传播中，需要计算损失函数对于网络中每个参数的梯度。首先，计算输出层相对于隐藏层的梯度，然后利用链式法则将梯度向前传递至隐藏层的参数。接着，计算隐藏层相对于输入层的梯度，并将梯度继续向前传递。进行这样一个过程能够获得每个参数的梯度，并应用梯度下降法来更新网络参数。

2.3.4 反向传播算法

反向传播指的是计算神经网络参数梯度的方法。总的来说，反向传播依据微积分中的链式法则，沿着从输出层到输入层的顺序，依次计算并存储目标函数有关神经网

络各层的中间变量和参数的梯度。对输入输出为任意形状张量的函数 $\boldsymbol{Y}=f(\boldsymbol{X})$ 和 $\boldsymbol{Z}=g(\boldsymbol{Y})$，通过链式法则，有

$$\frac{\partial \boldsymbol{Z}}{\partial \boldsymbol{X}}=\text{prod}\left(\frac{\partial \boldsymbol{Z}}{\partial \boldsymbol{Y}},\frac{\partial \boldsymbol{Y}}{\partial \boldsymbol{X}}\right) \tag{2.30}$$

式（2.30）中的 prod 运算符将根据两个输入的形状在必要的操作（如转置和互换输入位置）后对两个输入做乘法。

下面引用一个简单的例子进行具体说明，假设输入是一个 $\boldsymbol{x}\in\mathbb{R}^d$ 的样本，且不考虑偏差项，那么中间变量 $\boldsymbol{z}=\boldsymbol{W}^{(1)}\boldsymbol{x}$，其中，$\boldsymbol{W}^{(1)}\in\mathbb{R}^{h\times d}$ 是隐藏层的权重参数。把中间变量 $\boldsymbol{z}\in\mathbb{R}^h$ 输入按元素操作的激活函数 ϕ 后，将得到向量长度为 h 的隐藏层变量 $\boldsymbol{h}=\phi(\boldsymbol{z})$，隐藏层变量 $\boldsymbol{h}$ 也是一个中间变量。假设输出层参数只有权重 $\boldsymbol{W}^{(2)}\in\mathbb{R}^{q\times h}$，可以得到向量长度为 q 的输出层变量 $\boldsymbol{o}=\boldsymbol{W}^{(2)}\boldsymbol{h}$，假设损失函数为 l，且样本标签为 y，可以计算出单个数据样本的损失项 $L=l(\boldsymbol{o},y)$，根据 L_2 范数正则化的定义，给定超参数 λ，正则化项即为

$$s=\frac{\lambda}{2}\left(\left\|\boldsymbol{W}^{(1)}\right\|_{\mathrm{F}}^2+\left\|\boldsymbol{W}^{(2)}\right\|_{\mathrm{F}}^2\right) \tag{2.31}$$

矩阵的弗罗贝尼乌斯（Frobenius）范数等价于将矩阵变平为向量后计算 L_2 范数。最终，模型在给定的数据样本上带正则化的损失为

$$J=L+s \tag{2.32}$$

将 J 称为有关给定数据样本的目标函数，而反向传播的目标是计算 $\partial J/\partial \boldsymbol{W}^{(1)}$ 和 $\partial J/\partial \boldsymbol{W}^{(2)}$。各中间变量和参数的梯度通常应用链式法则来计算，其计算次序与前向传播中相应中间变量的计算次序相反。

首先，分别计算目标函数 $J=L+s$ 有关损失项 L 和正则项 s 的梯度：

$$\frac{\partial J}{\partial L}=1,\ \frac{\partial J}{\partial s}=1 \tag{2.33}$$

之后，依据链式法则计算目标函数有关输出层变量的梯度：

$$\frac{\partial J}{\partial \boldsymbol{o}}=\text{prod}\left(\frac{\partial J}{\partial L},\frac{\partial L}{\partial \boldsymbol{o}}\right)=\frac{\partial L}{\partial \boldsymbol{o}},\ \frac{\partial J}{\partial \boldsymbol{o}}\in\mathbb{R}^q \tag{2.34}$$

接下来，计算正则项有关两个参数的梯度：

$$\frac{\partial s}{\partial \boldsymbol{W}^{(1)}}=\lambda \boldsymbol{W}^{(1)},\quad \frac{\partial s}{\partial \boldsymbol{W}^{(2)}}=\lambda \boldsymbol{W}^{(2)} \tag{2.35}$$

现在，依据链式法则可以计算最靠近输出层的模型参数的梯度：

$$\frac{\partial J}{\partial \boldsymbol{W}^{(2)}}=\text{prod}\left(\frac{\partial J}{\partial \boldsymbol{o}},\frac{\partial \boldsymbol{o}}{\partial \boldsymbol{W}^{(2)}}\right)+\text{prod}\left(\frac{\partial J}{\partial s},\frac{\partial s}{\partial \boldsymbol{W}^{(2)}}\right)=\frac{\partial J}{\partial \boldsymbol{o}}\boldsymbol{h}^{\mathrm{T}}+\lambda \boldsymbol{W}^{(2)},\frac{\partial J}{\partial \boldsymbol{W}^{(2)}}\in\mathbb{R}^{q\times h} \tag{2.36}$$

沿着输出层向隐藏层继续反向传播，隐藏层变量的梯度可以这样计算：

$$\frac{\partial J}{\partial \boldsymbol{h}}=\text{prod}\left(\frac{\partial J}{\partial \boldsymbol{o}},\frac{\partial \boldsymbol{o}}{\partial \boldsymbol{h}}\right)=\boldsymbol{W}^{(2)\mathrm{T}}\frac{\partial J}{\partial \boldsymbol{o}},\ \frac{\partial J}{\partial \boldsymbol{o}}\in\mathbb{R}^h \tag{2.37}$$

由于激活函数 ϕ 是按元素操作的，中间变量 $\boldsymbol{z}$ 的梯度的计算需要使用按元素乘法符⊙：

$$\frac{\partial J}{\partial \boldsymbol{z}} = \text{prod}\left(\frac{\partial J}{\partial \boldsymbol{h}}, \frac{\partial \boldsymbol{h}}{\partial \boldsymbol{z}}\right) = \frac{\partial J}{\partial \boldsymbol{h}} \odot \phi'(z), \ \frac{\partial J}{\partial \boldsymbol{o}} \in \mathbb{R}^h \tag{2.38}$$

最终，依据链式法则可以得到最靠近输入层的模型参数的梯度：

$$\begin{aligned}\frac{\partial J}{\partial \boldsymbol{W}^{(1)}} &= \text{prod}\left(\frac{\partial J}{\partial \boldsymbol{z}}, \frac{\partial \boldsymbol{z}}{\partial \boldsymbol{W}^{(1)}}\right) + \text{prod}\left(\frac{\partial J}{\partial s}, \frac{\partial s}{\partial \boldsymbol{W}^{(1)}}\right) \\ &= \frac{\partial J}{\partial \boldsymbol{z}} \boldsymbol{x}^{\mathrm{T}} + \lambda \boldsymbol{W}^{(1)}, \ \frac{\partial J}{\partial \boldsymbol{W}^{(1)}} \in \mathbb{R}^{h \times d}\end{aligned} \tag{2.39}$$

2.4 自动梯度计算

本节着眼于自动梯度计算，这是神经网络训练中关键的技术之一。通过深入研究数值微分、符号微分和自动微分等内容，读者将全面了解梯度计算的不同方法与原理。

2.4.1 数值微分

数值微分是用数值方法来计算函数 $f(x)$ 的导数，其导数定义为

$$f'(x) = \lim_{\Delta x \to 0} \frac{f(x + \Delta x) - f(x)}{\Delta x} \tag{2.40}$$

要计算函数 $f(x)$ 在点 x 的导数，可以对 x 加上一个很小的非零扰动 Δx，通过上述定义来直接计算函数 $f(x)$ 的梯度。数值微分方法非常容易实现，但找到一个合适的扰动 Δx 却十分困难。如果 Δx 过小，会引起数值计算问题，如舍入误差；如果 Δx 过大，会增加截断误差，使导数计算不准确。因此，数值微分的实用性比较差。在实际应用中，经常使用下面的公式来计算梯度，以减少截断误差。

$$f'(x) = \lim_{\Delta x \to 0} \frac{f(x + \Delta x) - f(x - \Delta x)}{2\Delta x} \tag{2.41}$$

数值微分的另一个问题是计算复杂度较高。假设参数数量为 N，则每个参数都需要单独施加扰动，并计算梯度。假设每次正向传播的计算复杂度为 $O(N)$，则计算数值微分的总体时间复杂度为 $O(N^2)$。

2.4.2 符号微分

符号微分是一种基于符号计算的自动求导方法，是指用计算机来处理带有变量的数学表达式。这里的变量被看作符号，一般不需要代入具体的值。符号计算的输入和输出都是数学表达式，一般包括对数学表达式的化简、因式分解、微分、积分、解代数方程、求解常微分方程等运算。例如，数学表达式的化简，输入为 $5x - 3x + x + 1$，输出即为 $3x + 1$。

符号计算一般来讲是使用一些事先定义的规则通过迭代或递归对输入的表达式进行转换。当转换结果不能再继续使用转换规则时，便停止计算。符号微分可以在编译时就计算梯度的数学表示，进一步利用符号计算方法进行优化。此外，符号计算的一个优点是与平台无关，可以在 CPU 或 GPU 上运行。符号微分也有一些不足之处：首先，编译时间较长，特别是对于循环，需要很长时间进行编译；其次，为了进行符号

微分，一般需要设计一种专门的语言来表示数学表达式，并且要对变量（符号）进行预先声明；最后，使用符号微分很难对程序进行调试。

2.4.3 自动微分

自动微分是一种可以计算（程序）函数导数的方法。符号微分的处理对象是数学表达式，而自动微分的处理对象是一个函数或一段程序。自动微分的基本原理是所有的数值计算可以分解为一些基本操作，包括加减乘除和exp、log、sin、cos等一些初等函数，然后利用链式法则自动计算一个复合函数的梯度。为简单起见，这里以一个神经网络中常见的复合函数为例来说明自动微分的过程。令复合函数 $f(x;w,b)$ 为

$$f(x;w,b)=\frac{1}{\mathrm{e}^{-(wx+b)}+1} \tag{2.42}$$

复合函数 $f(x;w,b)$ 由6个基本函数 h_i（$1\leqslant i\leqslant 6$）组成。如表2.1所示，每个基本函数的导数都十分简单，可以通过规则来实现。

表2.1 复合函数 $f(x;w,b)$ 的基本函数的导数

基本函数	导数	
$h_1=wx$	$\frac{\partial h_1}{\partial w}=x$	$\frac{\partial h_1}{\partial x}=w$
$h_2=h_1+b$	$\frac{\partial h_2}{\partial h_1}=1$	$\frac{\partial h_2}{\partial b}=1$
$h_3=h_2\times(-1)$	$\frac{\partial h_3}{\partial h_2}=-1$	
$h_4=\mathrm{e}^{h_3}$	$\frac{\partial h_4}{\partial h_3}=\mathrm{e}^{h_3}$	
$h_5=h_4+1$	$\frac{\partial h_5}{\partial h_4}=1$	
$h_6=\frac{1}{h_5}$	$\frac{\partial h_6}{\partial h_5}=-\frac{1}{h_5^2}$	

整个复合函数 $f(x;w,b)$ 关于参数 w 和 b 的导数可以通过计算图上的节点 $f(x;w,b)$ 与参数 w 和 b 之间路径上所有的导数连乘来得到，即

$$\frac{\partial f(x;w,b)}{\partial w}=\frac{\partial f(x;w,b)}{\partial h_6}\frac{\partial h_6}{\partial h_5}\frac{\partial h_5}{\partial h_4}\frac{\partial h_4}{\partial h_3}\frac{\partial h_3}{\partial h_2}\frac{\partial h_2}{\partial h_1}\frac{\partial h_1}{\partial w} \tag{2.43}$$

$$\frac{\partial f(x;w,b)}{\partial b}=\frac{\partial f(x;w,b)}{\partial h_6}\frac{\partial h_6}{\partial h_5}\frac{\partial h_5}{\partial h_4}\frac{\partial h_4}{\partial h_3}\frac{\partial h_3}{\partial h_2}\frac{\partial h_2}{\partial b} \tag{2.44}$$

以 $\partial f(x;w,b)/\partial w$ 为例，当 $x=1$、$w=0$、$b=0$ 时，可以得到

$$\begin{aligned}\left.\frac{\partial f(x;w,b)}{\partial w}\right|_{x=1,w=0,b=0}&=\frac{\partial f(x;w,b)}{\partial h_6}\frac{\partial h_6}{\partial h_5}\frac{\partial h_5}{\partial h_4}\frac{\partial h_4}{\partial h_3}\frac{\partial h_3}{\partial h_2}\frac{\partial h_2}{\partial h_1}\frac{\partial h_1}{\partial w}\\&=1\times(-0.25)\times1\times1\times(-1)\times1\times1\\&=0.25\end{aligned}$$

如果函数和参数之间有多条路径，可以将这多条路径上的导数再进行相加，得到最终的梯度。

2.5 优化问题

合适的参数初始化对于模型的训练至关重要，本节第一部分将探讨各种初始化方法及其优势与劣势。接着，讨论神经网络中常见的梯度消失问题，研究梯度消失的原因和其对模型的影响，以及解决梯度消失问题的方法，以确保信息能够有效地传递和更新。最后，探讨死亡 ReLU 问题，当神经网络中的神经元在训练过程中变得不活跃时，可能导致网络的一部分失去学习能力，这一部分将解释死亡 ReLU 的原因及解决方案，以确保网络中的神经元能够有效地参与模型的学习过程。

2.5.1 参数初始化

1. 主要影响

神经网络参数初始化指的是为神经网络中的权重和偏置赋予初始值，其选择和设定对网络的训练效果和性能具有显著影响，主要影响体现在以下几个方面。

（1）预防对称性问题：当所有权重都被赋予相同的初始值时，在前向传播过程中，所有神经元都会进行相同的线性变换，进而产生相同的输出。这会导致网络中的对称性，使不同神经元难以独立学习并表达不同的特征。

（2）维持梯度稳定：在反向传播中，梯度的计算与传播对网络的训练至关重要，不恰当的参数初始化可能引发梯度消失或梯度爆炸的问题。通过采用合适的初始化方法，可以维持梯度的稳定，进而促进网络的训练与收敛。

（3）确保信号传播稳定：参数初始化同样影响信号在网络中的传播稳定性。由于神经元的输出会成为下一层神经元的输入，信号传播过程中的方差变化过大可能会导致信号失真或放大，从而影响网络的性能。适当的参数初始化方法有助于平衡每一层的信号传播，确保信息的有效流动。

2. 常用方法

在神经网络中，有以下几种常用的参数初始化方法。

（1）零初始化：将所有权重和偏置初始化为零。尽管这种方法简单直接，但是在实践中很少使用，因为它会导致所有神经元具有相同的更新，可能引发梯度消失等问题。

（2）随机初始化：将权重和偏置随机初始化为较小的随机值，以打破对称性，为神经元提供不同的起点，促进网络的多样性和学习能力。常见的随机初始化方法包括从均匀分布或高斯分布中随机采样，但可能导致训练不稳定、对称性问题及梯度消失或爆炸。

（3）Xavier 初始化：是一种针对全连接层的参数初始化方法。它通过考虑前一层和后一层神经元的数量来计算权重的初始范围，有助于保持输入信号和梯度的方差在不同层之间大致相等。

（4）He 初始化：是一种为使用 ReLU 激活函数的网络层设计的参数初始化方法。与 Xavier 初始化类似，He 初始化根据前一层神经元的数量计算权重的初始范围，但使用了适应 ReLU 函数性质的不同系数，即将权重初始化为较大的随机值。

这些初始化方法的目标是提供适当的初始权重和偏置，以促进神经网络的稳定训练和性能优化。选择合适的初始化方法取决于网络结构、激活函数的选择以及任务的特性。在实践中，通常根据网络的具体情况选择初始化方法，甚至可以混合使用不同的初始化方法。

一旦模型参数初始化完成，可以通过交替进行正向传播和反向传播，并根据反向传播计算的梯度迭代模型参数。由于在反向传播中使用了正向传播中计算得到的中间变量来避免重复计算，这种重用导致正向传播结束后不能立即释放中间变量内存。这也是训练过程相比预测占用更多内存的一个重要原因。此外，这些中间变量的数量与网络层数线性相关，每个变量的大小与批量大小和输入数量也是线性相关的，这些因素是导致较深的神经网络在使用较大批量进行训练时更容易超内存的主要原因。

2.5.2 梯度消失和梯度爆炸问题

训练神经网络，尤其是训练深度神经网络时，面临的一个问题是梯度消失或梯度爆炸，也就是神经元上的梯度会变得非常小或非常大，从而加大训练的难度。

梯度消失的意思是，在误差反向传播过程中，误差经过每一层传递都会不断衰减，当网络层数很深时，神经元上的梯度也会不断衰减，导致前面的隐藏层神经元的学习速度慢于后面隐藏层神经元的学习速度。

具体来说，从图 2.3 所示的 Sigmoid 函数导函数图像上可以看出，当输入很大或很小时，Sigmoid 函数的梯度都约为 0，梯度的取值范围为（0,0.25）。激活函数的输出相对于权重参数 $\boldsymbol{w}$ 的偏导数公式如下（Sigmoid 函数的梯度是表达式中的一个乘法因子）：

$$\frac{\partial[\sigma(\boldsymbol{w}^{\mathrm{T}}x+b)]}{\partial \boldsymbol{w}}=\frac{\partial[\sigma(\boldsymbol{w}^{\mathrm{T}}x+b)]}{\partial(\boldsymbol{w}^{\mathrm{T}}x+b)}\times\frac{\partial(\boldsymbol{w}^{\mathrm{T}}x+b)}{\partial \boldsymbol{w}} \tag{2.45}$$

图 2.12 所示为由 4 个激活函数都为 Sigmoid 函数的神经元线性组成的网络。

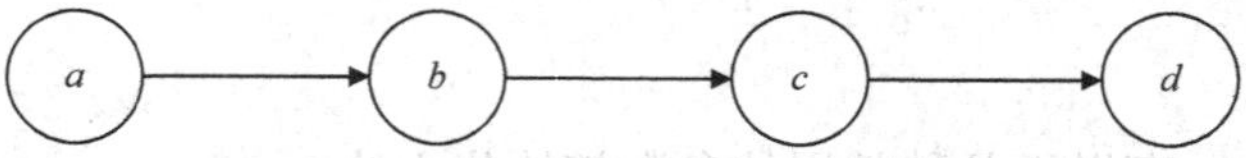

图 2.12 由 4 个激活函数都为 Sigmoid 函数的神经元线性组成的网络

对于这个网络，运用链式求导法则得到损失函数相对于 a 神经元的输出值的偏导数表达式如下：

$$\frac{\partial L}{\partial a}=\frac{\partial L}{\partial d}\times\frac{\partial d}{\partial c}\times\frac{\partial c}{\partial b}\times\frac{\partial b}{\partial a} \tag{2.46}$$

因为每个神经元都是复合函数，所以式（2.46）中的每一项都可以更进一步展开，以 d 对 c 的导数举例，展开如式（2.47）所示，可以看到式子的中间项是 Sigmoid 函数的梯度。那么拥有 4 个神经元网络的损失函数相对于第一层神经元 a 的偏导数表达式中就包含 4 个 Sigmoid 梯度的乘积。然而，实际的神经网络层数少则数十多则数百，这么多范围在（0,0.25）的数的乘积，将会是一个非常小的数字。梯度下降法更新参数完全依赖于梯度值，极小的梯度无法让参数得到有效更新，即使有微小的更新，浅层和深层网络参数的更新速率也相差巨大，该现象就称为“梯度消失”。

$$\frac{\partial d}{\partial c}=\frac{\partial d}{\partial\left(\sigma(\boldsymbol{w}_d^{\mathrm{T}}c+b_d)\right)}\times\frac{\partial\left(\sigma(\boldsymbol{w}_d^{\mathrm{T}}c+b_d)\right)}{\partial(\boldsymbol{w}_d^{\mathrm{T}}c+b_d)}\times\frac{\partial(\boldsymbol{w}_d^{\mathrm{T}}c+b_d)}{\partial c} \tag{2.47}$$

与之相对的问题是梯度爆炸，也就是前面层中神经元的梯度变得非常大。与梯度消失不太一样的是，梯度爆炸通常产生于过大的权重 $\boldsymbol{w}$ 。

综上所述，梯度消失通常出现在深层网络和采用了不合适的损失函数的情形下，梯度爆炸一般出现在深层网络和权值初始化值太大的情况下。那么如何解决梯度消失和梯度爆炸的问题呢？

对于梯度消失问题：首先，可以选择导数比较大的激活函数。Sigmoid 函数和 tanh 函数都属于两端饱和型激活函数，使用这两种激活函数的神经网络，在训练过程中梯度通常会消失，因此可以选择其他激活函数来替代。ReLU 函数在正数部分的导数恒为 1，每层网络都可以得到相同的更新速度，因此在深层网络中不会产生梯度消失和梯度爆炸问题。其次，可以使用批量归一化（BN）进行处理，BN 层的主要作用是对神经网络每一层的输入进行标准化处理，解决训练过程中可能出现的输入数据分布漂移问题，即“内部协变量偏移”问题。在神经网络训练过程中，由于网络参数根据梯度下降在不断变化，每经过一个网络层，数据的分布都可能发生不同的改变。这种数据分布的变化可能导致网络训练速度变慢，甚至影响模型的收敛和性能。BN 层通过对每一层的输入数据进行归一化处理，使其均值接近于 0，标准差接近于 1，从而使每一层的输入数据分布更加稳定，有助于加速神经网络的训练过程。

对于梯度爆炸问题：可以采取梯度截断和权重正则化的方法。梯度截断方法主要是针对梯度爆炸提出的，其思想是设置一个梯度截断阈值，然后在更新梯度时，如果梯度超过这个阈值，那么就将其强制限制在这个范围之内。权重正则化则是在损失函数中加入对网络的权重进行惩罚的正则化项，如权重的 L_1 正则化或 L_2 正则化。如果发生梯度爆炸，权值的范数会变得非常大，通过正则化项进行惩罚，可以限制权重的值，从而减轻梯度爆炸的问题。

2.5.3　死亡 ReLU 问题

ReLU 函数的输入值有一项偏置项，假设偏置项变得太小，以至于输入激活函数的值总是负的，那么反向传播过程经过该处的梯度恒为 0，对应的权重和偏置参数此次无法得到更新。如果对于所有的样本输入，该激活函数的输入都是负的，那么该神经元再也无法学习，称为神经元“死亡”问题。

Leaky_ReLU 函数的提出就是为了解决神经元“死亡”问题，Leaky_ReLU 函数与 ReLU 函数很相似，仅在输入小于 0 的部分有差别，ReLU 函数输入小于 0 的部分值都为 0，而 Leaky_ReLU 函数输入小于 0 的部分值为负，且有微小的梯度。实际上，Leaky_ReLU 函数的 α 取值一般为 0.01。使用 Leaky_ReLU 函数的好处是：在反向传播过程中，对于 Leaky_ReLU 函数输入小于零的部分，也可以计算得到梯度（而不是像 ReLU 函数一样值为 0），这样就避免了梯度方向锯齿问题。

2.6 使用 PyTorch 构建神经网络

本节介绍 MNIST 手写数字图像数据集，它是深度学习领域最有名的数据集之一，被应用于从简单的实验到发表的论文研究等各种场合。使用 PyTorch 构建并训练神经网络解决 MNIST 数据集手写数字识别问题，通过这个实际案例，读者可以理解 PyTorch 在实际问题中的应用，同时掌握使用 PyTorch 构建神经网络的基本步骤。

2.6.1 MNIST 数据集介绍

MNIST 数据集是由 0～9 的数字图像构成的，如图 2.13 所示。训练图像有 6 万张，测试图像有 1 万张，这些图像可以用于学习和推理。MNIST 数据集的一般使用方法是，先用训练图像进行学习，再用学习到的模型度量能在多大程度上对测试图像进行正确的分类。

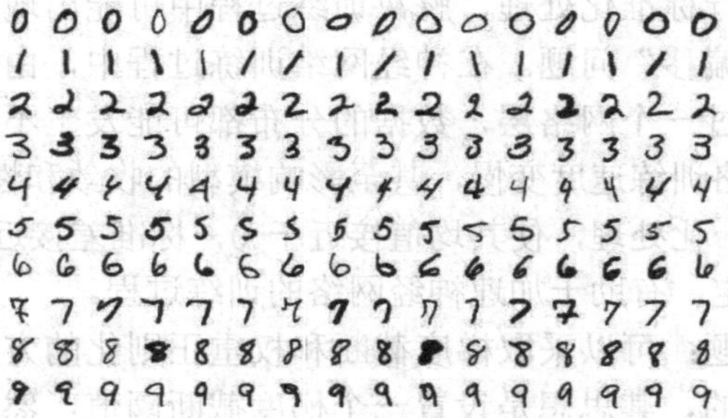

图 2.13 MNIST 数据集图片

MNIST 的数据图像是 28 像素×28 像素的灰度图像，使用全连接网络时可将这 784 个像素点组成长度为 784 的一维数组，作为输入特征。各个像素的取值为 0～255。每个图像数据都相应地标有 0～9 的标签。

2.6.2 使用 PyTorch 构建神经网络训练 MNIST 数据集

1. 导入库和模块

使用 PyTorch 构建神经网络的第一步是导入必要的库和模块。在这个代码片段中，首先导入 PyTorch 的 torch 库，这是进行张量操作、构建神经网络和训练模型所必需的基本库。库中的 nn 模块提供了构建神经网络层和模型的类和函数。optim 模块包含各种优化算法，如 SGD、Adam 等，用于更新神经网络的参数以最小化损失函数。F 模块提供一系列函数，如激活函数、损失函数等，可以直接调用。DataLoader 模块用于创建一个可迭代的数据加载器，方便对数据集进行批处理和随机化加载。Datasets 模块提供一些经典的视觉数据集，如 MNIST、CIFAR-10 等。transforms 模块提供一系列用于数据预处理和增强的转换操作，如图像缩放、裁剪、归一化等。

```python
import torch
import torch.nn as nn
import torch.optim as optim
import torch.nn.functional as F
from torch.utils.data import DataLoader
import torchvision.datasets as datasets
import torchvision.transforms as transforms
```

2. 构建神经网络

一旦导入了必要的库和模块，就可以开始定义神经网络模型。“__init__”初始化方法用于定义神经网络的结构和初始化网络参数。forward 方法定义数据在神经网络中的正向传播路径。下面这段代码定义一个简单的全连接神经网络，包括两个全连接层，其中第一层的输出经过 ReLU 函数，第二层的输出作为网络的最终输出。

```python
class NeuralNetwork(nn.Module):
    def __init__(self, input_size, num_classes):
        super(NeuralNetwork, self).__init__()
        self.fc1 = nn.Linear(in_features = input_size, out_features = 50)
        self.fc2 = nn.Linear(in_features = 50, out_features = num_
            classes)
    def forward(self, x):
        return self.fc2(F.relu(self.fc1(x)))
```

3. 检查模型的输出形状

检查模型的输出形状以确保它符合期望。在这个例子中，创建一个名为 model 的神经网络实例，并传入一个大小为(64,784)的随机输入张量来检查模型的输出形状。可以使用“.shape”返回输出张量的形状属性，如果神经网络的输出张量形状为([64,10])，表明模型成功地将输入数据映射到了 10 个类别上，每个样本对应 10 个类别的预测结果。

```python
model = NeuralNetwork(784, 10)
x = torch.rand(64, 784)
print(model(x).shape) #Output : torch.Size([64, 10])
```

4. 设置设备

下面这行代码用于选择运行模型的设备，主要根据是否有可用的 GPU 设备来决定。如果 GPU 可用，可以将设备设置为 CUDA，否则设置为 CPU。一般情况下，使用 GPU 进行计算可以获得更快的训练速度。

```python
device = torch.device('cuda' if torch.cuda.is_available() else 'cpu')
```

5. 设置超参数

在训练神经网络之前，需要定义一些超参数（如学习率、批量大小和轮数等），用于配置神经网络模型的训练过程。学习率是控制模型在每次迭代中更新权重的步长的参数，较小的学习率可以使训练更加稳定，但可能需要更多的迭代次数来收敛到最优解。在训练过程中，模型将根据批次大小依次处理一批一批的数据。较大的批次大小可能会加速训练过程，但也会增加内存消耗。轮数表示训练过程中的迭代次数，即整个训练数据集被模型遍历的次数。训练过程中，模型将对数据进行多次迭代学习，以优化权重并提高性能。下面的代码定义了 0.001 的学习率，64 的批量大小和 10 的轮数。

```
1.    input_size = 784
2.    num_classes = 10
3.    learning_rate = 0.001
4.    batch_size = 64
5.    num_epochs = 10
```

6. 加载数据

为了训练神经网络，需要加载和预处理训练和测试数据。下面的代码片段通过 PyTorch 的 datasets 和 DataLoader 模块加载 MNIST 数据集并将数据集对象传递给数据加载器，以便于在训练和测试时对数据进行批量处理。同时，通过设置合适的参数，如批次大小和数据洗牌，确保数据加载的效率和模型的训练效果。

```
1.    train_data = datasets.MNIST(root = "dataset/",
2.                                train = True,
3.                                transform = transforms. ToTensor(),
4.                                download = True
5.                                )
6.    train_loader = DataLoader(dataset = train_data,
7.                                batch_size = batch_size,
8.                                shuffle = True
9.                                )
10.   test_data = datasets.MNIST(root = "dataset/",
11.                                train = False,
12.                                transform = transforms. ToTensor(),
13.                                download = True
14.                                )
15.   test_loader = DataLoader(dataset = test_data,
16.                                batch_size = batch_size,
17.                                shuffle = True
18.                                )
```

7. 初始化网络

一旦定义了模型并加载了数据，就可以在指定的设备上初始化神经网络模型，从而为后续的训练过程做好准备。

```
model = NeuralNetwork(input_size = input_size, num_classes = num_
        classes).to(device)
```

8. 定义损失和优化器

为了训练神经网络，首先需要定义损失函数和优化算法。在这个例子中使用了交叉熵损失函数和 Adam 优化器。交叉熵损失函数通常用于分类问题，特别是多类别分类问题。Adam 优化器是一种常用的自适应学习率优化算法，它根据每个参数的梯度动态调整学习率，能够在训练过程中更快地收敛到最优解。

```
1.    criterion = nn.CrossEntropyLoss()
2.    optimizer = optim.Adam(params = model.parameters(), lr = learning_
         rate)
```

9. 训练模型

下面这段代码实现了神经网络模型的训练过程，包括前向传播、损失计算、反向传播和参数更新，包含两个嵌套循环，用于遍历训练数据集中的所有样本。在每个训练周期中，通过对整个训练集进行迭代，不断优化模型的参数，以提高模型的性能和泛化能力。

```
1.    for epoch in range(num_epochs):
2.        for batch_idx, (data, labels) in enumerate(train_loader):
3.            data = data.to(device = device)
4.            labels = labels.to(device = device)
5.            data = data.reshape(data.shape[0], -1)
6.            scores = model(data)
7.            loss = criterion(scores, labels)
8.            optimizer.zero_grad()
9.            loss.backward()
10.           optimizer.step()
```

10. 评估模型

训练完模型后，可以在测试数据上评估其性能，可以使用训练好的模型来预测测试数据的标签，并将其与真实标签进行比较，然后用正确预测的数量除以预测的总数来计算模型的准确性。模型有训练和评估两种模式，代码如下所示。

```
1.    num_correct = 0
2.    num_samples = 0
3.    model.eval()
4.    with torch.no_grad():
5.        for data, labels in test_loader:
6.            data = data.to(device = device)
7.            labels = labels.to(device = device)
8.            data = data.reshape(data.shape[0],-1)
9.            scores = model(data)
10.           _, predictions = torch.max(scores, dim = 1)
11.           num_correct += (predictions == labels).sum()
12.           num_samples += predictions.size(0)
13.       print(f'Got {num_correct} / {num_samples} with accuracy
                {float (num_correct) / float(num_samples)*100:.2f}')
14.   model.train()
```

上述代码中的 model.eval()方法将模型设置为评估模式，它将关闭某些层或模块，如 Dropout 层和 BN 层，因为不希望这些层改变模型的输出。model.train()方法将模型重新设置为训练模式，从而启用那些在评估期间被关闭的层或模块，因为需要这些层在训练过程中学习并更新它们的参数。

11. 可视化

最后可以绘制测试集的 10 张随机图像，并标注每张图像的真实标签和模型的预测结果，以便观察模型的分类性能。

```
1.   import matplotlib.pyplot as plt
2.   model.eval()
3.   with torch.no_grad():
4.       fig, axs = plt.subplots(2, 5, figsize = (12, 6))
5.       axs = axs.flatten()
6.       for i, (data, labels) in enumerate(test_loader):
7.           if i >= 10:  #Break after 10 images
8.               break
9.           data = data.to(device = device)
10.          labels = labels.to(device = device)
11.          data = data.reshape(data.shape[0], -1)
12.          scores = model(data)
13.          _, predictions = torch.max(scores, dim = 1)
14.          img = data.cpu().numpy().reshape(-1, 28, 28)
15.          axs[i].imshow(img[0], cmap = 'gray')
16.          axs[i].set_title(f"Label: {labels[0]} - Prediction:
                              {predictions[0]}")
17.      plt.tight_layout()
18.      plt.show()
19.  model.train()
```

本 章 小 结

本章为读者介绍了理解神经网络基础原理与应用的全面知识体系。从人工神经元的基本概念开始，逐步深入到构建、训练神经网络的关键技术，课程内容涵盖了理论基础、实践操作和问题解决的多个层面。

首先，深入研究了神经元与网络结构，探讨了人工神经元的基本概念、激活函数、全连接层、神经网络、输出层和误差计算等关键部分，帮助读者理解神经网络的基础概念。

接着，聚焦于前馈神经网络，介绍了其结构和训练方法，使读者了解网络层次结构、神经元的连接方式及训练算法的原理，为构建更加复杂的神经网络打下了理论基础。

反向传播算法探究了导数与梯度、损失函数、链式法则和反向传播，帮助读者理解神经网络训练的核心理论和实践技术。这一部分加深了对梯度下降优化算法的理解，梯度下降算法是调整神经网络参数的有力工具。

接下来，深入研究了自动梯度计算，包括数值微分、符号微分和自动微分等方法，使读者学会如何灵活地计算神经网络中大量参数的梯度，为模型的训练提供了更高效的手段。

通过讨论参数初始化、梯度消失和梯度爆炸问题及死亡 ReLU 问题，介绍了神经网络训练中的一些常见优化问题，使读者能够更好地选择和调整优化算法，提高模型的性能。

最后集中介绍了如何使用 PyTorch 构建神经网络，让读者学习构建网络的基本步骤，并通过训练 MNIST 数据集的实例，将理论知识应用到实际问题中。

思考题或自测题

1. 简要描述人工神经元的模型，进一步了解神经元的不同类型，并描述它们的区别。
2. 为什么神经网络中要使用激活函数？列举几种常用的激活函数并分析它们的应用场景。
3. 说明全连接层的工作原理，解释全连接层在神经网络中的作用。
4. 不同类型的神经网络可能有不同的输出层结构，举例说明。
5. 描述前馈神经网络的基本结构。
6. 前馈神经网络的训练方法有哪些？简要说明其原理。
7. 说明导数与梯度的关系，推导常见激活函数的导数。
8. 解释链式法则在反向传播算法中的应用，描述反向传播算法的基本步骤和原理。
9. 比较数值微分和符号微分的优缺点。
10. 描述自动微分的过程，并说明其在神经网络中的应用。
11. 讨论参数初始化的重要性和常见的初始化方法。
12. 解释梯度消失问题的原因，并提出缓解方法。
13. 分析死亡 ReLU 问题出现的原因和解决策略。
14. 描述使用 PyTorch 构建神经网络的基本步骤。
15. 使用 PyTorch 构建一个神经网络，用于训练 MNIST 数据集。

第 3 章　卷积神经网络

卷积神经网络（CNN）是一种具有局部连接、权重共享等特性的深层前馈神经网络，是近年来深度学习能在计算机视觉中取得突破性成果的基石，也逐渐被其他诸如自然语言处理、推荐系统和语音识别等领域广泛使用。本章首先描述卷积神经网络中卷积的结构和数学原理，并解释卷积层、汇聚层和全连接层的工作原理。掌握了这些基础知识以后，通过探究数个具有代表性的深度卷积神经网络的设计思路和其他卷积方式进行深入理解。最后介绍卷积神经网络在图像和视频分析的各种任务中的应用。

3.1　卷积与卷积神经网络

卷积，也叫褶积，是分析数学中一种重要的运算。在信号处理或图像处理中，经常使用一维或二维卷积。

3.1.1　卷积操作的数学原理

1. 一维卷积

一维卷积经常用在信号处理中，用于计算信号的延迟累积。假设一个信号发生器在时刻 t 产生一个信号 x_t，其信息的衰减率为 ω_k，即在 $k-1$ 个时间步长后，信息为原来的 ω_k 倍。假设 $\omega_1=1$、$\omega_2=1/2$、$\omega_3=1/4$，那么在时刻 t 收到的信号 y_t 为当前时刻产生的信息和以前时刻延迟信息的叠加：

$$\begin{aligned} y_t &= 1\times x_t + \frac{1}{2}\times x_{t-1} + \frac{1}{4}\times x_{t-2} \\ &= \omega_1 \times x_t + \omega_2 \times x_{t-1} + \omega_3 \times x_{t-2} \\ &= \sum_{k=1}^{3} \omega_k x_{t-k+1} \end{aligned} \tag{3.1}$$

通常把 ω_1、ω_2、…称为滤波器或卷积核。假设滤波器长度为 K，它和信号序列 x_1、x_2、…的卷积为

$$y_t = \sum_{k=1}^{K} \omega_k x_{t-k+1} \tag{3.2}$$

为了简单起见，这里假设卷积的输出 y_t 的下标 t 从 K 开始。

信号序列 x 和滤波器 ω 的卷积定义为

$$y = \omega * x \tag{3.3}$$

一般情况下，滤波器的长度 K 远小于信号序列 x 的长度，可以通过设计不同的滤波器来提取信号序列的不同特征。例如，当令滤波器 $\omega = 1/K,\cdots,1/K$ 时，卷积相当于

信号序列的简单移动平均（窗口大小为K）；当令滤波器$\omega=[1,-2,1]$时，可以近似实现对信号序列的二阶微分，即

$$x^{n}(t)=x(t+1)+x(t-1)-2x(t) \tag{3.4}$$

2. 二维卷积

卷积也经常用在图像处理中。图像是一个二维结构，需要将一维卷积进行扩展。给定一个图像$\boldsymbol{X}\in\mathbb{R}^{M\times N}$和一个滤波器$\boldsymbol{W}\in\mathbb{R}^{U\times V}$，一般$U<<M$、$V<<N$，其卷积为

$$y_{ij}=\sum_{u=1}^{U}\sum_{v=1}^{V}\omega_{uv}x_{i-u+1,\,j-v+1} \tag{3.5}$$

为了简单起见，这里假设卷积的输出y_{ij}的下标(i,j)从(U,V)开始。

输入信息$\boldsymbol{X}$和滤波器$\boldsymbol{W}$的二维卷积定义为

$$\boldsymbol{Y}=\boldsymbol{W}*\boldsymbol{X} \tag{3.6}$$

虽然卷积层得名于卷积运算，但是在具体实现上，一般会以互相关操作来代替卷积，从而会减少一些不必要的操作或开销。互相关是一个衡量两个序列相关性的函数，通常是用滑动窗口的点积计算来实现的。给定一个图像$\boldsymbol{X}\in\mathbb{R}^{M\times N}$和卷积核$\boldsymbol{W}\in\mathbb{R}^{U\times V}$，它们的互相关为

$$y_{ij}=\sum_{u=1}^{U}\sum_{v=1}^{V}\omega_{uv}x_{i+u-1,\,j+v-1} \tag{3.7}$$

与式（3.5）对比可知，互相关和卷积的区别仅在于卷积核是否进行翻转，则式（3.7）可以表述为

$$\boldsymbol{Y}=\boldsymbol{W}\otimes\boldsymbol{X} \tag{3.8}$$

式中，$\otimes$代表互相关运算。

在二维卷积层中，一个二维输入数组和一个二维核（kernel）数组通过互相关运算输出一个二维数组。下面用一个具体例子来解释二维互相关运算的含义。输入一个高和宽均为 3 的二维数组，将该数组的形状记为 3×3 或(3,3)，核数组的高和宽分别为 2。该数组在卷积计算中又称卷积核或过滤器（filter）。卷积核窗口（又称卷积窗口）的形状取决于卷积核的高和宽，即 2×2。

将上述过程实现在 corr2d 函数里。它接受输入数组X与核数组K，并输出数组Y。

```
from mxnet import autograd, nd
from mxnet.gluon import nn
def corr2d(X, K):
    h, w = K.shape
    Y = nd.zeros((X.shape[0] - h + 1, X.shape[1] - w + 1))
    for i in range(Y.shape[0]):
        for j in range(Y.shape[1]):
            Y[i, j] = (X[i: i + h, j: j + w] * K).sum()
    return Y
```

3. 卷积的变种

在卷积的标准定义基础上，还可以引入卷积核的滑动步长和零填充来增加卷积的

多样性，可以更灵活地进行特征抽取。步长是指卷积核在滑动时的时间间隔。可以令高和宽上的步长均为 2，从而使输入的高和宽减半。图 3.1（a）给出了步长为 2 的卷积示例，用函数实现，代码如下。

```
conv2d = nn.Conv2D(1, kernel_size = 3, padding = 1, strides = 2)
comp_conv2d(conv2d, X).shape
```

零填充是在输入向量两端进行补零。图 3.1（b）给出了输入的两端各补一个零后的卷积示例，用函数实现，代码如下。

```
conv2d = nn.Conv2D(1, kernel_size = 3, padding = 1)
comp_conv2d(conv2d, X).shape
```

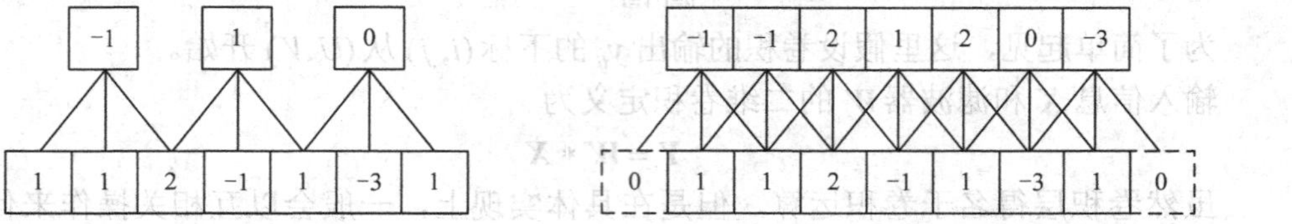

（a）步长S=2　　（b）零填充P=1

图 3.1　卷积的步长和零填充（滤波器为[−1, 0, 1]）

假设卷积层输入神经元的个数为M，卷积大小为K，步长为S，在输入两端各填补P个 0，那么该卷积层的神经元数量为$(M-K+2P)/S+1$。

一般常用的卷积有以下 3 类。

（1）窄卷积：步长$S=1$，两端不补零$P=0$，卷积后输出长度为$M-K+1$。

（2）宽卷积：步长$S=1$，两端补零$P=K-1$，卷积后输出长度为$M+K-1$。

（3）等宽卷积：步长$S=1$，两端补零$P=(K-1)/2$，卷积后输出长度为M。图 3.1（b）就是一个等宽卷积示例。

3.1.2　卷积神经网络的基本结构

卷积神经网络一般由卷积层、池化层和全连接层构成。

1. 卷积层

卷积层的作用是提取一个局部区域的特征，不同的卷积核相当于不同的特征提取器。3.1.1 节中描述的卷积层的神经元和全连接网络都是一维结构。由于卷积网络主要应用在图像处理上，而图像是二维结构，因此为了更充分地利用图像的局部信息，通常将神经元组织为三维结构的神经层，其大小为高度$M\times$宽度$N\times$深度D，由D个$M\times N$大小的特征映射构成。

特征映射为一幅图像（或其他特征映射）在经过卷积后提取到的特征，每个特征映射可以作为一类抽取的图像特征。为了提高卷积网络的表示能力，可以在每一层使用多个不同的特征映射，以更好地表示图像的特征。

在输入层，特征映射就是图像本身。如果是灰度图像，就是有一个特征映射，输入层的深度$D=1$；如果是彩色图像，分别有三原色红、绿、蓝（red green blue，

RGB）三个颜色通道的特征映射，输入层的深度 $D=3$。

不失一般性，假设一个卷积层的结构如下。

（1）输入特征映射组：$\boldsymbol{\chi}\in\mathbb{R}^{M\times N\times D}$ 为三维张量，其中每个切片矩阵 $\boldsymbol{X}^d\in\mathbb{R}^{M\times N}$ 为一个输入特征映射，$1\leqslant d\leqslant D$。

（2）输出特征映射组：$\boldsymbol{\gamma}\in\mathbb{R}^{M'\times N'\times P}$ 为三维张量，其中每个切片矩阵 $\boldsymbol{Y}^p\in\mathbb{R}^{M'\times N'}$ 为一个输出特征映射，$1\leqslant d\leqslant D$。

（3）卷积核：$\boldsymbol{\omega}\in\mathbb{R}^{U\times V\times P\times D}$ 为四维张量，其中每个切片矩阵 $\boldsymbol{W}^{p,d}\in\mathbb{R}^{U\times V}$ 为一个二维卷积核，$1\leqslant p\leqslant P$，$1\leqslant d\leqslant D$。

图 3.2 所示为卷积层的三维结构表示。

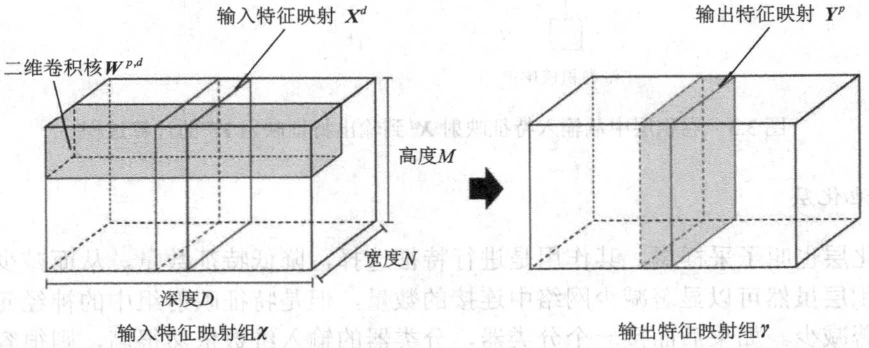

图 3.2 卷积层的三维结构表示

为了计算输出特征映射 $\boldsymbol{Y}^p$，用二维卷积核 $\boldsymbol{W}^{p,1},\boldsymbol{W}^{p,2},\cdots,\boldsymbol{W}^{p,D}$ 分别对输入特征映射 $\boldsymbol{X}^1,\boldsymbol{X}^2,\cdots,\boldsymbol{X}^D$ 进行卷积，然后将卷积结果相加，并加上一个标量偏置 b 得到卷积层的净输入 $\boldsymbol{Z}^p$，再经过非线性激活函数后得到输出特征映射 $\boldsymbol{Y}^p$：

$$\boldsymbol{Z}^p=\boldsymbol{W}^p\otimes\boldsymbol{X}+b^p=\sum_{d=1}^{D}\boldsymbol{W}^{p,d}\otimes\boldsymbol{X}^d+b^p \tag{3.9}$$

$$\boldsymbol{Y}^p=f(\boldsymbol{Z}^p) \tag{3.10}$$

式中，$\boldsymbol{W}^p\in\mathbb{R}^{U\times V\times D}$ 为三维卷积核；$f(\cdot)$ 为非线性激活函数，一般用 ReLU 函数。

整个计算过程如图 3.3 所示。如果希望卷积层输出 P 个特征映射，可以将上述计算过程重复 P 次，得到 P 个输出特征映射 $\boldsymbol{Y}^1,\boldsymbol{Y}^2,\cdots,\boldsymbol{Y}^P$。

在输入特征映射组为 $\boldsymbol{\chi}\in\mathbb{R}^{M\times N\times D}$，输出特征映射组为 $\boldsymbol{\gamma}\in\mathbb{R}^{M'\times N'\times P}$ 的卷积层中，每一个输出特征映射都需要 D 个卷积核和一个偏置。假设每个卷积核的大小为 $U\times V$，那么共需要 $P\times D\times(U\times V)+P$ 个参数。

下面基于 corr2d 函数来实现一个自定义的二维卷积层。

```
class Conv2D(nn.Block):
    def __init__(self, kernel_size, **kwargs):
        super(Conv2D, self).__init__(**kwargs)
        self.weight = self.params.get('weight', shape = kernel_
            size)
```

```
        self.bias = self.params.get('bias', shape = (1,))
    def forward(self, x):
        return corr2d(x, self.weight.data()) + self.bias.data()
```

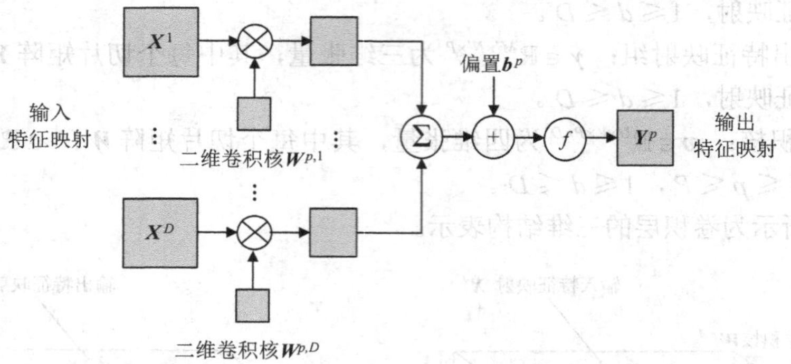

图 3.3　卷积层中从输入特征映射 $\boldsymbol{X}^d$ 到输出特征映射 $\boldsymbol{Y}^p$ 的计算过程

2. 池化层

池化层也叫子采样层，其作用是进行特征选择，降低特征数量，从而减少参数数量。卷积层虽然可以显著减少网络中连接的数量，但是特征映射组中的神经元个数并没有显著减少。如果后面接一个分类器，分类器的输入维数依然很高，则很容易出现过拟合。为了解决这个问题，可以在卷积层之后加上一个池化层，从而降低特征维数，避免过拟合。

假设池化层的输入特征映射组为 $\boldsymbol{\chi} \in \mathbb{R}^{M \times N \times D}$，对于其中每一个特征映射 $\boldsymbol{X}^d \in \mathbb{R}^{M \times N}$，$1 \leqslant d \leqslant D$，将其划分为很多区域 $R_{m,n}^d$（$1 \leqslant m \leqslant M'$，$1 \leqslant n \leqslant N'$），这些区域可以重叠，也可以不重叠。池化是指对每个区域进行下采样得到一个值，作为这个区域的概括。

常用的池化函数有以下两种。

（1）最大池化：对于一个区域 $R_{m,n}^d$，选择这个区域内所有神经元的最大活性值作为这个区域的表示，即

$$y_{m,n}^d = \max_{i \in R_{m,n}^d} x_i \tag{3.11}$$

式中，x_i 为区域 $R_{m,n}^d$ 内每个神经元的活性值。

（2）平均池化：一般是指取区域内所有神经元活性值的平均值，即

$$y_{m,n}^d = \frac{1}{\left|R_{m,n}^d\right|} \sum_{i \in R_{m,n}^d} x_i \tag{3.12}$$

对每一个输入特征映射 $\boldsymbol{X}^d$ 的 $M' \times N'$ 个区域进行子采样，得到池化层的输出特征映射 $\boldsymbol{Y}^d = \{y_{m,n}^d\}$（$1 \leqslant m \leqslant M'$，$1 \leqslant n \leqslant N'$）。图 3.4 给出了采样最大池化进行子采样操作的示例。可以看出，汇聚层不但可以有效减少神经元的数量，还可以使网络对一些小的局部形态改变保持不变性，并拥有更大的感受野。

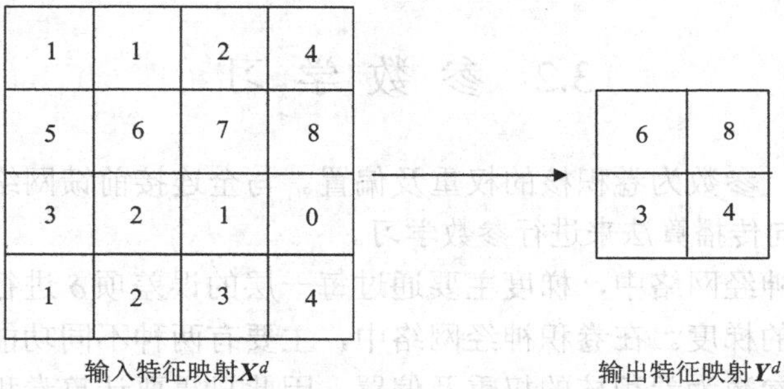

图 3.4　最大池化的池化过程

典型的池化层是将每个特征映射划分为 2×2 大小的不重叠区域，然后使用最大池化的方式进行下采样。池化层也可以看作一个特殊的卷积层，卷积核大小为$K\times K$，步长为$S\times S$，卷积核为 max 函数或 mean 函数。过大的采样区域会急剧减少神经元的数量，也会造成过多的信息损失。

下面把池化层的前向计算实现在 pool2d 函数里。

```
from mxnet import nd
from mxnet.gluon import nn
def pool2d(X, pool_size, mode = 'max'):
    p_h, p_w = pool_size
    Y = nd.zeros((X.shape[0] - p_h + 1, X.shape[1] - p_w + 1))
       for i in range(Y.shape[0]):
           for j in range(Y.shape[1]):
               if mode == 'max':
                   Y[i, j] = X[i: i + p_h, j: j + p_w].max()
               elif mode == 'avg':
                   Y[i, j] = X[i: i + p_h, j: j + p_w].mean()
        return Y
```

3. 全连接层

在全连接层中所有神经元都有权重连接，通常全连接层在卷积神经网络尾部。当前面卷积层抓取到足以用来识别图片的特征后，接下来就是如何进行分类。通常卷积网络的最后会将末端平摊成一个长长的向量，并送入全连接层配合输出层进行分类。也可以把全连接层简单地理解为在卷积层后又做了一次卷积，用一个 12×12×20 的滤波器卷积激活函数的输出，得到的结果是一个全连接的神经元的输出，若有 100 个神经元，则输出一个 1×100 的向量。

全连接层在整个卷积神经网络中起到“分类器”的作用。如果说卷积层、池化层和激活函数等操作是将原始数据映射到隐藏层特征空间（特征提取+选择的过程），全连接层则起到将学到的特征表示映射到样本的标记空间的作用。换句话说，就是把特征整合到一起（高度提纯特征），方便交给最后的分类器或者回归。

3.2 参数学习

在卷积网络中，参数为卷积核的权重及偏置。与全连接前馈网络类似，卷积网络也可以通过误差反向传播算法来进行参数学习。

在全连接前馈神经网络中，梯度主要通过每一层的误差项δ进行反向传播，并进一步计算每层参数的梯度。在卷积神经网络中，主要有两种不同功能的神经层：卷积层和汇聚层。由于参数为卷积核的权重及偏置，因此只需要计算卷积层中参数的梯度即可。不失一般性，当第 l 层为卷积层时，第$l-1$层的输入特征映射组为$\boldsymbol{\chi}^{l-1} \in \mathbb{R}^{M \times N \times P}$，通过卷积计算得到第$l$层的特征映射净输入为$\boldsymbol{Z}^{l} \in \mathbb{R}^{M' \times N' \times P}$，则第$l$层的第$p(1 \leqslant p \leqslant P)$个特征映射净输入为

$$\boldsymbol{Z}^{l,p} = \sum_{d=1}^{D} \boldsymbol{W}^{l,p,d} \otimes \boldsymbol{X}^{l-1,d} + b^{l,p} \tag{3.13}$$

式中，$\boldsymbol{W}^{l,p,d}$为卷积核；$b^{l,p}$为偏置。

第l层中共有$P \times D$个卷积核和P个偏置，可以分别使用链式法则计算其梯度。

根据式（3.13）可得损失函数$\mathcal{L}$关于第l层的卷积核$\boldsymbol{W}^{l,p,d}$的偏导数为

$$\begin{aligned}\frac{\partial \mathcal{L}}{\partial \boldsymbol{W}^{l,p,d}} &= \frac{\partial \mathcal{L}}{\partial \boldsymbol{Z}^{l,p}} \otimes \boldsymbol{X}^{l-1,d} \\ &= \boldsymbol{\delta}^{l,p} \otimes \boldsymbol{X}^{l-1,d}\end{aligned} \tag{3.14}$$

式中，$\boldsymbol{\delta}^{l,p} = \dfrac{\partial \mathcal{L}}{\partial \boldsymbol{Z}^{l,p}}$为损失函数关于第$l$层的第$p$个特征映射净输入$\boldsymbol{Z}^{l,p}$的偏导数。

同理可得，损失函数关于第l层的第p个偏置$b^{l,p}$的偏导数为

$$\frac{\partial \mathcal{L}}{\partial b^{l,p}} = \sum_{i,j} [\boldsymbol{\delta}^{l,p}]_{i,j} \tag{3.15}$$

在卷积网络中，每层参数的梯度依赖其所在层的误差项$\boldsymbol{\delta}^{l,p}$。

在反向传播中。卷积层和汇聚层中误差项的计算有所不同，须分别计算其误差项。当第$l+1$层为汇聚层时，因为汇聚层是下采样操作，第 $l+1$ 层的每个神经元的误差项$\boldsymbol{\delta}$对应于第 l 层的相应特征映射的一个区域。第l层的第p个特征映射中的每个神经元都有一条边和第$l+1$层的第p个特征映射中的一个神经元相连。根据链式法则，第l层的一个特征映射的误差项为$\boldsymbol{\delta}^{l,p}$，只需要将第$l+1$层对应特征映射的误差项$\boldsymbol{\delta}^{l+1,p}$进行上采样操作（和第$l$层的大小一样），再和第$l$层特征映射的激活值偏导数逐元素相乘，就能得到$\boldsymbol{\delta}^{l,p}$。

第l层的第p个特征映射的误差项$\boldsymbol{\delta}^{l,p}$的具体推导过程如下：

$$\begin{aligned}\boldsymbol{\delta}^{l,p} &\triangleq \frac{\partial \mathcal{L}}{\partial \boldsymbol{Z}^{l,p}} \\ &= \frac{\partial X^{l,p}}{\partial \boldsymbol{Z}^{l,p}} \frac{\partial \boldsymbol{Z}^{l+1,p}}{\partial \boldsymbol{X}^{l,p}} \frac{\partial \mathcal{L}}{\partial \boldsymbol{Z}^{l+1,p}} \\ &= f_l'(\boldsymbol{Z}^{l,p}) \odot \mathrm{up}(\boldsymbol{\delta}^{l+1,p})\end{aligned} \tag{3.16}$$

式中，$f_l'(\cdot)$ 为第 l 层使用的激活函数的导数；$\mathrm{up}(\cdot)$ 为上采样函数，与汇聚层中使用的下采样操作刚好相反。如果下采样是最大汇聚，误差项 $\boldsymbol{\delta}^{l+1,p}$ 中的每个值都会直接传递到上一层对应区域中的最大值所对应的神经元，该区域中其他神经元的误差项都设为 0。如果下采样是平均汇聚，误差项 $\boldsymbol{\delta}^{l+1,p}$ 中的每个值都会被平均分配到上一层对应区域中的所有神经元上。

当第 $l+1$ 层为卷积层时，假设特征映射净输入 $\boldsymbol{Z}^{l+1} \in \mathbb{R}^{M' \times N' \times P}$，其中第 $p(1 \leqslant p \leqslant P)$ 个特征映射的净输入为

$$\boldsymbol{Z}^{l+1,p,d} = \sum_{d=1}^{D} \boldsymbol{W}^{l+1,p,d} \otimes \boldsymbol{X}^{l,d} + b^{l+1,p} \tag{3.17}$$

式中，$\boldsymbol{W}^{l+1,p,d}$ 为第 $l+1$ 层的卷积核；$b^{l+1,p}$ 为第 $l+1$ 层的偏置。

第 $l+1$ 层中共有 $P \times D$ 个卷积核和 P 个偏置。第 l 层的第 d 个特征映射的误差项 $\boldsymbol{\delta}^{l,d}$ 的具体推导过程如下：

$$\begin{aligned}
\boldsymbol{\delta}^{l,d} &\triangleq \frac{\partial \mathcal{L}}{\partial \boldsymbol{Z}^{l,d}} \\
&= \frac{\partial \boldsymbol{X}^{l,d}}{\partial \boldsymbol{Z}^{l,d}} \frac{\partial \mathcal{L}}{\partial \boldsymbol{X}^{l,d}} \\
&= f_l'(\boldsymbol{Z}^{l,d}) \odot \sum_{p=1}^{P} \left(\mathrm{rot180}(\boldsymbol{W}^{l+1,p,d}) \tilde{\otimes} \frac{\partial \mathcal{L}}{\partial \boldsymbol{Z}^{l+1,p}} \right) \\
&= f_l'(\boldsymbol{Z}^{l,d}) \odot \sum_{p=1}^{P} (\mathrm{rot180}(\boldsymbol{W}^{l+1,p,d}) \tilde{\otimes} \boldsymbol{\delta}^{l+1,p})
\end{aligned} \tag{3.18}$$

式中，$\tilde{\otimes}$ 表示宽卷积。

3.3　几种典型的卷积神经网络

3.3.1　LeNet

本节介绍一个早期用来识别手写数字图像的卷积神经网络：LeNet。LeNet 展示了通过梯度下降训练卷积神经网络可以达到手写数字识别在当时最先进的结果。基于 LeNet-5 的手写数字识别系统在 20 世纪 90 年代被美国很多银行使用，用来识别支票上的手写数字。

LeNet 分为卷积层块和全连接层块两个模块。

卷积层块里的基本单位是卷积层后接最大池化层：卷积层用来识别图像里的空间模式，如线条和物体局部，之后的最大池化层则用来降低卷积层对位置的敏感性。卷积层块由两个这样的基本单位重复堆叠构成。在卷积层块中，每个卷积层都使用 5×5 的窗口，并在输出上使用 Sigmoid 函数。第一个卷积层输出通道数为 6，第二个卷积层输出通道数增加到 16。这是因为第二个卷积层比第一个卷积层的输入的高和宽要小，所以增加输出通道使两个卷积层的参数尺寸类似。

卷积层块的两个最大池化层的窗口形状均为 2×2，且步长为 2。由于池化窗口与步长形状相同，池化窗口在输入上每次滑动所覆盖的区域互不重叠。

卷积层块的输出形状为（批量大小,通道,高,宽）。当卷积层块的输出传入全连接层块时，全连接层块会将小批量中的每个样本变平。也就是说，全连接层的输入形状将变成二维，其中第一维为小批量中的样本，第二维为每个样本变平后的向量表示，且向量长度为通道、高和宽的乘积。全连接层块包含 3 个全连接层，它们的输出个数分别是 120、84 和 10，其中 10 为输出的类别个数。

LeNet-5 网络结构如图 3.5 所示。在 LeNet-5 中，卷积层的输入和输出特征映射之间不是全连接的关系，而是每一个输出特征映射依赖少数几个输入特征映射，描述这种输入和输出特征映射之间连接关系的是连接表。

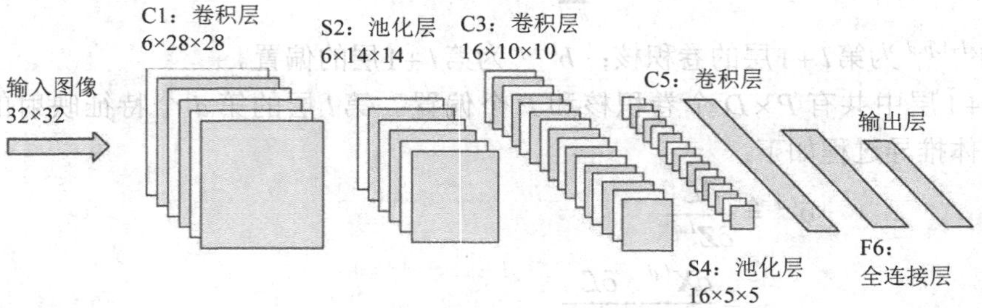

图 3.5　LeNet-5 网络结构

LeNet-5 共有 7 层，接受输入图像大小为 32×32=1024，输出对应 10 个类别的得分。LeNet-5 中的每一层结构如下。

（1）C1 层是卷积层，使用 6 个 5×5 的卷积核，得到 6 组大小为 28×28=784 的特征映射。因此，C1 层的神经元数量为 6×784=4704，可训练参数数量为 6×25+6=156，连接数为 156×784=122304（包括偏置在内，下同）。

（2）S2 层为池化层，采样窗口为 2×2，使用平均汇聚，并使用非线性函数。神经元个数为 6×14×14=1176，可训练参数数量为 6×(1+1)=12，连接数为 6×196×(4+1)=5880。

（3）C3 层为卷积层。LeNet-5 中用一个连接表来定义输入和输出特征映射之间的依赖关系，共使用 60 个 5×5 的卷积核，得到 16 组大小为 10×10 的特征映射。神经元数量为 16×100=1600，可训练参数数量为卷积核。(60×25)+16=1516，连接数为 100×1516=151600。C3 层的第 0～5 个特征映射依赖于 S2 层的特征映射组中的每 3 个连续子集，第 6～11 个特征映射依赖于 S2 层的特征映射组中的每 4 个连续子集，第 12～14 个特征映射依赖于 S2 层的特征映射组中的每 4 个不连续子集，第 15 个特征映射依赖于 S2 层的所有特征映射。

（4）S4 层为池化层，采样窗口为 2×2，得到 16 个 5×5 大小的特征映射，可训练参数数量为 16×2=32，连接数为 16×25×(4+1)=2000。

（5）C5 层为卷积层，使用 120×16=1920 个 5×5 的卷积核，得到 120 组大小为 1×1 的特征映射。C5 层的神经元数量为 120，可训练参数数量为 1920×25+120=48120，连接数为 120×(16×25+1)=48120。

（6）F6 层为全连接层，有 84 个神经元，可训练参数数量为 84×(120+1)=10164。连接数和可训练参数个数相同，为 10164。

（7）输出层：输出层由 10 个径向基函数（radial basis function，RBF）组成。这里不做详述。

第 p 个输出特征映射依赖于第 d 个输入特征映射，则 $T_{p,d}=1$，否则为 0。$\boldsymbol{Y}^p$ 为

$$\boldsymbol{Y}^p = f\left(\sum_{d,T_{p,d}=1} \boldsymbol{W}^{p,d} \otimes \boldsymbol{X}^d + b^p\right) \tag{3.19}$$

式中，T 为 $P\times D$ 大小的连接表。

假设连接表 T 的非零个数为 K，每个卷积核的大小为 $U\times V$，那么共需要 $K\times U\times V+P$ 个参数。

3.3.2 AlexNet

虽然传统的前向神经网络 CNN 的连接数和参数更少，更容易训练，但对于尺寸较大的高分辨率图像，运用 CNN 方法仍需付出昂贵的代价。AlexNet 卷积神经网络的提出，很好地解决了这个问题，并掀起了对神经网络研究与应用的热潮。不仅在 ImageNet 的 2010、2012 数据集上得到了当时的最好结果，而且在 GPU 上实现的卷积运算为后期深度卷积网络的不断发展奠定了基础。本节主要介绍 AlexNet 的网络结构和训练细节。

1. AlexNet 的网络结构

传统的目标识别方法基本上都使用了非深度的机器学习方法，虽然在一些小数据集上也能较优异地实现目标识别任务，但是由于现实世界中的目标往往呈现相当大的变化性，因此需要通过一些方式来提高传统目标识别方法的性能，如收集更大的数据集、学习更复杂的模型、使用更好的方法防止过拟合等。然而，目标识别任务的巨大复杂性意味着即使使用像 ImageNet 这样大的数据集也不能完成任务，所以模型需要更多的先验知识来补偿数据集没有的数据。卷积神经网络就是能够实现这样功能的网络，它们的学习能力可以通过改变网络结构来控制。

杰弗里·辛顿正是基于上述思想，提出了 AlexNet 网络，该网络由 8 个可学习层（5 个卷积层、3 个全连接层）组成。在 5 层卷积层和 3 层全连接层之后，将最后一个全连接层的输出传递给一个 1000 维的 Softmax 函数层，这个 Softmax 函数层产生一个对 1000 类标签的分布，并使用网络最大化多项逻辑回归结果，即最大化训练集预测正确的标签的对数概率。

首先，引入二项逻辑回归模型，它是以下条件概率分布：

$$P(Y=1\mid x)=\frac{\mathrm{e}^{wx+b}}{1+\mathrm{e}^{wx+b}} \tag{3.20}$$

$$P(Y=0\mid x)=\frac{1}{1+\mathrm{e}^{wx+b}} \tag{3.21}$$

定义一个事件的几率为该事件发生的概率与该事件不发生的概率的比值。如果发生事件的概率为 p，那么该事件的几率为 $p/1-p$，该事件的对数几率函数为

$$\operatorname{logit}(p)=\log\frac{p}{1-p} \tag{3.22}$$

结合式（3.20）和式（3.22），可得

$$\log\frac{P(Y=1\mid x)}{1-P(Y=1\mid x)}=wx \tag{3.23}$$

也就是说，在逻辑回归模型中，输出 $Y=1$ 的对数几率是输入 x 的线性函数；或者说，输出 $Y=1$ 的对数几率是由输入 x 的线性函数表示的模型，即逻辑回归模型。因此，通过逻辑回归模型可以将线性函数 wx 转换为概率。此时，线性函数的值越接近正无穷，几率值就越接近 1；线性函数的值越接近负无穷，几率值就越接近 0。这样的模型就是逻辑回归模型。

接下来，考虑多项逻辑回归。假设离散型随机变量 Y 的取值集合是 $\{1,2,\cdots,K\}$，那么多项逻辑回归的模型为

$$P(Y=k\mid x)=\frac{\mathrm{e}^{w_k x}}{1+\sum_{k=1}^{K-1}\mathrm{e}^{w_k x}},\quad k=1,2,\cdots,K-1 \tag{3.24}$$

$$P(Y=K\mid x)=\frac{1}{1+\sum_{k=1}^{K-1}\mathrm{e}^{w_k x}},\quad k=1,2,\cdots,K-1 \tag{3.25}$$

式中，$x\in\mathbb{R}^{n+1}$；$w_k\in\mathbb{R}^{n+1}$。

AlexNet 将 ReLU 函数作为激活函数。对于一个神经元的输入 x，应为其选择合适的激活函数来增加网络的表达能力。如图 3.6 所示，由于 Sigmoid 函数（$f(x)=(1+\mathrm{e}^{-x})^{-1}$）和 tanh 函数（$f(x)=\tanh(x)$）都是饱和的非线性函数，它们在饱和区域非常平缓，梯度接近 0，因此在深层网络中会出现梯度消失的问题，进而影响网络的收敛速度，甚至影响网络的收敛结果；而 ReLU 函数（$f(x)=\max(0,x)$）是不饱和的非线性函数，在 $x>0$ 的区域导数恒为 1。在同样情况下，使用 ReLU 函数比使用 tanh 函数更容易收敛，因此 AlexNet 选择将 ReLU 函数作为激活函数。

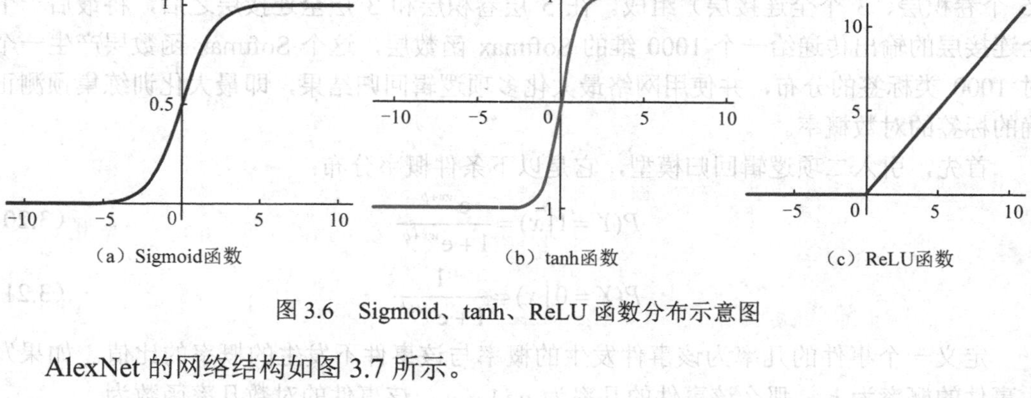

（a）Sigmoid函数　（b）tanh函数　（c）ReLU函数

图 3.6　Sigmoid、tanh、ReLU 函数分布示意图

AlexNet 的网络结构如图 3.7 所示。

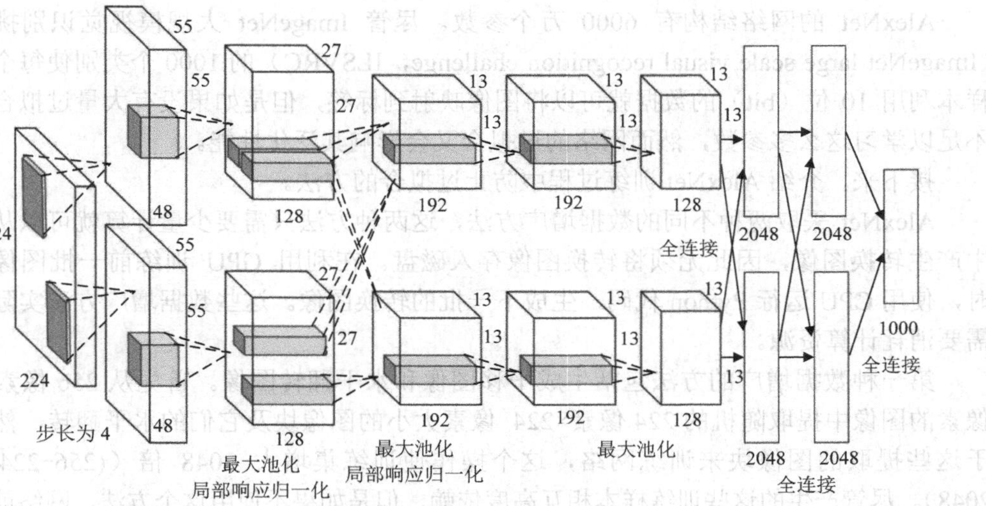

图 3.7　AlexNet 的网络结构

AlexNet 包括 5 个卷积层、3 个汇聚层和 3 个全连接层（其中最后一层是使用 Softmax 函数的输出层）。因为网络规模超出了当时的单个 GPU 的内存限制，AlexNet 将网络拆为两半，分别放在两个 GPU 上，GPU之间只在某些层（如第 3 层）进行通信。

AlexNet 网络还应用了局部响应归一化（local response normalization，LRN）的策略。局部响应归一化有助于加强模型的泛化能力。

2. AlexNet 的训练细节

AlexNet 采用小批量梯度下降（mini-batch gradient descent，MBGD）法来训练模型，将批量大小设置为 128、动量设置为 0.9，并有 0.0005 的权重衰减。MBGD 可以公式化表示为

$$\begin{cases} g = \dfrac{1}{m'} \nabla_\theta \sum_{i=1}^{m'} L(x_i, y_i, \theta) \\ \theta \leftarrow \theta - \eta g \end{cases} \tag{3.26}$$

式中，θ 为模型参数；m' 为小批量数据大小；L 为损失函数，用于衡量模型在样本 (x_i, y_i) 上的预测误差；∇_θ 为参数 θ 的梯度算子；g 为梯度；η 为学习率；$\theta \leftarrow \theta - \eta g$ 表示将当前的参数 θ 沿梯度的反方向移动一个步长为 ηg 的距离。

AlexNet 网络也使用多 GPU 训练，但当时的单个 GTX580 GPU 只有 3GB 内存，因此限制了能由它训练出的网络的最大规模。实验表明，使用 120 万个训练样本已经足够训练网络了，但是这个任务对于一个 GPU 来说负担过大，因此 AlexNet 使用两个 GPU。GPU 之所以能够方便地进行交叉并行，是因为它们可以直接相互读写内存，而不用经过主机内存。AlexNet 采用的并行模式本质上就是在每个 GPU 上放一半的卷积核（或者神经元）。AlexNet 还使用另一个技巧，即只有某些层才能进行 GPU 之间的通信。例如，第 3 层的输入为第 2 层的所有特征图，而第 4 层的输入仅是第 3 层在同一 GPU 上的特征图。最终与每个卷积层拥有一半的卷积核并且在一个 GPU 上训练的网络相比，多 GPU 的训练使测试集 top-1 和 top-5 的错误率分别下降了 1.7%和 1.2%。

AlexNet 的网络结构有 6000 万个参数。尽管 ImageNet 大规模视觉识别挑战赛（ImageNet large scale visual recognition challenge，ILSVRC）的 1000 个类别使每个训练样本利用 10 位（bit）的数据就可以将图像映射到标签，但是如果没有大量过拟合，就不足以学习这么多参数，然而网络的过拟合又会影响其泛化性能。

接下来，介绍 AlexNet 训练过程中防止过拟合的方法。

AlexNet 采取两种不同的数据增广方法，这两种方法只需要少量计算就可以从原图中产生转换图像，因此无须将转换图像存入磁盘。在利用 GPU 训练前一批图像的同时，使用 CPU 运行 Python 代码，生成下一批的转换图像。这些数据增广方法实际上不需要消耗计算资源。

第一种数据增广的方法包括生成平移图像和水平翻转图像。首先从 256 像素×256 像素的图像中提取随机的 224 像素×224 像素大小的图像块及它们的水平翻转，然后基于这些提取的图像块来训练网络，这个操作使训练集增大 2048 倍（$(256-224)^2\times2=2048$）。尽管产生的这些训练样本相互高度依赖，但是如果不使用这个方法，网络就会有大量过拟合，这将迫使使用更小的网络。在测试时，网络通过提取 5 个 224 像素×224 像素大小的图像块（4 个边角图像块、1 个中心图像块）及它们的水平翻转（共 10 个图像块）进行预测，然后网络的 Softmax 层对这 10 个图像块做出的预测取均值。

第二种数据增广的方法为改变训练图像的 RCB（read completion boundary，读完成边界）通道的强度。AlexNet 对整个 InageNet 训练集图像的 RGB 像素值进行了主成分分析（principal component analysis，PCA）降维操作。PCA 是图像处理中经常用到的降维方法之一，在数据压缩消除冗余和数据噪声消除等领域都得到了广泛应用。它的主要思想是通过正交变换，将一组可能存在相关性的变量转换为一组线性不相关的变量，转换后的这组变量称为主成分。简单来说，PCA 是将数据的主成分（即包含信息量大的维度）保留，忽略对数据描述不重要的部分，即将主成分维度组成的向量空间作为低维空间，并将高维数据投影到这个空间。

在训练 AlexNet 时，对每幅训练图像都加上多倍的主成分，倍数的值为相应的特征值乘以一个均值为 0、标准差为 0.1 的高斯函数产生的随机变量，这个方案得到了自然图像的一个重要性质，即改变光照的颜色和强度，目标的特性不变。

3.3.3 VGGNet

VGGNet（visual geometry group network，视觉几何组网络）提出了可以通过重复使用简单的基础块来构建深度学习模型的思路。VGGNet 探索了 CNN 的深度及其性能之间的关系，成功的构筑了 16～19 层深的 CNN，与 AlexNet 相比的一个改进是采用连续的几个 3×3 的卷积核代替 AlexNet 中的较大卷积核（11×11，7×7，5×5）。对于给定的感受野（与输出有关的输入图片的局部大小），采用堆积的小卷积核要优于采用大的卷积核，因为多层非线性层可以增加网络深度来保证学习更复杂的模式，而且代价还比较小（参数更少）。

1. VGGNet 的网络结构

VGGNet 的网络结构配置如表 3.1 所示，每列代表一种网络，以下分别称为 A、

A-LRN、B、C、D、E。网络配置从含有 11 个权重层的 A（8 个卷积层、3 个全连接层）开始，到含有 19 个权重层的 E（16 个卷积层、3 个全连接层）。卷积层的宽度非常小，从第 1 层的 64 开始，每经过一个最大池化层，数量就增加一倍，直到数量达到 512。卷积层通过空间填充来保持卷积后图像的空间分辨率。例如，对于 3×3 的卷积层，其填充为 1。空间池化包含 5 个最大池化层，它们接在部分卷积层的后面（并不是所有卷积层都接有最大池化层）。最大池化层为 2×2 的滑动窗口，滑动步长为 2。

表 3.1　VGGNet 的网络结构配置

网络配置					
A 11 层	A-LRN 11 层	B 13 层	C 16 层	D 16 层	E 19 层
输入（224×224RGB 图像）					
Conv3-64	Conv3-64 LRN	Conv3-64 Conv3-64	Conv3-64 Conv3-64	Conv3-64 Conv3-64	Conv3-64 Conv3-64
最大池化（maxpool）					
Conv3-128	Conv3-128	Conv3-128 Conv3-128	Conv3-128 Conv3-128	Conv3-128 Conv3-128	Conv3-128 Conv3-128
最大池化（maxpool）					
Conv3-256 Conv3-256	Conv3-256 Conv3-256	Conv3-256 Conv3-256	Conv3-256 Conv3-256 Conv3-256	Conv3-256 Conv3-256 Conv3-256	Conv3-256 Conv3-256 Conv3-256 Conv3-256
最大池化（maxpool）					
Conv3-512 Conv3-512	Conv3-512 Conv3-512	Conv3-512 Conv3-512	Conv3-512 Conv3-512 Conv3-512	Conv3-512 Conv3-512 Conv3-512	Conv3-512 Conv3-512 Conv3-512 Conv3-512
最大池化（maxpool）					
Conv3-512 Conv3-512	Conv3-512 Conv3-512	Conv3-512 Conv3-512	Conv3-512 Conv3-512 Conv3-512	Conv3-512 Conv3-512 Conv3-512	Conv3-512 Conv3-512 Conv3-512 Conv3-512
最大池化（maxpool）					
FC-4096					
FC-4096					
Softmax					

VGGNet 的卷积层没有使用相对大的感受野，而是在整个网络中使用非常小的 3×3 的感受野（用于获取左右、上下和中心的最小尺寸）对输入中的每个像素点进行卷积处理，步长为 1。易证，两个 3×3 的卷积层（中间不带空间池化层）和一个 5×5 的卷积层具有相同的感受野。假如输入的是 5×5 的图像，用 3×3 的卷积核卷积之后，输入图像的尺寸变成 3×3，再用一个 3×3 的卷积核卷积后，输入图像的尺寸变为 1×1，这与

直接用一个 5×5 的卷积核卷积图像的效果相同。同理，3 个这样的层就相当于一个 7×7 的感受野。因此，可以通过使用 3 个 3×3 的卷积层的堆叠（而不是单个 7×7 的卷积层）来引入 3 个非线性修正层。这使决策函数更具有辨别力，还能减少参数的数量。假设 3 层 3×3 的卷积层堆的输入和输出都具有 C 个通道，则这个堆就有 $3\times(3^2C^2)=27C^2$ 个权重参数化，其中，第 1 个 3 是指 3 层，第 2 个 3 的平方是指卷积核大小。因为输入也是 C 个通道，输出 C 个通道的每个权重都对应着 C 个参数，所以是 C 。同时，一个单独的 7×7 的卷积层需要 $7^2C^2=49C^2$ 个参数，超过了 $27C^2$ 的 81%，这可以看成对 7×7 的卷积滤波器强加了一个正则化，迫使它们通过 3×3 滤波器（在其间注入非线性）进行分解。

引入 1×1 的卷积层（表 3.1 配置 C ）可以增加决策树的非线性而不影响卷积层的感受野。1×1 卷积本质上是在相同维度空间上的线性映射（即输入通道和输出通道的数量相同），并可以通过修正函数来引入附加的非线性。

在一系列卷积层后（对于不同的网络配置对应不同的卷积层数量和不同的深度）有 3 个全连接层。其中，前两个全连接层各有 4096 个通道；第 3 个全连接层用来做 1000 类的 ILSVRC 分类，因此包含 1000 个通道（每个通道代表一类）。最后一层是 Softmax 层。全连接层的配置在所有网络中一致，并且所有隐藏层都使用 ReLU。与其他网络结构不同，VGGNet 不使用局部响应归一化，因为这个操作并不会提高 VGGNet 在 ILSVRC 数据集上的性能（这一点与 AlexNet 不同），反而会增加内存消耗、延长计算时间。VGGNet 在所有网络的配置中均遵循以上通用设计，只有深度不同。

2. VGGNet 的训练细节

在 VGGNet 训练阶段，采用随机梯度下降策略。VGGNet 的输入为固定尺寸 224 像素×224 像素的 RCB 图像。首先对图像进行预处理，具体操作是对每个像素减去训练集中图像 RCB 均值。为了获得固定尺寸为 224 像素×224 像素的卷积神经网络输入图像，可以在缩放后的训练图像上随机裁剪，即每次随机梯度下降迭代一个图像上的一个裁剪图像。为了进一步增加训练集数据，还可以对剪裁的图像进行随机水平翻转和随机 RGB 颜色转换。在训练初始，需要确定训练图像的尺寸：令 S 是经过缩放的训练图像的最小边（ S 也称为训练尺度），从中截取 VGGNet 的输入。当裁剪尺寸固定为 224 像素×224 像素时，原则上 S 可以取不小于 224 的任何值。对于 $S=224$ ，裁剪操作将完整覆盖训练图像的最小边，并捕获整个图像；对于 $S>224$ ，裁剪操作将对应于图像的某一个小部分，包括一个小对象或对象的一部分。

在此，考虑两种方法来设置 S 。一种方法是固定 S ，这对应于单一尺寸的训练，即在裁剪内的图像内容仍然可以代表多尺度的图像。通过实验，评估通过两个固定尺寸 S=256 和 S=384 训练的模型。给定 VGGNet 的结构配置，为了加速 S=384 网络的训练，使用 S=256 预训练的权重来初始化训练，并且使用较小的初始学习率 10^{-3}。另一种方法是多尺度训练，通过从某个范围 $[S_{\min}, S_{\max}]$（如 $S_{\min}$=256、$S_{\max}$=512）随机采样 S 的值来单独缩放每幅训练图像。由于图像中的对象可以有不同的大小，因此多尺度训练是非常有益的。这也可以看成利用尺度浮动的训练集数据增广方法，通过训练单个模型来识别大范围尺度上的对象。出于对速度的考虑，可以先用固定的 $S=384$ 来预训练，再通过微调具有相同配置的单尺度模型的所有层来训练多尺度模型。

在测试时，有密集评估和多裁剪评估两种评估方式。给定训练过的 VGGNet 和一幅输入图像，密集评估按以下方式分类。首先，它的最小边被重新缩放到预定义的图像的最小边，用 Q 表示，也称为测试尺寸。Q 不一定等于训练尺寸 S。然后，全连接层被转换成卷积层，即第一个全连接层转换成 7×7 的卷积层，后两个全连接层转换成 1×1 的卷积层。将所得到的全卷积神经网络应用于整个未剪裁过、只进行了缩放的图像上，并对图像进行水平翻转，以增加测试集图像的数量。通过网络可以得到三维张量，其通道数等于类的数量，而长、宽分别取决于输入图像的尺寸。之后对网络的输出张量进行空间平均处理，得到一个表示类别得分的向量。最终的类别得分为原图及水平翻转的原图分别经过网络得到的类别得分的均值。

由于在测试时全卷积神经网络应用于整幅图像，不需要进行图像裁剪，因此测试速度更快。如果使用图像裁剪（对应多裁剪评估），则需要对每个裁剪重新计算网络，因此效率低下。但是使用更多的裁剪图像可以使精度提升，因为它会有更精细的采样。这两种方式的卷积边界条件有所不同：前者的边界需要填补 0 元素；后者的边界本身就是该图像块在原图周围的像素，这大大增加了整个网络的感受野，因此能捕获更多的上下文信息，并提高分类的准确度。然而在实践中，多裁剪评估虽然能够带来一定程度上准确度的提升，但因此而增加的计算成本过高。

3.3.4 ResNet

在实践中，传统的卷积网络或全连接网络在信息传递时或多或少会存在信息丢失、损耗等问题，同时还会导致梯度消失或梯度爆炸，进而导致添加过多的卷积层后训练误差往往不降反升。针对这一问题，有研究者提出了残差网络（residual network，ResNet），通过给非线性的卷积层增加直连边（也称为残差连接）的方式来提高信息的传播效率。

1. ResNet 的网络结构

假设在一个深度网络中需要一个非线性单元来为一层或多层的卷积层 $f(x;\theta)$ 逼近目标函数 $h(x)$。将目标函数拆分成恒等函数 x 和残差函数 $h(x)-x$ 两部分，则

$$h(x) = x + (h(x) - x) \tag{3.27}$$

根据通用近似定理，一个由神经网络构成的非线性单元有足够的能力来近似逼近原始目标函数或残差函数，但实际中后者更容易学习。因此，原来的优化问题可以转换为让非线性单元 $f(x;\theta)$ 去近似残差函数 $h(x)-x$，并用 $f(x;\theta)+x$ 去逼近 $h(x)$。

图 3.8 所示为典型的残差单元示例，设输入为 x，假设希望的理想映射为 $f(x)$，作为激活函数的输入。图 3.8（a）中的虚线框部分需要直接拟合出该映射 $f(x)$，图 3.8（b）中的虚线框部分则需要拟合出残差映射 $f(x)-x$，残差映射在实际中往往更容易优化。以本节开头提到的恒等映射作为希望学出的理想映射 $f(x)$，并以 ReLU 函数作为激活函数，只需将图 3.8（b）上方加权运算（如仿射）的权重和偏差参数初始化为零，那么上方 ReLU 函数的输出就会与输入 x 恒等。图 3.8（b）也是 ResNet 的基础块，即残差块，在残差块中，输入可通过跨层的数据线路更快地向前传播。

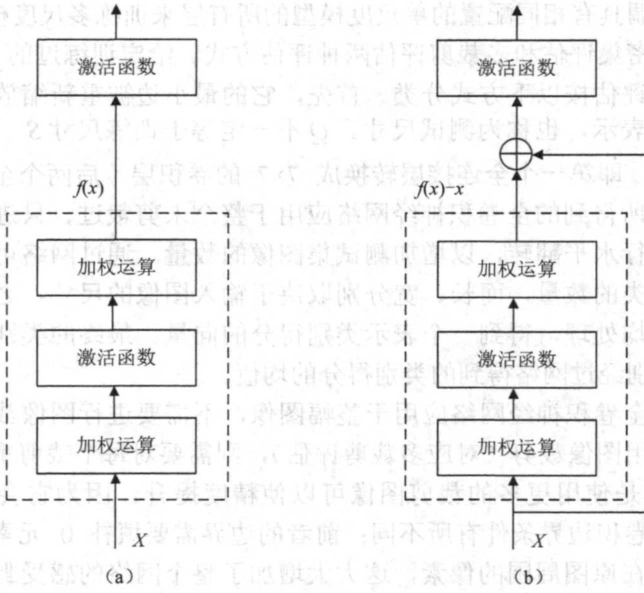

图 3.8 普通网络结构和 ResNet 残差函数

ResNet 沿用了 VGGNet 全 3×3 卷积层的设计。残差块里首先有两个有同样输出通道数的 3×3 卷积层。每个卷积层后接一个批量归一化层和 ReLU 函数。然后跳过这两个卷积运算将输入直接加在最后的 ReLU 函数前。这样的设计要求两个卷积层的输出与输入形状一样，从而可以相加。如果想改变通道数，需要引入一个额外的 1×1 卷积层将输入变换成需要的形状后再做相加运算。

2. ResNet 的训练细节

在具体实现时，首先调整数据库图像的尺寸，使其较短的边在[256,480]范围内随机采样，用于尺度扩充，并对调整尺寸后的图像或水平翻转后的图像进行大小为 224×224 的随机裁剪，逐像素减去均值，最后使用标准颜色样本进行扩充处理。在每个卷积之后、激活之前，采用批量归一化（BN）进行处理。训练时，使用批大小为 256 的 MBGD 方法。学习速度从 0.1 开始，当误差稳定时，学习率除以 10，并且模型训练迭代次数高达 60×10。使用的权重衰减为 0.0001、动量为 0.9。在测试阶段，为了比较学习，采用标准的 10-erop 测试。对于最好的结果，采用全卷积形式（图像归一化，短边位于 224、256、384、480、640 中），并在多尺度上将分数进行平均作为最终结果。

BN 算法主要用于解决在训练过程中出现的内部方差转移问题。所谓内部方差转移，是指训练过程中训练数据的分布一直发生变化，使网络需要一直调整参数来适应新的数据分布，这会影响网络的收敛速度。因此，BN 算法的目的是通过零均值、标准差化每层的输入 x，使各层拥有服从相同分布的输入样本，从而克服内部方差转移的影响，即

$$\dot{x} = \frac{x - E(x)}{\sqrt{\mathrm{Var}(x)}} \tag{3.28}$$

式中，$E(x)$ 为输入样本 x 的期望；$\mathrm{Var}(x)$ 为输入样本的方差。

3.4　其他卷积方式

3.4.1　空洞卷积

空洞卷积是针对图像语义分割问题中的下采样会降低图像分辨率、丢失信息而提出的一种卷积思路。通过添加空洞来扩大感受野，让原本 3×3 的卷积核在相同参数量和计算量下拥有 5×5（扩张率=2）或者更大的感受野，从而无须下采样。空洞卷积的优点在于在相同的计算条件且不做池化损失信息的情况下，加大了感受野，让每个卷积输出都包含较大范围的信息。

空洞卷积通过在卷积核的每两个元素之间插入 D-1 个空洞来变相地增加其大小，并引入了一个被称为扩张率的新参数，该参数定义了卷积核处理数据时各值的间距。图 3.9 给出了空洞卷积的示例。

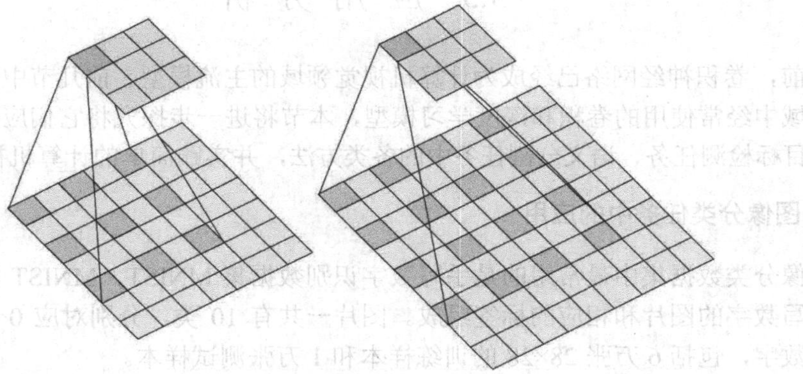

（a）扩张率 D=2　　　　（b）扩张率 D=3

图 3.9　空洞卷积

图 3.9（a）对应 3×3 的 1-空洞卷积，和普通的卷积操作一样。图 3.9（b）对应 3×3 的 2-空洞卷积，实际的卷积尺寸还是 3×3，但是空洞为 1，需要注意的是空洞的位置全填入 0，填入 0 之后再做卷积即可。扩张卷积的感受野可以由以下公式计算得到

$$F_{i+1} = (2^{i+2} - 1) \times (2^{i+2} - 1) \tag{3.29}$$

式中，i+1 为空洞卷积。

一个扩张率为 2 的 3×3 空洞卷积核，感受野与 5×5 的卷积核相同，而且仅需要 9 个参数，也就是说在相同的计算条件下，空洞卷积提供了更大的感受野。空洞卷积经常用在实时图像分割中，当网络层需要较大的感受野，但计算资源有限而无法提高卷积核的数量或大小时，可以考虑空洞卷积。

3.4.2 深度可分离卷积

深度可分离卷积不仅能够处理空间维度，还能够处理深度维度通道的数量。深度可分离卷积的核心思想是将一个完整的卷积运算分为两步进行，分别为逐深度卷积与逐点卷积。

在进行深度可分离卷积的操作时，首先进行逐深度卷积，将单个滤波器应用到每一个输入通道，这个过程产生的特征图通道数和输入的通道数完全一样。在 2D 卷积中分别使用 3 个大小为 3×3×1 的卷积核，而不使用大小为 3×3×3 的单个滤波器。每个卷积核仅对输入层的 1 个通道做卷积，这样的卷积每次都得出大小为 5×5×1 的映射，之后再将这些映射堆叠在一起创建一个 5×5×3 的特征图，最终得出一个大小为 5×5×3 的输出图像。这样的话，图像的深度保持与原来的一样。

其次进行逐点卷积，扩大深度。用大小为 1×1×3 的卷积核做 1×1 卷积。与常规卷积运算非常相似，这里的卷积运算会将上一步的特征图在深度方向上进行加权组合，生成新的特征图，其中有几个卷积核就有几个输出。每个 1×1×3 卷积核对 5×5×3 输入图像做卷积后都得出一个大小为 5×5×1 的特征图。

3.5 应用分析

目前，卷积神经网络已经成为计算机视觉领域的主流模型。前几节中介绍了计算机视觉领域中经常使用的卷积和深度学习模型，本节将进一步探究将它们应用于图像分类任务、目标检测任务、语义分割任务中的各类方法，并实践简单的计算机视觉任务。

3.5.1 图像分类任务中的应用

图像分类数据集中最常用的是手写数字识别数据集 MNIST，MNIST 数据集主要由一些手写数字的图片和相应的标签组成。图片一共有 10 类，分别对应 0～9，共 10 个阿拉伯数字，包括 6 万张 28×28 的训练样本和 1 万张测试样本。

1. 获取数据集

首先导入本任务需要的包或模块。代码如下。

```
from keras.utils import to_categorical
from keras import models, layers
from keras.optimizers import RMSprop
from keras.datasets import mnist
(train_images, train_labels), (test_images, test_labels) =
 mnist.load_data()
```

数据预处理在构建网络模型时是很重要的，往往能够决定训练结果。当然对于不同的数据集，预处理的方法都会有或多或少的特殊性和局限性。对于卷积操作，需要将 jpg 格式图片转换成二维数据，并将这些值标在 0～1 的范围内，也就是将像素的值除以 255，还需要指定色深，因此其数据格式是（样本数,长,宽,色深），数据规范化为 0～1 的浮点数，其次标签页要处理成二进制矩阵显示。代码如下。

```
train_images = train_images.reshape((60000, 28, 28, 1)). astype
        ('float') / 255
test_images = test_images.reshape((10000, 28, 28, 1)). astype
        ('float') / 255
train_labels = to_categorical(train_labels)
    #to_categorical就是将类别向量转换为二进制(只有0和1)的矩阵类型表示
test_labels = to_categorical(test_labels)
```

2. 搭建卷积网络

模型的复杂度会直接影响识别效果。本示例选择了比较简单的 LeNet 模型，如果有更高的要求，可以使用 GoogleNet 等优秀的模型。

创建卷积层时需要定义过滤器的个数、卷积核的形状、所选用的激活函数和输入张量的形状。关于过滤器大小的选择，一般选用奇数的卷积核，如 3×3、5×5、7×7 等。如果选用偶数卷积核，网络在进行卷积操作时很难找到卷积的中心点，也就是偶数卷积核不对称这个问题也导致在填充时像素特征不断偏移。随着层次的加深，这个偏移现象越来越明显。代码如下。

```
def LeNet():
    network = models.Sequential()#选择序贯模型
    network.add(layers.Conv2D(filters = 6, kernel_size = (3, 3),
            activation = 'relu', input_shape = (28, 28, 1)))
                                                        #添加卷积层
    network.add(layers.AveragePooling2D((2, 2)))
                        #添加平均池化层,池化窗口的大小为2，池化操作的步长为2
    network.add(layers.Conv2D(filters = 16, kernel_size = (3, 3),
            activation = 'relu'))
    network.add(layers.AveragePooling2D((2, 2)))
   network.add(layers.Conv2D(filters = 120, kernel_size = (3, 3),
            activation = 'relu'))
    network.add(layers.Flatten())#Flatten层用来把多维的输入一维化
    network.add(layers.Dense(84, activation='relu'))#全连接层
    network.add(layers.Dense(10, activation='Softmax'))
                                            #添加输出层，Softmax激活函数
    return network
```

编译步骤，损失函数是模型优化的目标，优化器使用 RMSporp（root mean square prop，均方根支持算法），学习率为 0.001，损失函数为 categorical_crossentropy，评价函数为 accuracy（准确率）。代码如下。

```
network.compile(optimizer = RMSprop(lr = 0.001), loss = 'categorical_
        crossentropy', metrics = ['accuracy'])
```

3. 训练模型

模型训练采用 fit 函数，训练 50 轮，其中 epochs 表示训练多少个回合，batch_size 表示每次训练中训练数据的大小。训练过程中，可以通过同时打印损失率和识别率来检测模型的效果。代码如下。

```
for i in range(epochs):
    running_loss = 0.
```

```
3.          running_acc = 0.
4.          for (img, label) in trainloader:  #将图像标签传入设备
5.              optimizer.zero_grad()  #对梯度清零以防止梯度累加
6.              output = lenet(img)  #进行前向推理
7.              loss = criterian(output,label)  #计算本轮推理的损失
8.              loss.backward()  #将损失反传存到相应的变量结构中
9.              optimizer.step()  #使用计算好的梯度对参数进行更新
10.             running_loss += loss.item()
11.             _,predict = torch.max(output,1)  #计算推理的准确率
12.             correct_num = (predict == label).sum()
13.             running_acc += correct_num.item()
14.         running_loss /= len(trainset)
15.         running_acc /= len(trainset)
16.         print("[%d/%d] Loss: %.5f, Acc: %.2f" % (i + 1, epochs,
                running_loss, 100 * running_acc))
```

4. 模型测试

模型训练结束之后，就可以进行模型测试了。模型使用时，不需要进行相关梯度计算。最后输出 10 分类的数据正确率和各类别预测正确率以检测模型效果。代码如下。

```
1.      for (img, label) in testloader:
2.          output = lenet(img)
3.          _, predict = torch.max(output, 1)
4.          correct_num = (predict == label).sum()
5.          running_acc += correct_num.item()
6.      running_acc /= len(testset)
```

3.5.2 目标检测任务中的应用

前面小节里介绍了卷积神经网络在图像分类任务中的应用。在图像分类任务中，图像里只有一个主体目标，并只关注如何识别该目标的类别。然而，很多时候图像里有多个感兴趣的目标，并且不仅需要知道它们的类别，还要知道它们在图像中的具体位置。在计算机视觉里这类任务被称为目标检测（或物体检测）。

目标检测在多个领域被广泛使用。例如，在无人驾驶中，需要通过识别拍摄到的视频图像里的车辆、行人、道路和障碍的位置来规划行进线路。机器人也常通过该任务来检测感兴趣的目标。

1. 获取数据集

MS COCO（microsoft common objects in context，通用物体图像检测）是微软构建的一个图像数据集，包含目标检测、语义分割、关键点检测等任务，源自微软 2014 年出资标注的 Microsoft COCO 数据集。与 ImageNet 竞赛一样，COCO 竞赛也被视为计算机视觉领域最受关注和最权威的比赛之一。

当 ImageNet 竞赛停办后，COCO 竞赛就成为当前目标识别、检测等领域的一个权威且重要的标杆。COCO 数据集共有 91 类，每一类的图像都很多，作为广泛公开的目标检测数据库，如此庞大的数据集有利于获得更多的每类中位于某种特定场景的能力。

```
import cv2
import numpy as np
import os
import time
def yolo_detect(pathIn = '',
                pathOut = None,
                label_path = './cfg/coco.names',
                config_path = './cfg/yolov3_coco.cfg',
                weights_path = './cfg/yolov3_coco.weights',
                confidence_thre = 0.5,
                nms_thre = 0.3,
                jpg_quality = 80):
```

2. 搭建卷积网络

SSD（single shot multibox detector，单次多盒探测器）算法根据不同的特征层设置不同大小的先验框，在不同的特征层上建立检测头和分类头，以满足不同大小目标检测的需求。网络以 VGG16 为主干网络，替换了 VGG16 5-3 层和后面的部分，换成了 3×3 的卷积，再加上多尺度特征层，来实现多个检测和分类头。

SSD 中以卷积+激活函数为一个卷积标准模块，这里实现的时候加上了 BatchNorm。具体实现代码如下。

```
def conv_blk(in_channels, out_channels, stride = 1, padding = 1):
    return nn.Sequential(nn.Conv2d(in_channels, out_channels,
                                   kernel_size = 3, stride = stride,
                                   padding = padding),
                         nn.BatchNorm2d(out_channels),
                         nn.ReLU())
```

以池化层作为下采样层来实现特征层的大小减半，这里在实现时将卷积+池化层作为一个标准下采样模块。具体实现代码如下。

```
def down_sample_blk(in_channels, out_channels, ceil_mode = False):
    return nn.Sequential(conv_blk(in_channels, out_channels),
                         nn.MaxPool2d(2, ceil_mode=ceil_mode))
```

使用上面两个模块，按照 VGG16 网络的基本架构实现主干网，代码如下。

```
def backbone(input_shape):
    return nn.Sequential(
        conv_blk(input_shape[0], 64),
        down_sample_blk(64, 64),
        conv_blk(64, 128),
        down_sample_blk(128, 128),
        conv_blk(128, 256),
        conv_blk(256, 256),
        down_sample_blk(256, 512, ceil_mode = True),
        conv_blk(512, 512),
        conv_blk(512, 512),
        conv_blk(512, 512) #VGG16 4-3层  )
```

主干网仅仅到 VGG16 4-3 层，后面为 6 个特征提取层，用来实现输出不同特征层的需求。一个标准特征提取层代码如下。

```
self.out_layer3 = nn.Sequential(
        conv_blk(1024, 256),
        conv_blk(256, 512, stride = 2)
    )
```

得到 6 个输出层之后，需要对 6 层输出的通道数目进行调整，使其大小为需要分类的数目和需要输出的检测框的数目。具体代码如下。

```
def mutiboxhead(num_classes):
    num_anchors = [4, 6, 6, 6, 4, 4] #每个尺度的锚框数量
    num_channels = [512, 1024, 512, 256, 256, 256]
                                                    #每个尺度的通道数量
    cls_predictors = [] #类别预测器
    bbox_predictors = [] #边界框预测器
    for i in range(6):
        cls_predictors.append(nn.Conv2d(num_channels[i],
                            num_anchors[i] * (num_classes + 1),
                            kernel_size = 3, padding = 1))
        bbox_predictors.append(nn.Conv2d(num_channels[i],
                             num_anchors[i] * 4, kernel_size = 3,
                             padding = 1))
    cls_predictors = nn.ModuleList(cls_predictors)
    bbox_predictors = nn.ModuleList(bbox_predictors)
    return cls_predictors, bbox_predictors
```

3. 训练模型

在训练模型时，需要在模型的前向传播过程中生成多尺度锚框（anchors），并预测其类别（cls_preds）和偏移量（bbox_preds）；然后，根据标签信息 Y 为生成的锚框标记类别（cls_labels）和偏移量（bbox_labels）；最后，根据类别和偏移量的预测和标注值计算损失函数，代码如下。

```
num_epochs, timer = 20, d2l.Timer()
animator = d2l.Animator(xlabel = 'epoch', xlim = [1, num_epochs],
                        legend = ['class error', 'bbox mae'])
net = net.to(device)
for epoch in range(num_epochs):
    metric = d2l.Accumulator(4)#Accumulator(累加器)用于跟踪度量的值
    net.train()
    for features, target in train_iter:
        timer.start()
        trainer.zero_grad()
        X, Y = features.to(device), target.to(device)
```

4. 模型测试

在预测阶段，任务要求能把图像中所有感兴趣的目标检测出来，因此要在本阶段读取并调整测试图像的大小，然后将其转换成卷积层需要的四维格式。

使用 multibox_detection 函数可以根据锚框及预测的偏移量得到预测的边界框；然后，通过非极大值抑制来移除相似的预测边界框；最后，筛选所有置信度不低于 0.9 的边界框，作为最终输出，代码如下。

```
X = torchvision.io.read_image('5.jpeg').unsqueeze(0).float()
print(X.shape)
img = X.squeeze(0).permute(1, 2, 0).long()#显示图片要变成(h, w, c)
def predict(X):
    net.eval()
    anchors, cls_preds, bbox_preds = net(X.to(device))
    cls_probs = F.Softmax(cls_preds, dim = 2).permute(0, 2, 1)
    output = d2l.multibox_detection(cls_probs, bbox_preds, anchors)
                                                 #cls_preds变成概率传入nms
    idx = [i for i, row in enumerate(output[0]) if row[0] != -1]
                                  #row[0] != -1负类或背景类，判断预测框是否为有效框的
    return output[0, idx]
output = predict(X)
```

3.5.3 语义分割任务中的应用

在目标检测问题中，通常使用方形边界框来标注和预测图像中的目标，本节将探讨语义分割问题。它关注如何将图像分割成属于不同语义类别的区域。值得一提的是，这些语义区域的标注和预测都是像素级的。图3.10所示为语义分割示意图，将图中的狗、猫和背景区分出来。可以看出，与目标检测相比，语义分割标注的像素级的边框显然更加精细。

图3.10 语义分割示意图

1. 获取数据集

本例使用数据集VOC2012。其中，ImageSets/Segmentation路径包含了指定训练和测试样本的文本文件，而JPEGImages和SegmentationClass路径下分别包含了样本的输入图像和标签。这里的标签也是图像格式，其尺寸和它所标注的输入图像的尺寸相同。标签中颜色相同的像素属于同一个语义类别。

先导入实验所需的包或模块，代码如下。

```
import gluonbook as gb
from mxnet import gluon, image, nd
from mxnet.gluon import data as gdata, utils as gutils
import os
import sys
import tarfile
def download_voc_pascal(data_dir='../data'):
```

```
voc_dir = os.path.join(data_dir, 'VOCdevkit/VOC2012')
return voc_dir
voc_dir = download_voc_pascal()
```

将输入图像和标签读入内存后，分类任务和检测任务通常通过缩放图像使其符合模型的输入形状。但是在进行语义分割时，需要将预测的像素类别重新映射回原始尺寸的输入图像。然而这样的映射难以做到精确，尤其在不同语义的分割区域更难做到精确。为了避免这个问题，在输入图像前需要将图像裁剪成固定尺寸而不是进行缩放。代码如下。

```
class VOCSegDataset(gdata.Dataset):
def __init__(self, is_train, crop_size, voc_dir, colormap2label):
self.rgb_mean = nd.array([0.485, 0.456, 0.406])
self.rgb_std = nd.array([0.229, 0.224, 0.225])
self.crop_size = crop_size
features, labels = read_voc_images(root = voc_dir, is_train =
          is_train)
self.features = [self.normalize_image(feature)
for feature in self.filter(features)]
self.labels = self.filter(labels)
```

图 3.11 所示为使用随机裁剪对输入图像和标签裁剪相同区域。

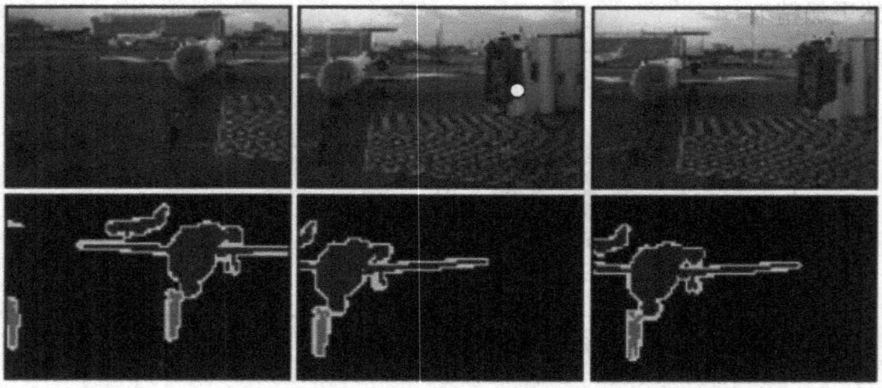

图 3.11 随机裁剪

2. 搭建卷积网络

全卷积网络（fully convolutional network，FCN）采用卷积神经网络实现了从图像像素到像素类别的转换。与之前介绍的卷积神经网络有所不同，全卷积网络通过转置卷积层将中间层特征图的高和宽转换回输入图像的尺寸，从而使预测结果与输入图像在空间维（高和宽）上一一对应：给定空间维上的位置，通道维的输出即该位置对应像素的类别预测。

首先使用一个基于 ImageNet 数据集预训练的 ResNet-18 模型来抽取图像特征，代码如下。

```
device = torch.device('cuda' if torch.cuda.is_available() else 'cpu')
num_classes = 21 #21 个分类：1 个背景，20 个物体
model_ft = resnet18(pretrained=True)
```

```
                                    #设置 True，表明要加载使用训练好的参数
for param in model_ft.parameters():#特征提取器
    param.requires_grad = False
```

全卷积网络先使用卷积神经网络抽取图像特征，然后通过 1×1 卷积层将通道数变换为类别数（21 类），最后通过转置卷积层将特征图的高和宽变换为输入图像的尺寸。模型输出与输入图像的高和宽要相同，并在空间位置上（像素级）一一对应，则最终输出的 tensor 在通道方向包含了该空间位置像素的类别预测（每个像素对应 21 个通道，数值对应 21 个类别的置信度）。

通过测试，当输入图像的尺寸是（batch,3,320,480）时，经过除最后全局最大池化层 GlobalAvgPool2D 和全连接层两层的预训练网络输出的尺寸是（batch,512,10,15），也就是特征的宽、高缩小为原来的 1/32，那么只需用转置卷积层将其放大 32 倍即可。其中，对于转置卷积层，如果步长为 S、填充为 $S/2$、卷积核的高和宽为 $2S$，转置卷积核将输入的高和宽分别放大 S 倍，这样就得到了转置卷积层的参数，代码如下。

```
model_ft = nn.Sequential(*list(model_ft.children())[:-2],
                                                  #去掉最后两层
            nn.Conv2d(512,num_classes,kernel_size = 1),
                              #用大小为 1 的卷积层将输出通道变为 num_class
            nn.ConvTranspose2d(num_classes,num_classes,
                        kernel_size=64, padding=16,
                        Stride = 32)).to(device)
                                          #转置卷积层使图像变为输入图像的大小
x = torch.rand((2,3,320,480), device = device) #构造随机的输入数据
```

在图像处理中，有时需要将图像放大，即上采样。上采样的方法有很多，常用的方法是双线性插值。简单来说，为了得到输出图像在坐标（x,y）上的像素，先将该坐标映射到输入图像的坐标（x',y'）上，映射后的 x' 和 y' 通常是实数。然后，在输入图像上找到与坐标（x',y'）最近的 4 个像素。最后，输出依据输入图像上的 4 个像素及其与（x',y'）的相对距离计算出的图像在坐标（x,y）上的像素。在全卷积网络中，将转置卷积层初始化为双线性插值的上采样，代码如下。

```
def bilinear_kernel(in_channels, out_channels, kernel_size):
    factor = (kernel_size+1)//2
    if kernel_size%2 == 1:
        center = factor-1
    else:
        center = factor-0.5
    og = np.ogrid[:kernel_size, :kernel_size]
    filt = (1-abs(og[0]-center)/factor) * (1-abs(og[1]-center)
              /factor)
    weight = np.zeros((in_channels,out_channels, kernel_size,
              kernel_size), dtype = 'float32')
    weight[range(in_channels), range(out_channels), :, :] = filt
    weight = torch.Tensor(weight)
    weight.requires_grad = True
    return weight
```

3. 训练模型

损失函数和准确率计算与图像分类中的损失函数和准确率的计算相同，即在通道方向上计算交叉熵误差。此处省略训练过程，只定义 train_model 要用到的参数，代码如下。

```
epochs = 5 #训练 5 个 epoch
criteon = nn.CrossEntropyLoss()
optimizer = optim.SGD(model_ft.parameters(), lr = 0.001, weight_
        decay = 1e-4, momentum = 0.9)
                                #每 3 个 epochs 衰减 LR 通过设置 gamma = 0.1
exp_lr_scheduler = optim.lr_scheduler.StepLR(optimizer, step_size = 3,
        gamma = 0.1)
model_ft = train_model(model_ft, criteon, optimizer, exp_lr_
        scheduler, num_epochs = epochs)#开始训练
```

4. 模型测试

为了可视化每个像素的预测类别，需要将预测类别映射回它们在数据集中的标注颜色，代码如下。

```
def label2image(pred):
    colormap = torch.tensor(VOC_COLORMAP, device = device,
                            dtype = int)
    x = pred.long()
    return (colormap[x,:]).data.cpu().numpy()
```

在预测时，需要将输入图像在各个通道做标准化，并转换成卷积神经网络所需要的四维输入格式，代码如下。

```
def predict(img, model):
    tsf = transforms.Compose([
        transforms.ToTensor(), #自动转换通道
        transforms.Normalize(mean = [0.485, 0.456, 0.406],
                             std = [0.229, 0.224, 0.225])])
    x = tsf(img).unsqueeze(0).to(device)
    pred = torch.argmax(model(x), dim = 1)
                                    #每个通道选择通道中概率最大的像素点
    return pred.reshape(pred.shape[1],pred.shape[2])
```

本章小结

卷积神经网络是一种非常强大的深度学习模型，它通过模拟人脑中视觉皮层的神经元感受野，对输入的图像进行多层次的特征提取和分类。

LeNet 是最早的卷积神经网络之一，通过连续使用卷积和池化层的组合提取图像特征，第一次将 LeNet 卷积神经网络应用到图像分类上，极大地推动了深度学习的发展。在 LeNet 之后，出现了很多优秀的卷积网络，如 AlexNet、VGGNet、残差网络等，通过引入跨层的直连边，可以训练上百层乃至上千层的卷积网络，也出现了一些不规则的卷积操作，如空洞卷积、可变形卷积等。网络结构也逐渐趋向于全卷积网

络，减少了汇聚层和全连接层的作用。

卷积神经网络具有优秀的特征提取能力和分类性能，使它在许多领域都有着广泛的应用前景，其中最经典的例子就是图像识别。除此之外，卷积神经网络还可以应用于自然语言处理、语音识别、计算机视觉等领域。

思考题或自测题

1. 分析卷积神经网络中用 1×1 的卷积核的作用。
2. 卷积核是否越大越好？
3. 分析最大池化层和平均池化层在作用上的区别。
4. 最小池化层这个想法是否有意义？
5. 2 层（3,3）的卷积核级联和 1 层（5,5）的卷积核哪个更好？
6. 忽略激活函数，分析卷积网络中卷积层的前向计算和反向传播是一种什么样的转置关系。
7. 增大感受野的方法有哪些？
8. 与 AlexNet 相比，VGGNet 的计算要慢得多，也需要更多的 GPU 内存。试分析原因。
9. 简述卷积神经网络梯度消失的原因及解决方法。
10. 在图片分类任务中，卷积神经网络相对于全连接的深度神经网络有哪些优势？

第 4 章　循环神经网络

在前馈神经网络中，信息传递是单向的。这种结构虽然简化了学习过程，但也在一定程度上限制了神经网络模型的能力。与此相比，在生物神经网络中，神经元之间的连接关系更为复杂。前馈神经网络可以被视为一个复杂的函数，其每次输入都是相互独立的，即网络的输出仅依赖于当前的输入。然而，在很多实际任务中，网络的输出不仅与当前时刻的输入有关，还与其过去一段时间的输出相关。

举例来说，考虑一个有限状态自动机，其下一个时刻的状态（输出）不仅取决于当前输入，还与当前状态（上一个时刻的输出）相关联。此外，前馈神经网络在处理时序数据方面存在困难，如视频、语音、文本等。时序数据的长度通常是不固定的，而前馈神经网络要求输入和输出的维数都是固定的，无法灵活调整。因此，在处理与时序数据相关的问题时，需要一种更为强大的模型。

这种时序数据处理需求的增加促进了循环神经网络（RNN）的发展。它通过引入循环结构和短期记忆能力，克服了前馈神经网络的一些限制。相较于前馈神经网络，RNN 更贴近生物神经网络的结构。因为它能够处理不同长度的序列数据，并且能够利用先前的信息来影响当前的输出。这使 RNN 在如语音识别、语言模型及自然语言生成等任务中得到了广泛的应用。

RNN 是一类非常强大的神经网络模型，专门用于处理和预测序列数据，其独特的循环结构使它能够克服传统机器学习方法对输入和输出数据的许多限制。因此其在深度学习领域扮演着非常重要的角色。RNN 不仅具有处理序列数据的能力，还具有短期记忆能力。这意味着神经元不仅可以接收其他神经元的信息，还可以接收自身的信息，并且形成具有环路的网络结构。

然而，RNN 的参数学习一般会通过随时间反向传播（BPTT）算法来实现。这种算法按照时间的逆序将错误信息一步步往前传递。当输入序列非常长时，可能会出现梯度爆炸和梯度消失问题，也就是长程依赖问题。为了解决这个问题，引入了门控机制对 RNN 进行改进。这种改进使 RNN 能够更好地处理长序列数据，并且在处理时序数据时表现更为出色。

4.1　非线性自回归模型和循环神经网络

具有外因输入非线性自回归（nonlinear autoregressive with exogenous inputs，NARX）模型是一种用于建模时间序列数据的统计模型。其中，当前时间步的观测值被认为是过去时间步的值以及其他可能的预测因素的函数。非线性自回归模型中的“自回归”表示当前值与过去值之间存在依赖关系，而“非线性”表示这种关系可以是非线性的。

RNN 是一种人工神经网络的变体，专门用于处理序列数据，如时间序列数据或自然语言文本等。RNN 具有循环连接，允许信息在网络内部传递，这使 RNN 能够对序列数据中之前的信息进行建模，并将其应用于当前步骤的预测。RNN 的每个时间步都使用相同的权重来处理输入，但也会考虑之前时间步的输出，这使 RNN 能够捕捉时间序列中的时间相关性。

尽管 RNN 在理论上能够处理任意长度的序列，但在实践中，长期依赖性问题会限制其对长序列的有效建模。为了解决这个问题，出现了许多改进型的 RNN 结构，如长短期记忆（long short-term memory，LSTM）网络和门控循环单元（gated recurrent unit，GRU）等，这些网络会在后续小节进行讲解。

4.1.1　延时神经网络

为了增加网络的短期记忆能力，其中一种简单的利用历史信息的方法是建立一个额外的延时单元，用来存储网络的历史信息（包括输入、输出、隐藏状态等）。比较有代表性的模型是延时神经网络（time delay neural network，TDNN）。

延时神经网络是指为前馈神经网络中的非输出层都添加一个延时器，记录神经元的最近几次活性值。在第 t 时刻，第 l 层神经元的活性值依赖于第 l-1 层神经元的最近 K 个时刻的活性值，即

$$h_t^{(l)} = f\left(h_t^{(l-1)}, h_{t-1}^{(l-1)}, \cdots, h_{t-K}^{(l-1)}\right) \tag{4.1}$$

式中，$h_t^{(l)} \in \mathbb{R}^{M_l}$ 为第 l 层神经元在时刻 t 的活性值，M_l 为第 l 层神经元的数量。

以下是实现 TDNN 的代码示例。

```
import torch
import torch.nn as nn
import torch.optim as optim
class DelayedRNN(nn.Module):
  def __init__(self, input_size, hidden_size, output_size, delay):
      super(DelayedRNN, self).__init__()
      self.hidden_size = hidden_size
      self.delay = delay
      #RNN 层
      self.rnn = nn.RNN(input_size, hidden_size, batch_first
               = True)
      #延时层
      self.delay_layer = nn.Linear(hidden_size, delay)
      #输出层
      self.out = nn.Linear(delay, output_size)
   def  forward(self, input):
      #RNN 前向传播
      output, _ = self.rnn(input)
      #选择延时步骤的隐藏状态
      delayed_hidden = output[:, -self.delay:, :]
      #应用延时层
      delayed_output = self.delay_layer(delayed_hidden)
      #应用输出层
      output = self.out(delayed_output)
      return output
```

4.1.2 有外部输入的非线性自回归模型

自回归模型（autoregressive model，AR）是统计学上常用的一类时间序列模型，用一个变量 y_t 的历史信息来预测自己。

$$y_t = \omega_0 + \sum_{k=1}^{K} \omega_k y_{t-k} + \varepsilon_t \tag{4.2}$$

式中，K 为超参数；$\omega_0, \omega_1, \cdots, \omega_K$ 为可学习参数；$\varepsilon_t \sim N(0, \sigma^2)$ 为第 t 个时刻的噪声。

NARX 是 AR 的扩展，在每个时刻 t 都有一个外部输入 x_t，产生一个输出 y_t。NARX 通过延时器记录最近 K_x 次的外部输入和最近 K_y 次的输出，第 t 时刻的输出 y_t 为

$$y_t = f(x_t, x_{t-1}, \cdots, x_{t-K_x}; y_{t-1}, y_{t-2}, \cdots, y_{t-K_y}) \tag{4.3}$$

式中，$f(\cdot)$ 为非线性函数；K_x、K_y 为超参数。

以下是实现 NARX 的代码示例。

```
import torch
import torch.nn as nn
import torch.optim as optim
class  NonlinearAutoregressiveModel(nn.Module):
    def __init__(self, input_size, hidden_size, output_size,
             delay):
        super(NonlinearAutoregressiveModel, self).__init__()
        self.hidden_size = hidden_size
        self.delay = delay
        #MLP 层
        self.mlp = nn.Sequential(
            nn.Linear(input_size + delay, hidden_size),
            nn.ReLU(),
            nn.Linear(hidden_size, output_size)
        )
    def  forward(self, input, delay_input):
        #将输入和延迟输入连接起来
        combined_input = torch.cat((input, delay_input), dim=1)
        #MLP 前向传播
        output = self.mlp(combined_input)
        return output
```

4.1.3 循环神经网络的构造

RNN 通过使用带自反馈的神经元，能够处理任意长度的时序数据。

给定一个输入序列 $x_{1:T} = (x_1, x_2, \cdots, x_t, \cdots, x_T)$，RNN 通过下面公式更新带反馈边的隐藏层的活性值 h_t：

$$h_t = f(h_{t-1}, x_t) \tag{4.4}$$

式中，$h_0 = 0$；$f(\cdot)$ 为非线性函数或前馈网络。

从数学上讲，式（4.4）可以看成一个动力系统。因此，隐藏层的活性值 h_t 在很多文献上也被称为状态或隐藏状态。

图 4.1 给出了 RNN 的结构示例，其中“延时器”为一个虚拟单元，记录神经元的最近一次（或几次）的活性值。

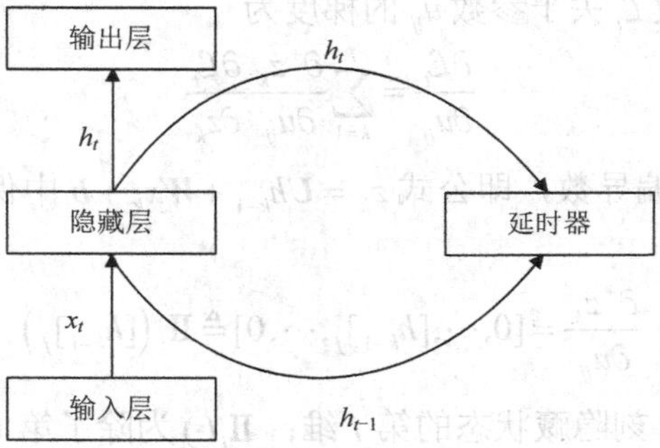

图 4.1　RNN 结构示例

由于 RNN 具有短期记忆能力，相当于存储装置，因此其计算能力十分强大。理论上，RNN 可以近似任意的非线性动力系统。前馈神经网络可以模拟任意连续函数，而 RNN 可以模拟任意程序。

4.2　参 数 学 习

RNN 的参数可以通过梯度下降方法来进行学习。以随机梯度下降为例，给定一个训练样本 (x, y)，其中，$x_{1:T} = (x_1, x_2, \cdots, x_T)$ 是长度为 T 的输入序列，$y_{1:T} = (y_1, y_2, \cdots, y_T)$ 是长度为 T 的标签序列，即在每个时刻 t，都有一个监督信息 y_t。本节定义时刻 t 的损失函数为

$$\mathcal{L}_t = \mathcal{L}(y_t, g(h_t)) \tag{4.5}$$

式中，$g(h_t)$ 为第 t 时刻的输出；$\mathcal{L}$ 为可微分的损失函数，如交叉熵损失函数。

那么，整个序列的损失函数为

$$\mathcal{L} = \sum_{t=1}^{T} \mathcal{L}_t \tag{4.6}$$

整个序列的损失函数 $\mathcal{L}$ 关于参数 $\boldsymbol{U}$ 的梯度为

$$\frac{\partial \mathcal{L}}{\partial \boldsymbol{U}} = \sum_{t=1}^{T} \frac{\partial \mathcal{L}_t}{\partial \boldsymbol{U}} \tag{4.7}$$

即每个时刻损失函数 $\mathcal{L}_t$ 对参数 $\boldsymbol{U}$ 的偏导数之和。

RNN 中存在一个递归调用的函数 $f(\cdot)$。因此，其计算参数梯度的方式与前馈神经网络不太相同。在 RNN 中主要有两种计算梯度的方式：BPTT 算法和实时循环学习（real-time recurrent learning，RTRL）算法。

BPTT 算法的主要思想是通过类似前馈神经网络的错误反向传播算法来计算梯度。BPTT 算法将 RNN 看作一个“展开”的多层前馈神经网络，其中“每一层”对应循环网络中的“每个时刻”。这样，RNN 就可以按照前馈神经网络中的反向传播算法计算参数梯度了。在“展开”的前馈神经网络中，所有层的参数是共享的，因此参数的真实梯度是所有“展开层”的参数梯度之和。

首先计算式（4.7）中第 t 时刻的损失函数对参数 U 的偏导数 $\partial\mathcal{L}_t / \partial\boldsymbol{U}$ 。

因为参数 $\boldsymbol{U}$ 和隐藏层在每个时刻 $k(1 \leqslant k \leqslant t)$ 的净输入 $z_k = \boldsymbol{U}h_{k-1} + \boldsymbol{W}x_k + \boldsymbol{b}$ 有关，因此第 t 时刻的损失函数 $\mathcal{L}_t$ 关于参数 u_{ij} 的梯度为

$$\frac{\partial\mathcal{L}_t}{\partial u_{ij}} = \sum_{k=1}^{t} \frac{\partial^+ z_k}{\partial u_{ij}} \frac{\partial\mathcal{L}_t}{\partial z_k} \tag{4.8}$$

式中，$\partial^+ z_k / \partial u_{ij}$ 为直接偏导数，即公式 $z_k = \boldsymbol{U}h_{k-1} + \boldsymbol{W}x_k + \boldsymbol{b}$ 中保持 h_{k-1} 不变对 u_{ij} 求偏导数，可以得到

$$\frac{\partial^+ z_k}{\partial u_{ij}} = [0, \cdots, [h_{k-1}]_j, \cdots, 0] \triangleq \mathbb{I}_i\left([h_{k-1}]_j\right) \tag{4.9}$$

式中，$[h_{k-1}]_j$ 为第 k−1 时刻隐藏状态的第 j 维；$\mathbb{I}_i(\cdot)$ 为除了第 i 行的值为 x 外，其余部分都为 0 的行向量。

定义误差 $\delta_{t,k} = \partial\mathcal{L}_t / \partial z_k$ 为第 t 时刻的损失函数对第 k 时刻隐藏神经层的净输入 z_k 的导数，则当 $1 < k < t$ 时，有

$$\begin{aligned} \delta_{t,k} &= \frac{\partial\mathcal{L}_t}{\partial z_k} \\ &= \frac{\partial h_k}{\partial z_k} \frac{\partial z_{k+1}}{\partial h_k} \frac{\partial\mathcal{L}_t}{\partial z_{k+1}} \\ &= \mathrm{diag}\left(f'(z_k)\right)\boldsymbol{U}'\delta_{t,k+1} \end{aligned} \tag{4.10}$$

由式（4.10）可以得到

$$\frac{\partial\mathcal{L}_t}{\partial u_{ij}} = \sum_{k=1}^{t} [\delta_{t,k}]_i [h_{k-1}]_j \tag{4.11}$$

将式（4.11）写成矩阵形式为

$$\frac{\partial\mathcal{L}_t}{\partial\boldsymbol{U}} = \sum_{k=1}^{t} \delta_{t,k} \boldsymbol{h}_{k-1}^{\mathrm{T}} \tag{4.12}$$

将式（4.12）代入式（4.7）可以得到整个序列的损失函数 $\mathcal{L}$ 关于参数 $\boldsymbol{U}$ 的梯度为

$$\frac{\partial\mathcal{L}}{\partial\boldsymbol{U}} = \sum_{t=1}^{T}\sum_{k=1}^{t} \delta_{t,k} \boldsymbol{h}_{k-1}^{\mathrm{T}} \tag{4.13}$$

同理可得，$\mathcal{L}$ 关于权重 $\boldsymbol{W}$ 和偏置 b 的梯度为

$$\frac{\partial\mathcal{L}}{\partial\boldsymbol{W}} = \sum_{t=1}^{T}\sum_{k=1}^{t} \delta_{t,k} \boldsymbol{x}_k^{\mathrm{T}} \tag{4.14}$$

$$\frac{\partial\mathcal{L}}{\partial b} = \sum_{t=1}^{T}\sum_{k=1}^{t} \delta_{t,k} \tag{4.15}$$

在 BPTT 算法中，参数的梯度需要在一个完整的前向计算和反向计算后才能得到并进行参数更新。

以下是 BPTT 算法的代码示例。

```
import numpy as np
#定义激活函数 Sigmoid
def Sigmoid(x):
    return 1 / (1 + np.exp(-x))
```

```
    #定义随时间反向传播算法
    def bptt(x, y, Wxh, Whh, Why, learning_rate):
        T = len(x)  #序列长度
        h = np.zeros((T + 1, hidden_size))  #隐藏层状态
        h[-1] = np.zeros(hidden_size)       #初始隐藏层状态为零
            dWxh, dWhh, dWhy = np.zeros_like(Wxh), np.zeros_like(Whh),
    np.zeros_like(Why)  #初始化权重梯度
        loss = 0
        #前向传播
        for t in range(T):
            h[t] = np.tanh(np.dot(Wxh, x[t]) + np.dot(Whh, h[t-1]))
                                                #计算隐藏层状态
            y_pred = np.dot(Why, h[t])          #计算输出预测
            loss += np.square(y_pred - y[t])    #计算损失
        #反向传播
        dh_next = np.zeros_like(h[0])           #下一个隐藏层状态的梯度
        for t in reversed(range(T)):
            dy = y_pred - y[t]                  #输出误差
            dWhy += np.outer(dy, h[t])          #更新输出层权重梯度
            dh = np.dot(Why.T, dy) + dh_next    #计算隐藏层误差
            dh_raw = (1 - h[t] ** 2) * dh       #隐藏层误差的原始值
            dWxh += np.outer(dh_raw, x[t])      #更新输入层到隐藏层的权重梯度
            dWhh += np.outer(dh_raw, h[t-1])    #更新隐藏层到隐藏层的权重梯度
            dh_next = np.dot(Whh.T, dh_raw)
                                 #保存下一个隐藏层状态的梯度，用于下一次迭代更新
        #更新权重
        Wxh -= learning_rate * dWxh
        Whh -= learning_rate * dWhh
        Why -= learning_rate * dWhy
        return loss, Wxh, Whh, Why
```

与 BPTT 算法不同的是，RTRL 算法是通过前向传播的方式来计算梯度的。

假设 RNN 中第 $t+1$ 时刻的状态 h_{t+1} 为

$$h_{t+1} = f(z_{t+1}) = f(\boldsymbol{U}h_t + \boldsymbol{W}x_{t+1} + \boldsymbol{b}) \tag{4.16}$$

其关于参数 u_{ij} 的偏导数为

$$\begin{aligned}\frac{\partial h_{t+1}}{\partial u_{ij}} &= \left(\frac{\partial^+ z_{t+1}}{\partial u_{ij}} + \frac{\partial h_t}{\partial u_{ij}}\boldsymbol{U}^{\mathrm{T}}\right)\frac{\partial h_{t+1}}{\partial z_{t+1}} \\ &= (\mathbb{I}_i([h_t]_j) + \frac{\partial h_t}{\partial u_{ij}}\boldsymbol{U}^{\mathrm{T}})\mathrm{diag}\left(\boldsymbol{f}'(z_{t+1})\right) \\ &= (\mathbb{I}_i([h_t]_j) + \frac{\partial h_t}{\partial u_{ij}}\boldsymbol{U}^{\mathrm{T}}) \odot (\boldsymbol{f}'(z_{t+1}))^{\mathrm{T}}\end{aligned} \tag{4.17}$$

式中，$\mathbb{I}_i(\cdot)$ 为除了第 i 行的值为 x 外，其余部分都为 0 的行向量。

RTRL 算法从第 1 个时刻开始，除了计算 RNN 的隐藏状态之外，还利用式（4.17）依次计算偏导数 $\partial h_1 / \partial u_{ij}$、$\partial h_2 / \partial u_{ij}$、$\partial h_3 / \partial u_{ij}$、$\cdots$。

这样，假设第 t 个时刻存在一个监督信息，其损失函数为 $\mathcal{L}_t$，就可以同时计算损

失函数对 u_{ij} 的偏导数：

$$\frac{\partial \mathcal{L}_t}{\partial u_{ij}} = \frac{\partial h_t}{\partial u_{ij}} \frac{\partial \mathcal{L}_t}{\partial h_t} \tag{4.18}$$

这样在第 t 时刻，可以实时地计算损失函数 $\mathcal{L}_t$ 关于参数 U 的梯度，并更新参数。同样，参数 W 和 b 的梯度也可以按上述方法实时计算。

以下是 RTRL 算法的代码示例。

```
1.  import numpy as np
2.  #定义激活函数 Sigmoid
3.  def Sigmoid(x):
4.      return 1 / (1 + np.exp(-x))
5.  #定义实时循环学习算法
6.  def online_recurrent_learning(x, y, Wxh, Whh, Why, learning_rate):
7.      hidden_size = Wxh.shape[0]
8.      output_size = Why.shape[0]
9.      h_prev = np.zeros((hidden_size, 1))
                                            #初始化上一个时间步的隐藏层状态
10.     loss = 0
11.     for t in range(len(x)):
12.         #前向传播
13.         h = np.tanh(np.dot(Wxh, x[t]) + np.dot(Whh, h_prev))
                                            #计算当前时间步的隐藏层状态
14.         y_pred = Sigmoid(np.dot(Why, h)) #计算当前时间步的输出预测
15.         #计算损失
16.         loss += 0.5 * (y_pred - y[t])**2
17.         #反向传播
18.         dy = y_pred - y[t]                #输出误差
19.         dWhy = np.dot(dy, h.T)            #输出层权重梯度
20.         dh = np.dot(Why.T, dy) * (1 - h**2)  #隐藏层误差
21.         dWxh = np.dot(dh, x[t].T)         #输入层到隐藏层权重梯度
22.         dWhh = np.dot(dh, h_prev.T)       #隐藏层到隐藏层权重梯度
23.         #更新权重
24.         Wxh -= learning_rate * dWxh
25.         Whh -= learning_rate * dWhh
26.         Why -= learning_rate * dWhy
27.         #更新上一个时间步的隐藏层状态
28.         h_prev = h
29.     return loss, Wxh, Whh, Why
```

4.3　几种典型的循环神经网络

RNN 及其变体在序列数据处理中发挥着重要作用。基本的 RNN 结构简单，但存在梯度消失问题，为此引入了 LSTM 和 GRU 等变体，以解决长序列处理中的梯度消失和长期依赖问题。此外，双向循环神经网络（bi-directional recurrent neural network，Bi-RNN）结合了正向和反向的 RNN，能利用序列数据中的过去和未来信息。除了传统的 RNN 变体外，还有回声状态网络（echo state network，ESN）这一特殊形式的

RNN，其隐藏层神经元的权重是固定的，并且引入了回声状态的概念。这些 RNN 及其变体在自然语言处理、时间序列分析等领域有着广泛的应用，能够有效地捕捉序列数据中的模式和趋势，为序列建模提供强大的工具和方法。

4.3.1 Simple RNN

简单循环神经网络（simple recurrent neural network，Simple RNN）是一种最基本的 RNN，用于处理序列数据。在 Simple RNN 中，每个时间步都有一个隐藏状态，它会捕捉到目前为止输入序列中的信息，用于预测下一个时间步的输出。

Simple RNN 的基本结构包括输入层、隐藏层和输出层。输入层接收序列数据的输入，隐藏层负责保留序列数据的历史信息并生成隐藏状态，输出层基于隐藏状态生成最终的输出。

RNN 并非是刚性地记忆所有固定长度的序列，而是通过隐藏状态来储存之前时间步的信息。

考虑一个单隐藏层的多层感知机。给定样本数 n、输入个数（特征数或特征向量维度）为 d 的小批量数据样本 $\boldsymbol{X} \in \mathbb{R}^{n \times d}$。设隐藏层的激活函数为$\phi$，那么隐藏层的输出 $\boldsymbol{H} \in \mathbb{R}^{n \times h}$ 计算为

$$\boldsymbol{H} = \phi(\boldsymbol{X}\boldsymbol{W}_{xh} + \boldsymbol{b}_h) \tag{4.19}$$

式中，$\boldsymbol{W}_{xh} \in \mathbb{R}^{d \times h}$ 为隐藏层的权重参数；$\boldsymbol{b}_h \in \mathbb{R}^{1 \times h}$ 为隐藏层的偏差参数；h 为隐藏单元的个数。

式（4.19）中相加的两项形状不同，因此将按照广播机制相加。把隐变量 $\boldsymbol{H}$ 作为输出层的输入，且设输出个数为 q，输出层的输出为

$$\boldsymbol{O} = \boldsymbol{H}\boldsymbol{W}_{hq} + \boldsymbol{b}_q \tag{4.20}$$

式中，$\boldsymbol{O} \in \mathbb{R}^{n \times q}$ 为输出变量；$\boldsymbol{W}_{hq}$ 为输出层权重参数；$\boldsymbol{b}_q \in \mathbb{R}^{1 \times q}$ 为输出层偏差参数。

现在考虑输入数据存在时间相关性的情况。假设 $\boldsymbol{X}_t \in \mathbb{R}^{n \times d}$ 是序列中时间步 t 的小批量输入，$\boldsymbol{H}_t \in \mathbb{R}^{n \times h}$ 是该时间步的隐藏层变量。与多层感知机不同的是，这里保存上一时间步的隐变量。具体来说，当前时间步的隐变量的计算由当前时间步的输入和上一时间步的隐变量共同决定，即

$$\boldsymbol{H}_t = \phi(\boldsymbol{X}_t\boldsymbol{W}_{xh} + \boldsymbol{H}_{t-1}\boldsymbol{W}_{hh} + \boldsymbol{b}_h) \tag{4.21}$$

与多层感知机相比，本章在这里添加了 $\boldsymbol{H}_{t-1}\boldsymbol{W}_{hh}$ 一项。由式（4.21）中相邻时间步的隐变量 $\boldsymbol{H}_t$ 和 $\boldsymbol{H}_{t-1}$ 之间的关系可知，这里的隐变量捕捉了截至当前时间步的序列的历史信息，这与神经网络当前时间步的状态或记忆一样。因此，该隐变量也称为隐藏状态。由于隐藏状态在当前时间步的定义使用了它在上一时间步相同的定义，因此式（4.21）的计算是循环的。使用循环计算的网络即 RNN。

RNN 有很多种不同的构造方法，包含式（4.21）所定义的隐藏状态的 RNN 是极为常见的一种。如无特别说明，本章中的 RNN 基于式（4.21）中隐藏状态的循环计算。在时间步 t，输出层的输出与多层感知机中的计算类似：

$$\boldsymbol{O}_t = \boldsymbol{H}_t\boldsymbol{W}_{hq} + \boldsymbol{b}_q \tag{4.22}$$

RNN 的参数包括隐藏层的权重 $\boldsymbol{W}_{xh} \in \mathbb{R}^{d \times h}$、$\boldsymbol{W}_{hh} \in \mathbb{R}^{h \times h}$ 和偏差 $\boldsymbol{b}_h \in \mathbb{R}^{1 \times h}$，以及输出

层的权重 $W_{hq} \in \mathbb{R}^{h\times q}$ 和偏差 $b_q \in \mathbb{R}^{1\times q}$。值得一提的是，即使在不同的时间步，RNN 始终使用这些模型参数。因此，RNN 模型参数的数量不随时间步的递增而增长。

图 4.2 所示为 Simple RNN 的网络结构。将图 4.2 左侧部分展开就是图 4.3 所示的全连接神经网络结构。图 4.2 中的 $\boldsymbol{X}$ 是一个三维向量，也就是某个字或词的特征向量，作为输入层。$\boldsymbol{U}$ 是输入层到隐藏层的参数矩阵，在图 4.3 中其维度为 3×4。$\boldsymbol{S}$ 是隐藏层的向量，在图 4.3 中其维度为 4。$\boldsymbol{V}$ 是隐藏层到输出层的参数矩阵，在图 4.3 中其维度为 4×2。$\boldsymbol{O}$ 是输出层的向量，在图 4.3 中其维度为 2。

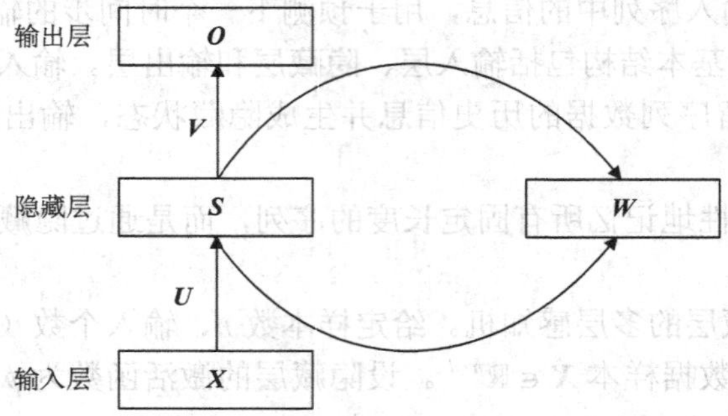

图 4.2 Simple RNN 的网络结构

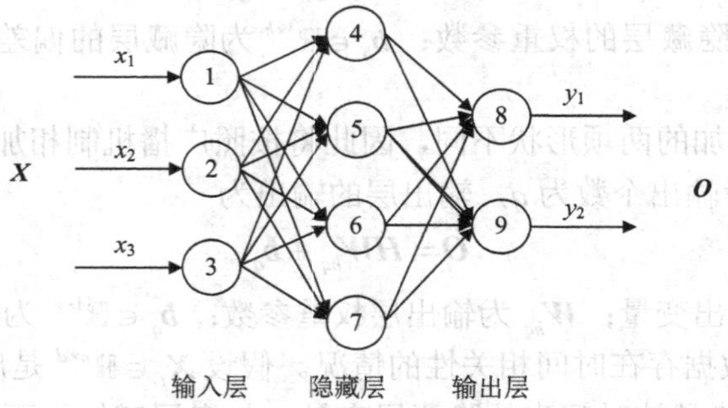

图 4.3 全连接神经网络结构

将图 4.2 右侧延迟器 $\boldsymbol{W}$ 部分按时间线展开后如图 4.4 所示。

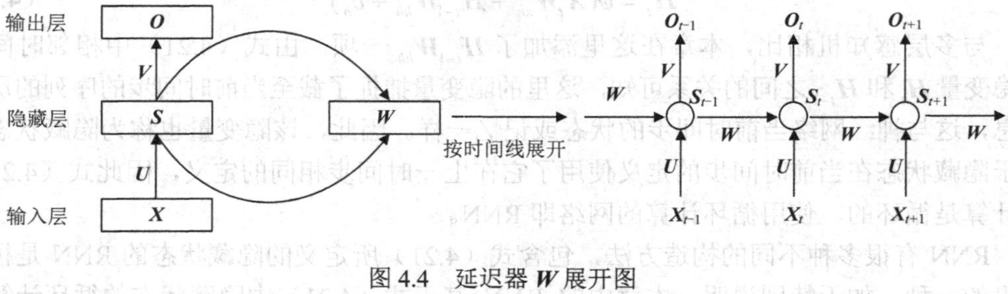

图 4.4 延迟器 $\boldsymbol{W}$ 展开图

例如，对于句子 I love you，当利用 RNN 做一些事情时（如命名实体识别），图 4.4 中的 $\boldsymbol{X}_{t-1}$ 是代表单词 I 的向量，$\boldsymbol{X}_t$ 是代表单词 love 的向量，$\boldsymbol{X}_{t+1}$ 是代表单词 you 的向量。以此类推，图 4.4 展开后，$\boldsymbol{W}$ 一直没有变，$\boldsymbol{W}$ 其实是每个时间点之间的权重矩阵。RNN 之所以可以解决序列问题，是因为它可以记住每一时刻的信息，每一时刻的隐藏层不仅由该时刻的输入层决定，还由上一时刻的隐藏层决定，公式如下：

$$\boldsymbol{O}_t = g(\boldsymbol{VS}_t) \tag{4.23}$$

$$\boldsymbol{S}_t = f(\boldsymbol{UX}_t + \boldsymbol{WS}_{t-1}) \tag{4.24}$$

式中，$\boldsymbol{O}_t$ 为 t 时刻的输出；$\boldsymbol{S}_t$ 为 t 时刻的隐藏层的值。

Simple RNN 的主要特点是：每个时间步使用相同的权重来处理输入和隐藏状态，并且它只能捕捉到短期记忆，容易出现梯度消失或梯度爆炸问题。因此，在处理较长的序列数据时，通常会采用其他类型的 RNN，如 LSTM 或 GRU，以解决梯度消失或梯度爆炸问题。

以下是实现 Simple RNN 的代码示例。

```
import torch
import torch.nn as nn
import numpy as np
#定义 Simple RNN 模型
class SimpleRNN(nn.Module):
    def __init__(self, input_size, hidden_size, output_size):
        super(SimpleRNN, self).__init__()
        self.hidden_size = hidden_size
        self.rnn = nn.RNN(input_size, hidden_size, batch_first =
                True)
        self.fc = nn.Linear(hidden_size, output_size)
    def forward(self, x):
        out, _ = self.rnn(x)
        out = self.fc(out[:, -1, :])  #只取最后一个时间步的输出
        return out
```

4.3.2 GRU

门控循环单元（gated recurrent unit，GRU）是 2014 年提出的一种 RNN 结构，它的目的是缓解标准的 RNN 存在的梯度消失问题。GRU 和 LSTM 有着相似的设计思路，并且在一些情况下，两者确实能够得到同样好的效果。

GRU 可以看作改进版本的 RNN，通过更新门和重置门来记忆长期信息。其中，重置门决定了如何将新的输入信息与前面的记忆相结合，更新门定义了前面记忆保存到当前时间步的量。更新门公式如下：

$$u_i^{(t)} = \sigma\left(b_i^u + \sum_j U_{i,j}^u x_j^{(t)} + \sum_j W_{i,j}^u h_j^{(t)}\right) \tag{4.25}$$

重置门公式如下：

$$r_i^{(t)} = \sigma\left(b_i^r + \sum_j U_{i,j}^r x_j^{(t)} + \sum_j W_{i,j}^r h_j^{(t)}\right) \tag{4.26}$$

式中，b 为偏置；U 为输入权重；W 为隐藏状态权重。

更新公式如下：

$$h_i^{(t)} = u_i^{(t-1)} h_i^{t-1} + \left(1 - u_i^{(t-1)}\right) \sigma\left(b_i + \sum_j U_{i,j} x_j^{(t)} + \sum_j W_{i,j} r_j^{(t-1)} h_j^{t-1}\right) \tag{4.27}$$

式中，u 为更新门；r 为重置门。

重置门和更新门能独立地“忽略”状态向量的一部分。更新门像条件渗漏累积器一样通过线性门控制任意维度，从而选择将它复制（在 Sigmoid 的一个极端）或完全由新的“目标状态”值（朝向渗漏累积器的收敛方向）替换并完全忽略它（在另一个极端）。重置门控制当前状态中哪些部分用于计算下一个目标状态，在过去状态和未来状态之间引入了附加的非线性效应。围绕这一主题可以设计更多的变种。例如，重置门（或遗忘门）的输出可以在多个隐藏单元之间共享。或者，全局门的乘积（覆盖一整组的单元，如整一层）和一个局部门（每单元）可用于结合全局控制和局部控制。

以下是实现 GRU 的代码示例。

```
import torch
import torch.nn as nn
import numpy as np
#定义 GRU 模型
class GRUModel(nn.Module):
    def __init__(self, input_size, hidden_size, output_size):
        super(GRUModel, self).__init__()
        self.hidden_size = hidden_size
        self.gru = nn.GRU(input_size, hidden_size, batch_first
                    = True)
        self.fc = nn.Linear(hidden_size, output_size)
    def forward(self, x):
        out, _ = self.gru(x)
        out = self.fc(out[:, -1, :])  #只取最后一个时间步的输出
        return out
```

4.3.3 LSTM

LSTM 是一种特殊的递归神经网络，其引入自循环的巧妙构思，初始 LSTM 模型的核心贡献在于创造了梯度能够长时间持续流动的路径。其中一个关键扩展是使自循环的权重不再是固定的，而是视上下文而定。门控此自循环（由另一个隐藏单元控制）的权重，累积的时间尺度可以动态改变。在这种情况下，即使是具有固定参数的 LSTM，累积的时间尺度也可以因输入序列改变而发生改变，这是因为时间常数是模型本身的输出。LSTM 已经在许多应用中取得重大成功，如无约束手写识别、语音识别、手写生成、机器翻译、为图像生成标题和解析等。

LSTM 循环网络如图 4.5 所示。LSTM 循环网络除了外部的 RNN 循环外，还有内部的 LSTM 细胞循环（自循环），因此 LSTM 不是简单地向输入和循环单元的仿射变换之后施加一个逐元素的非线性，而是通过门控单元控制信息流动和记忆更新。与普通的循环网络类似，每个单元有相同的输入和输出，但也有更多的参数和控制信息流动的门控单元系统。最重要的组成部分是状态单元 $s_i^{(t)}$，与渗漏单元有类似的线性自循环。然而，此处自循环的权重（或相关联的时间常数）由遗忘门 $f_i^{(t)}$ 控制（时刻 t 和细胞 i），由 Sigmoid 单元将权重设置为 0 和 1 之间的值：

$$f_i^{(t)} = \sigma\left(b_i^f + \sum_j U_{i,j}^f x_j^{(t)} + \sum_j W_{i,j}^f h_j^{t-1}\right) \tag{4.28}$$

式中，$x^{(t)}$ 为当前输入向量；h^t 为当前隐藏层向量且包含所有 LSTM 细胞的输出；b^f 为偏置；U^f 为输入权重；W^f 为遗忘门的循环权重。

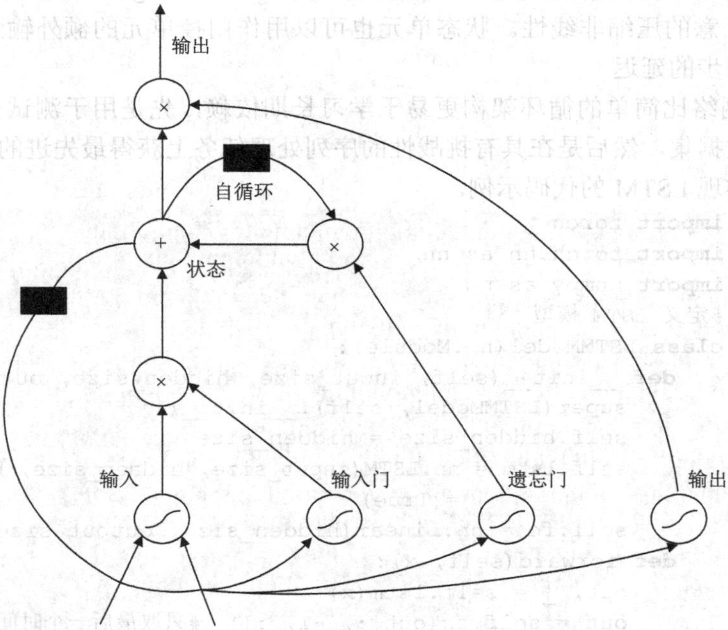

图 4.5　LSTM 循环网络

LSTM 细胞内部状态会以如下方式更新，其中有一个条件的自循环权重 $f_i^{(t)}$：

$$s_i^t = f_i^{(t)} s_i^{(t-1)} + g_i^{(t)} \sigma\left(b_i + \sum_j U_{i,j} x_j^{(t)} + \sum_j W_{i,j} h_j^{(t-1)}\right) \tag{4.29}$$

式中，b 为 LSTM 细胞中的偏置；U 为 LSTM 细胞中的输入权重；W 为 LSTM 细胞中遗忘门的循环权重。

外部输入门单元 $g_i^{(t)}$ 以类似遗忘门（使用 Sigmoid 获得一个 0 和 1 之间的值）的方式更新，但有自身的参数：

$$g_i^{(t)} = \sigma\left(b_i^g + \sum_j U_{i,j}^g x_j^{(t)} + \sum_j W_{i,j}^g h_j^{(t-1)}\right) \tag{4.30}$$

LSTM 细胞的输出 $h_i^{(t)}$ 也可以由输出门 $q_i^{(t)}$ 关闭（使用 Sigmoid 单元作为门控）：

$$h_i^{(t)} = \tanh(s_i^{(t)}) q_i^{(t)} \tag{4.31}$$

$$q_i^{(t)} = \sigma\left(b_i^o + \sum_j U_{i,j}^o x_j^{(t)} + \sum_j W_{i,j}^o h_j^{(t-1)}\right) \tag{4.32}$$

式中，b^o 为偏置；U^o 为输入权重；W^o 为遗忘门的循环权重。

在这些变体中，可以选择使用细胞状态 $s_i^{(t)}$ 作为额外的输入（及其权重），输入到

第 i 个单元的 3 个门，如图 4.5 所示。这将需要 3 个额外的参数。

图 4.5 所示的 LSTM 循环网络“细胞”的框图中细胞彼此循环连接，代替一般循环网络中普通的隐藏单元。这里使用常规的人工神经元计算输入特征。如果 Sigmoid 输入门允许，它的值可以累加到状态。状态单元具有线性自循环，其权重由遗忘门控制。细胞的输出可以被输出门关闭。所有门控单元都具有 Sigmoid 非线性，而输入单元可以具有任意的压缩非线性。状态单元也可以用作门控单元的额外输入。黑色方块表示单个时间步的延迟。

LSTM 网络比简单的循环架构更易于学习长期依赖，先是用于测试长期依赖学习能力的人工数据集，然后是在具有挑战性的序列处理任务上获得最先进的表现。

以下是实现 LSTM 的代码示例。

```
import torch
import torch.nn as nn
import numpy as np
#定义 LSTM 模型
class LSTMModel(nn.Module):
    def __init__(self, input_size, hidden_size, output_size):
        super(LSTMModel, self).__init__()
        self.hidden_size = hidden_size
        self.lstm = nn.LSTM(input_size, hidden_size, batch_first
                  = True)
        self.fc = nn.Linear(hidden_size, output_size)
    def forward(self, x):
        out, _ = self.lstm(x)
        out = self.fc(out[:, -1, :])  #只取最后一个时间步的输出
        return out
```

4.3.4 Bi-RNN

双向循环神经网络（Bi-RNN）是一种深度学习模型，特别适合用在处理序列数据的任务中。它结合了两个方向的 RNN，即正向 RNN 和反向 RNN，以充分利用序列数据中过去和未来的信息。

在 Bi-RNN 中，正向 RNN 按照时间顺序处理序列数据，而反向 RNN 按照相反的顺序处理序列数据。在每个时间步，正向 RNN 会接收当前输入和前一个时间步的隐藏状态，然后输出当前时间步的隐藏状态；反向 RNN 则接收当前输入和后一个时间步的隐藏状态，并输出当前时间步的隐藏状态。两个方向的隐藏状态通常会被合并或拼接在一起，以提供更全面的信息。

通过整合正向和反向的信息，Bi-RNN 能够更好地理解序列数据的上下文关系，从而在多种任务中表现出色，如自然语言处理（语言建模、命名实体识别、情感分析等）、时间序列分析（股票价格预测、天气预测）等。它能够有效地捕捉序列中的长期依赖关系，并在某些情况下提供比单向 RNN 更好的性能。

到目前为止所考虑的所有 RNN 都有一个“因果”结构，这意味着在时刻 t 的状态只能从过去的序列 $x^{(1)},x^{(2)},\cdots,x^{(t-1)}$ 以及当前的输入 $x^{(t)}$ 中捕获信息。本节还讨论了某些在 y 可用时，允许过去的 y 值信息影响当前状态的模型。

然而，在许多应用中，要输出的 $y^{(t)}$ 的预测可能依赖于整个输入序列。例如，在语音识别中，由于协同发音的存在，当前声音作为音素的正确解释可能取决于未来的几个音素，甚至潜在的可能取决于未来的几个词，因为词与附近的词之间存在语义依赖，即如果当前的词有两种声学上合理的解释，可能要在过去和更远的未来寻找信息来区分它们。这在手写识别和许多其他序列到序列的学习任务中也是如此。

Bi-RNN 为满足这种需要而被提出。它在需要双向信息的应用中非常成功，如手写识别、语音识别及生物信息学等领域。

顾名思义，Bi-RNN 结合了时间上从序列起点开始移动的 RNN 和另一个时间上从序列末尾开始移动的 RNN。图 4.6 所示为典型的 Bi-RNN，其中 $h^{(t)}$ 代表通过时间向前移动的子 RNN 的状态，$g^{(t)}$ 代表通过时间向后移动的子 RNN 的状态。这允许输出单元 $o^{(t)}$ 能够计算同时依赖过去和未来且对时刻 t 的输入值最敏感的表示，而不必指定 t 周围固定大小的窗口（这是前馈网络、卷积网络或具有固定大小的先行缓存器的常规 RNN 所必须要做的）。

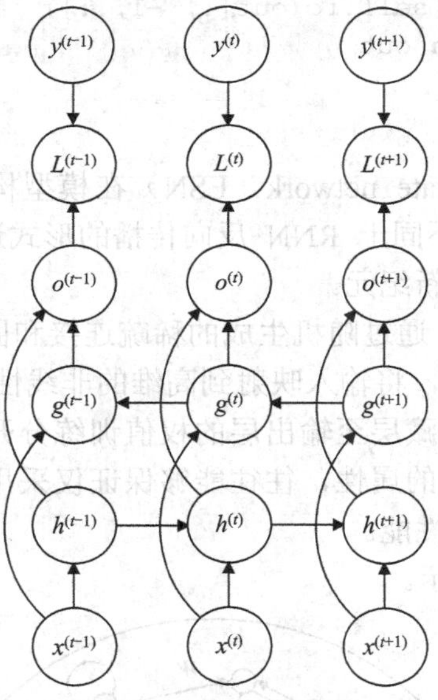

图 4.6 典型的 Bi-RNN

图 4.6 中典型的 Bi-RNN 中的计算，意图学习将输入序列 x 映射到目标序列 y（在每个时间点 t 具有损失 $L^{(t)}$）。循环性 h 在时间上向前传播信息（向右），而循环性 g 在时间上向后传播信息（向左）。因此在每个时间点 t，输出单元 $o^{(t)}$ 可以受益于输入 $h^{(t)}$ 中关于过去的相关概要以及输入 $g^{(t)}$ 中关于未来的相关概要。

这个想法可以自然地扩展到二维输入，如图像由 4 个 RNN 组成，每一个 RNN 沿着上、下、左、右 4 个方向中的一个方向进行计算。如果 RNN 能够学习到承载长期信息，那么在二维网格每个点 (i, j) 的输出就能计算一个能捕捉到大多局部信息但仍依赖于长期输入的表示。相比卷积网络，应用于图像的 RNN 计算成本通常更高，但允许同一特征图的特征之间存在长期横向的相互作用。实际上，对于这样的 RNN，前向传播公式可以写成表示使用卷积的形式，在整合横向相互作用的特征图的循环传播之前计算自底向上到每一层的输入。

以下是实现 Bi-RNN 的代码示例。

```
1.    import torch
2.    import torch.nn as nn
3.    import numpy as np
4.    #定义 Bi-RNN 模型
5.    class BiRNNModel(nn.Module):
6.        def __init__(self, input_size, hidden_size, output_size):
7.            super(BiRNNModel, self).__init__()
8.            self.hidden_size = hidden_size
9.            self.rnn = nn.RNN(input_size, hidden_size, batch_first =
                      True, bidirectional=True)
10.           self.fc = nn.Linear(hidden_size * 2, output_size)
                                              #因为是双向的，故乘2
11.       def forward(self, x):
12.           out, _ = self.rnn(x)
13.           out = self.fc(out[:, -1, :])    #只取最后一个时间步的输出
14.           return out
```

4.3.5 ESN

回声状态网络（echo state network，ESN）在模型构建与学习算法方面与传统的 RNN 有较大的差别，凭借不同于 RNN 反向传播的形式进行学习，相应的学习算法为递归神经网络的研究开启了新纪元。

ESN 又称储备池计算，通过随机生成的稀疏连接和固定不变的内部权重矩阵构成的神经元储备池作为隐藏层，将输入映射到高维的非线性表示。ESN 将神经网络的隐藏层权值预先生成，并与隐藏层至输出层的权值训练分开进行，其基本思想的前提是生成的储备池具有某种良好的属性，往往能够保证仅采用线性的方法训练储备池至输出层的权值即可获得优良的性能。

ESN 结构图如图 4.7 所示。

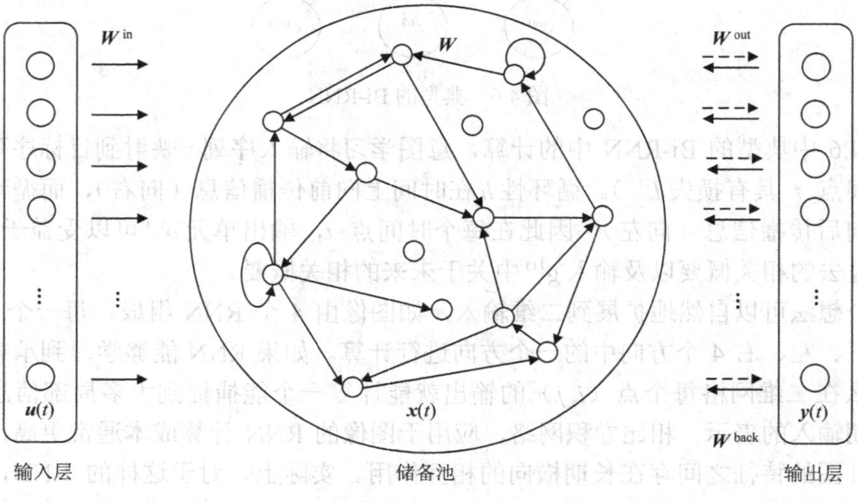

图 4.7　ESN 结构图

ESN 主要由输入层、隐藏层和输出层组成，其特点是隐藏层由一个包含大量神经元的动态储备池构成，以下简称储备池。储备池内的神经元采用随机、稀疏的连接方式，其蕴含了网络的运行状态，并具有短期记忆功能。由于储备池的连接权值矩阵是随机生成的，且生成后不再调整，大大简化了 ESN 的训练过程。

网络在采样时刻 t 的输入变量 $\boldsymbol{u}(t)$、储备池的状态变量 $\boldsymbol{x}(t)$ 及输出变量 $\boldsymbol{y}(t)$ 定义如下：

$$\boldsymbol{u}(t)=(u_1(t),u_2(t),\cdots,u_K(t))^{\mathrm{T}} \tag{4.33}$$

$$\boldsymbol{x}(t)=(x_1(t),x_2(t),\cdots,x_N(t))^{\mathrm{T}} \tag{4.34}$$

$$\boldsymbol{y}(t)=(y_1(t),y_2(t),\cdots,y_L(t))^{\mathrm{T}} \tag{4.35}$$

ESN 储备池的内部状态更新过程如下：

$$\boldsymbol{x}(t+1)=f\left(\boldsymbol{W}^{\mathrm{in}}\boldsymbol{u}(t+1)+\boldsymbol{W}\boldsymbol{x}(t)+\boldsymbol{W}^{\mathrm{back}}\boldsymbol{y}(t)\right) \tag{4.36}$$

式中，$\boldsymbol{W}^{\mathrm{in}}$ 为输入连接权值矩阵，维数为 $N\times K$；$\boldsymbol{W}$ 为储备池连接权值矩阵，维数为 $N\times N$；$\boldsymbol{W}^{\mathrm{back}}$ 为输出层到储备池的输出反馈连接权值矩阵，维数为 $N\times L$；f 为储备池神经元激活函数。

ESN 在进行单步预测时，当前时刻的输出信号 $\boldsymbol{y}(t)$ 即为下一时刻的输入信号 $\boldsymbol{u}(t+1)$。将 $\boldsymbol{W}^{\mathrm{back}}\boldsymbol{y}(t)$ 合并到 $\boldsymbol{W}^{\mathrm{in}}\boldsymbol{u}(t+1)$ 中，则 ESN 的内部状态方程更新公式为

$$\boldsymbol{x}(t+1)=f\left(\boldsymbol{W}^{\mathrm{in}}\boldsymbol{u}(t+1)+\boldsymbol{W}\boldsymbol{x}(t)\right) \tag{4.37}$$

ESN 的输出方程表示为

$$\boldsymbol{y}(t+1)=f^{\mathrm{out}}\left(\boldsymbol{W}^{\mathrm{out}}\boldsymbol{x}(t+1)\right) \tag{4.38}$$

其中，f^{out} 为输出神经元的激活函数，一般选取为恒等函数，则式（4.38）可表示为

$$\boldsymbol{y}(t+1)=\boldsymbol{W}^{\mathrm{out}}\boldsymbol{x}(t+1) \tag{4.39}$$

与传统递归神经网络不同，ESN 的输入连接权值矩阵 $\boldsymbol{W}^{\mathrm{in}}$、储备池连接权值矩阵 $\boldsymbol{W}$ 及输出反馈连接权值矩阵 $\boldsymbol{W}^{\mathrm{back}}$ 均随机生成，并且在学习和测试过程中保持不变。因此，在学习过程中唯一需要调整的是输出连接权值矩阵 $\boldsymbol{W}^{\mathrm{out}}$。ESN 的学习过程可以看作是一个线性回归过程，通常采用伪逆法求解输出连接权值矩阵 $\boldsymbol{W}^{\mathrm{out}}$，避免了传统递归神经网络学习过程中收敛速度慢，容易陷入局部极小值等不足。

以下是实现 ESN 的代码示例。

```
import torch
import torch.nn as nn
import numpy as np
class ESN(nn.Module):
    def __init__(self, input_size, reservoir_size, output_ size):
        super(ESN, self).__init__()
        self.input_size = input_size
        self.reservoir_size = reservoir_size
        self.output_size = output_size
        #ESN parameters
        self.W_in = nn.Parameter(torch.randn(reservoir_size,
                    input_size))
        self.W_res = nn.Parameter(torch.randn(reservoir_size,
```

```
                reservoir_size))
        self.W_out = nn.Parameter(torch.randn(output_size,
                reservoir_size))
        #Reservoir activation function
        self.activation = nn.Tanh()
    def forward(self, input_data):
        batch_size = input_data.size(0)
        reservoir_states = torch.zeros(batch_size, self.
                reservoir_size)
        for input_t in input_data.chunk(input_data.size(1), dim=1):
            input_t = input_t.squeeze(1)
            reservoir_states = self.activation(torch.mm(input_t,
                    self.W_in.t()) + torch.mm(reservoir_states,
                    self.W_res.t()))
        output = torch.mm(reservoir_states, self.W_out.t())
        return output
```

4.4 应用分析

RNN 是一种用于处理序列数据的神经网络模型，在众多领域应用广泛。在自然语言处理领域，RNN 被用于语言建模、文本分类、机器翻译等任务中，能够有效地处理文本序列数据，并从中提取语义信息。在时间序列分析方面，RNN 被广泛应用于股票价格预测、天气预测等任务中，能够捕捉数据之间的长期依赖关系。此外，RNN 还被用于图像描述生成、语音识别、动态系统建模等领域，能够处理各种类型的序列数据，并在预测、分类、生成等任务中取得良好的效果。尽管 RNN 存在一些局限性（如梯度消失、训练时间长等问题），但在适当的场景下，仍然是一个强大且高效的序列建模工具。

4.4.1 时序建模中的应用

RNN 在时序建模中有广泛的应用，主要体现在以下几个方面。

（1）时间序列预测：RNN 被广泛应用于时间序列预测问题，如股票价格预测、气象数据预测、销售预测等。通过学习历史时间序列数据的模式和趋势，RNN 能够有效地预测未来的值。

（2）自然语言处理：RNN 在自然语言处理领域有着广泛的应用，如语言建模、文本生成、机器翻译等。通过处理文本序列数据，RNN 能够学习文本之间的语义关系，并生成具有语言逻辑的文本。

（3）动态系统建模：RNN 可以用于对动态系统进行建模和仿真，如电力系统、生物系统、物理系统等。通过监测系统的状态和输出，RNN 能够捕捉系统内部的动态行为，并对系统进行模拟和分析。

（4）时间序列分类：除了预测问题外，RNN 还可用于时间序列的分类任务中，如人体动作识别、手势识别等。RNN 可以学习时间序列数据的特征表示，并将其映射到不同的类别标签，从而实现时间序列数据的分类。

（5）序列生成：RNN 在序列生成任务中也有广泛的应用，如音乐生成、视频生成等。通过学习序列数据之间的关系，RNN 能够生成具有连续性和逻辑性的序列数据。

（6）控制系统：RNN 在控制系统中也有一定的应用，如自动驾驶汽车、机器人控制等。RNN 可以接收环境中的传感器数据作为输入，学习环境的动态特征，并输出相应的控制指令，实现对系统的自动控制。

总的来说，RNN 在时序建模中具有广泛的应用，能够有效地处理各种类型的时间序列数据，并在预测、分类、生成等方面展现出良好的性能。

4.4.2　自然语言处理中的应用

RNN 在自然语言处理中有着广泛的应用，主要体现在以下几个方面。

（1）语言建模：RNN 可用于语言建模，即根据一段文本的上下文预测下一个单词或字符。这对于自动文本生成、语言理解等任务至关重要。

（2）文本分类：RNN 能够处理不定长的文本序列，并且能够捕捉文本中的语义和语境信息，因此被广泛应用于文本分类任务中，如情感分析、主题分类等。

（3）命名实体识别：RNN 在命名实体识别任务中也有应用，用于识别文本中具有特定意义的实体，如人名、地名、组织名等。

（4）机器翻译：RNN 可应用于机器翻译任务，将一种语言的文本翻译成另一种语言。LSTM 和 GRU 等 RNN 的变种在机器翻译中取得了很好的效果。

（5）文本生成：RNN 可用于生成文本序列，如文章摘要生成、对话系统等。通过学习文本序列之间的关系，RNN 能够生成具有连贯性和语义性的文本。

（6）语音识别：在语音识别任务中，RNN 可以处理声音信号的序列数据，并将其转换为对应的文本输出，从而实现语音到文本的转换。

本 章 小 结

RNN 是一种深度学习模型，专门设计用于处理序列数据，如文本、语音和时间序列数据。RNN 通过在时间上展开循环神经元的结构，可以捕捉序列中的时间相关性，并且能够保留之前的信息状态以影响后续的输出。这种循环结构使 RNN 在处理自然语言处理、语音识别、时间序列预测等任务时表现出色。然而，传统 RNN 存在梯度消失或梯度爆炸的问题，导致难以捕捉长期依赖关系。因此，出现了各种改进型的 RNN，以应对这些问题，如 LSTM 和 GRU。

GRU 是一种 RNN 的变体，通过引入更新门和重置门来控制信息流动，从而有效地捕获序列中的长期依赖关系。更新门决定保留旧状态信息的程度，重置门控制是否忽略过去状态，以及如何使用新的输入。候选隐藏状态根据重置门和当前输入计算，用于生成更新后的隐藏状态。相较于标准的 RNN，GRU 参数更少，计算效率更高，且相较于 LSTM 结构更简单，更易于训练和调整。GRU 广泛应用于自然语言处理、时间序列分析等领域，特别适用于处理长序列和存在长期依赖关系的任务。

LSTM 是一种 RNN 的特殊架构，具有门控机制，通过输入门、遗忘门和输出门来控制信息流动，从而有效地捕获序列数据中的长期依赖关系。LSTM 通过记忆单元来存储和更新信息，在长序列和存在长期依赖关系的任务中表现出色，被广泛应用于自然语言处理、时间序列预测等领域。

Bi-RNN 是一种特殊的 RNN 结构，具有前向和后向两个方向的隐藏层，能够同时考虑输入序列的过去和未来信息，从而更好地捕获序列数据中的上下文信息。Bi-RNN 通过将正向和反向隐藏层的输出进行连接或合并，实现对整个序列的全局表示。适用于多种序列建模任务，如自然语言处理、语音识别和生物信息学等领域。

ESN 是一种 RNN 结构，其隐藏层权重被随机初始化并固定，只需要训练输出层权重，因此具有简单的训练过程。ESN 适用于时间序列预测和模式识别任务，通过接收输入序列并利用非线性转换函数传播信息，在输出层进行预测或分类。

上述 4 种改进型 RNN 各有优缺点。GRU 具有参数较少、计算效率高的优势，但对长期依赖关系的建模能力较弱。LSTM 能够有效捕获长期依赖关系，但参数较多、计算复杂度高。Bi-RNN 能够同时考虑过去和未来的信息，从而更好地捕获序列数据中的上下文信息，但需要双向传播和合并两个方向的隐藏状态，增加了计算复杂度。ESN 具有简单的训练过程和快速的预测速度，适用于实时应用和大规模数据集，但其固定隐藏层权重可能限制了模型的表示能力。因此，在选择模型时需要根据具体任务和需求权衡各种因素。

思考题或自测题

1. RNN 中的梯度消失问题是如何产生的？针对这一问题有哪些解决方法？
2. 如何利用 RNN 进行自然语言生成任务？举例说明其应用场景。
3. 在训练 RNN 时，使用哪些技巧可以提高模型的收敛速度和性能？
4. 为什么在处理长序列时，传统 RNN 会遇到长期依赖问题？LSTM 和 GRU 是如何解决这一问题的？
5. RNN 与递归神经网络在结构和功能上有何异同？
6. 对于多步预测问题，RNN 和传统时间序列预测模型相比有何优势？
7. RNN 的记忆能力如何影响其在序列标注任务中的性能？
8. 序列到序列学习任务中，RNN 如何实现输入序列到输出序列的映射？
9. RNN 如何应对序列中的不定长输入和输出？有哪些处理策略？
10. 在实际应用中，RNN 哪些方面仍存在挑战？未来可能的改进方向是什么？

第 5 章 深度信念网络

深度信念网络（DBN）是第一批成功应用深度架构训练的非卷积模型之一。2006 年，DBN 的引入才有了深度学习的复兴。在引入之前，研究者们一直认为深度模型难以优化，而具有凸目标函数的核机器引领了该领域研究的前沿。

特征通常会包含一定的噪声。如果要对某个数据分布进行建模，就需要挖掘出可观测变量之间复杂的依赖关系，以及可观测变量背后隐藏的内部表示。本章介绍传统玻尔兹曼机（Boltzmann machine，BM）和受限玻尔兹曼机（restricted Boltzmann machine，RBM）两种相关的基础模型以及 DBN 的概念和方法。DBN 中包含很多层的隐变量，可以有效地学习数据的内部特征表示，也可以作为一种有效的非线性降维方法。这些学习到的内部特征表示包含数据更高级、更有价值的信息，因此有助于后续的分类和回归等任务。玻尔兹曼机和 DBN 都是生成模型，借助隐变量来描述复杂的数据分布。作为概率图模型，玻尔兹曼机和 DBN 的共同问题是推断和学习问题。因为这两种模型都比较复杂，并且都包含隐变量，它们的推断和学习一般通过马尔可夫链蒙特卡洛方法（Markov chain Monte Carlo method，MCMC 方法）来进行近似估计。这两种模型和神经网络有很强的对应关系，在一定程度上也称为随机神经网络。

5.1 玻尔兹曼机

杰弗里·辛顿等于 1983～1986 年提出一种被称为玻尔兹曼机的随机神经网络，它是霍普菲尔德（Hopfield）神经网络的随机化版本。在这种网络中神经元只有两种输出状态，即单极性二进制的 0 或 1。状态的取值由概率统计法则决定，由于这种概率统计法则的表达形式与著名的统计力学家路德维希·玻尔兹曼（Ludwig Boltzmann）提出的玻尔兹曼分布类似，故将这种网络取名玻尔兹曼机。接下来简单介绍传统玻尔兹曼机及其变种受限玻尔兹曼机。

5.1.1 传统玻尔兹曼机概述

神经网络中有一类模型会为网络状态定义一个“能量”(energy)，能量最小化时网络达到理想状态，而网络的训练就是最小化这个能量函数。玻尔兹曼机就是一种“基于能量的模型”(energy-based model)，常见结构如图 5.1 所示，其神经元分为两层：可观测层与隐藏层。可观测层用于表示数据的输入与输出，隐藏层则被理解为数据的内在表达。玻尔兹曼机中的神经元都是布尔型的，即只能取 0、1 两种状态，状态 1 表示激活，状态 0 表示抑制。令向量 $\boldsymbol{s} \in \{0,1\}^n$ 表示 n 个神经元的状态，w_{ij} 表示神经元 i 与 j 之间的连接权重，θ_i 表示神经元 i 的阈值，则状态向量 $\boldsymbol{s}$ 所对应的玻尔兹曼机能量定义为

$$E(\boldsymbol{s}) = -\sum_{i=1}^{n-1}\sum_{j=i+1}^{n} w_{ij}s_i s_j - \sum_{i=1}^{n}\theta_i s_i \tag{5.1}$$

若网络中的神经元以任意不依赖于输入值的顺序进行更新，则网络最终将达到玻尔兹曼分布，此时状态向量 $\boldsymbol{s}$ 出现的概率将仅由其能量与所有可能状态向量的能量确定：

$$P(\boldsymbol{s}) = \frac{\mathrm{e}^{-E(s)}}{\sum_{t}\mathrm{e}^{-E(t)}} \tag{5.2}$$

玻尔兹曼机的训练过程就是将每个训练样本视为一个状态向量，使其出现的概率尽可能地大。标准的玻尔兹曼机是一个全连接图，训练网络的复杂度很高，这使其难以用于解决现实任务。

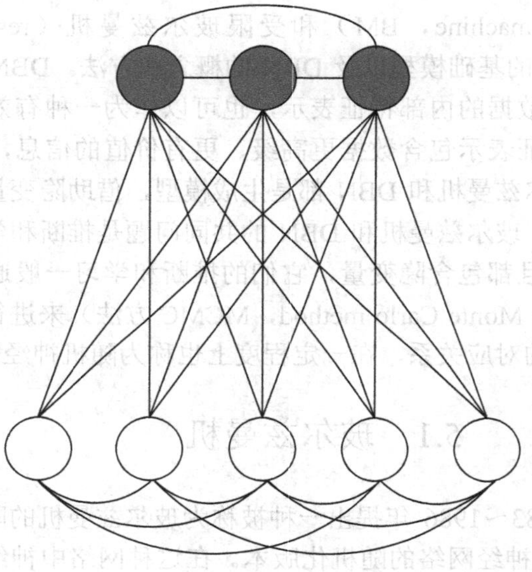

图 5.1　玻尔兹曼机常见结构

5.1.2　受限玻尔兹曼机概述

受限玻尔兹曼机相较于传统玻尔兹曼机仅保留可观测层与隐藏层之间的连接，从而将玻尔兹曼机的结构由全连接图简化为二分图，常见结构如图 5.2 所示。受限玻尔兹曼机常用对比散度（contrastive divergence，CD）算法来进行训练。假定网络中有 d 个可观测层神经元和 q 个隐藏层神经元，令 $\boldsymbol{v}$ 和 $\boldsymbol{h}$ 分别表示可观测层与隐藏层的状态向量，则由于同一层内不存在连接，因此有

$$P(\boldsymbol{v} \mid \boldsymbol{h}) = \prod_{i=1}^{d} P(v_i \mid \boldsymbol{h}) \tag{5.3}$$

$$P(\boldsymbol{h} \mid \boldsymbol{v}) = \prod_{j=1}^{q} P(h_j \mid \boldsymbol{v}) \tag{5.4}$$

CD 算法对每个训练样本 $\boldsymbol{v}$，先根据式（5.2）计算出隐藏层神经元状态的概率分布，然后根据这个概率分布采样得到 $\boldsymbol{h}$；类似地，根据式（5.1）从 $\boldsymbol{h}$ 产生 $\boldsymbol{v}'$，再从 $\boldsymbol{v}'$

产生 $\boldsymbol{h}'$；连接权的更新公式为

$$\Delta w = \eta(\boldsymbol{v}\boldsymbol{h}^{\mathrm{T}} - \boldsymbol{v}'\boldsymbol{h}'^{\mathrm{T}}) \tag{5.5}$$

此后，受限玻尔兹曼机作为玻尔兹曼机的变种，成为研究和应用的主流。

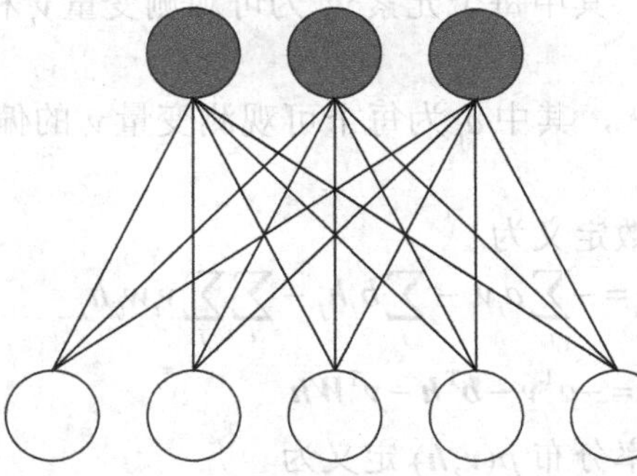

图 5.2　受限玻尔兹曼机常见结构

5.2　受限玻尔兹曼机

5.1 节曾提到过传统玻尔兹曼机的缺点，全连接的玻尔兹曼机在理论上十分有趣，但是由于其复杂性，目前为止并没有被广泛使用。虽然基于采样的方法在很大程度上提高了学习效率，但是每更新一次权重，就需要网络重新达到热平衡状态，这个过程依然比较低效，需要很长时间。在实际应用中，使用比较广泛的是一种带限制的版本，也就是受限玻尔兹曼机。接下来会详细介绍什么是受限玻尔兹曼机，以及其具体的模型及应用。

5.2.1　受限玻尔兹曼机的定义

受限玻尔兹曼机因其结构最初被称为簧风琴模型，2000 年后受限玻尔兹曼机的名称才变得流行。受限玻尔兹曼机是一个二分图结构的无向图模型，如图 5.3 所示。受限玻尔兹曼机中的变量也分为隐变量和可观测变量，分别用隐藏层和可观测层来表示这两组变量。在同一层中，节点之间没有连接；在不同层中，其中一个层中的节点与另一个层中的所有节点连接，这和两层的全连接神经网络的结构相同。

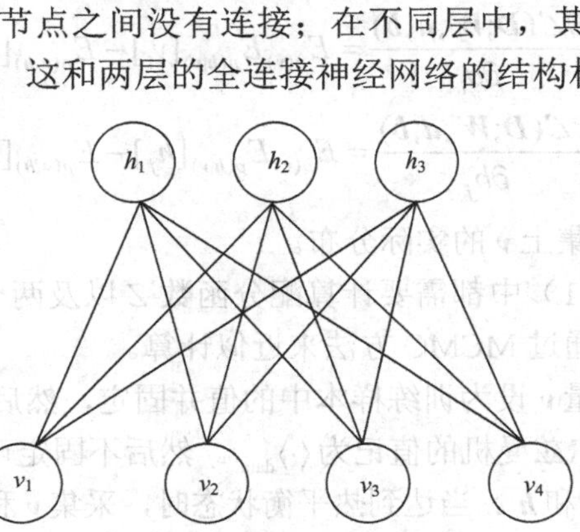

图 5.3　7 个变量的受限玻尔兹曼机

一个受限玻尔兹曼机由 K_v 个可观测变量和 K_h 个隐变量组成，其定义如下。

（1）随机的可观测向量 $\boldsymbol{v} \in \mathbb{R}^{K_v}$。

（2）随机的隐向量 $\boldsymbol{h} \in \mathbb{R}^{K_h}$。

（3）权重矩阵 $\boldsymbol{W} \in \mathbb{R}^{K_v \times K_h}$，其中每个元素 w_{ij} 为可观测变量 v_i 和隐变量 h_j 之间边的权重。

（4）偏置 $\boldsymbol{a} \in \mathbb{R}^{K_v}$、$\boldsymbol{b} \in \mathbb{R}^{K_h}$，其中 a_i 为每个可观测变量 v_i 的偏置，b_j 为每个隐变量 h_j 的偏置。

受限玻尔兹曼机的能量函数定义为

$$\begin{aligned} E(\boldsymbol{v},\boldsymbol{h}) &= -\sum_i a_i v_i - \sum_j b_j h_j - \sum_i \sum_j v_i w_{ij} h_j \\ &= -\boldsymbol{a}^{\mathrm{T}}\boldsymbol{v} - \boldsymbol{b}^{\mathrm{T}}\boldsymbol{h} - \boldsymbol{v}^{\mathrm{T}}\boldsymbol{W}\boldsymbol{h} \end{aligned} \tag{5.6}$$

受限玻尔兹曼机的联合概率分布 $p(\boldsymbol{v},\boldsymbol{h})$ 定义为

$$\begin{aligned} p(\boldsymbol{v},\boldsymbol{h}) &= \frac{1}{Z}\mathrm{e}^{-E(\boldsymbol{v},\boldsymbol{h})} \\ &= \frac{1}{Z}\mathrm{e}^{\boldsymbol{a}^{\mathrm{T}}\boldsymbol{v}+\boldsymbol{b}^{\mathrm{T}}\boldsymbol{h}+\boldsymbol{v}^{\mathrm{T}}\boldsymbol{W}\boldsymbol{h}} \end{aligned} \tag{5.7}$$

式中，$Z = \sum_{\boldsymbol{v},\boldsymbol{h}} \mathrm{e}^{-E(\boldsymbol{v},\boldsymbol{h})}$ 为配分函数。

5.2.2 受限玻尔兹曼机参数学习

与玻尔兹曼机一样，受限玻尔兹曼机也通过最大化似然函数来找到最优的参数 $\boldsymbol{W}$、$\boldsymbol{a}$、$\boldsymbol{b}$。给定一组训练样本 $\boldsymbol{D} = \{\hat{v}^{(1)}, \hat{v}^{(2)}, \cdots, \hat{v}^{(N)}\}$，其对数似然函数为

$$\mathcal{L}(\boldsymbol{D};\boldsymbol{W},\boldsymbol{a},\boldsymbol{b}) = \frac{1}{N}\sum_{n=1}^{N} \log p(\hat{v}^{(n)};\boldsymbol{W},\boldsymbol{a},\boldsymbol{b}) \tag{5.8}$$

与玻尔兹曼机类似，在受限玻尔兹曼机中，对数似然函数 $\mathcal{L}(\boldsymbol{D};\boldsymbol{W},\boldsymbol{a},\boldsymbol{b})$ 对参数 w_{ij}、a_i、b_j 的偏导数为

$$\frac{\partial \mathcal{L}(\boldsymbol{D};\boldsymbol{W},\boldsymbol{a},\boldsymbol{b})}{\partial w_{ij}} = E_{\hat{p}(\boldsymbol{v})} E_{p(\boldsymbol{h}|\boldsymbol{v})}[v_i h_j] - E_{p(\boldsymbol{v},\boldsymbol{h})}[v_i h_j] \tag{5.9}$$

$$\frac{\partial \mathcal{L}(\boldsymbol{D};\boldsymbol{W},\boldsymbol{a},\boldsymbol{b})}{\partial a_i} = E_{\hat{p}(\boldsymbol{v})} E_{p(\boldsymbol{h}|\boldsymbol{v})}[v_i] - E_{p(\boldsymbol{v},\boldsymbol{h})}[v_i] \tag{5.10}$$

$$\frac{\partial \mathcal{L}(\boldsymbol{D};\boldsymbol{W},\boldsymbol{a},\boldsymbol{b})}{\partial b_j} = E_{\hat{p}(\boldsymbol{v})} E_{p(\boldsymbol{h}|\boldsymbol{v})}[h_j] - E_{p(\boldsymbol{v},\boldsymbol{h})}[h_j] \tag{5.11}$$

式中，$\hat{p}(\boldsymbol{v})$ 为训练数据集上 $\boldsymbol{v}$ 的实际分布。

式（5.9）～式（5.11）中都需要计算配分函数 Z 以及两个期望 $E_{p(\boldsymbol{h}|\boldsymbol{v})}$ 和 $E_{p(\boldsymbol{v},\boldsymbol{h})}$，因此很难计算，一般需要通过 MCMC 方法来近似计算。

首先，将可观测向量 $\boldsymbol{v}$ 设为训练样本中的值并固定，然后根据条件概率对隐向量 $\boldsymbol{h}$ 进行采样，这时受限玻尔兹曼机的值记为 $\langle\cdot\rangle_{\text{data}}$。然后不固定可观测向量 $\boldsymbol{v}$，通过吉布斯（Gibbs）采样轮流更新 $\boldsymbol{v}$ 和 $\boldsymbol{h}$。当达到热平衡状态时，采集 $\boldsymbol{v}$ 和 $\boldsymbol{h}$ 的值，记为 $\langle\cdot\rangle_{\text{model}}$。

采用梯度上升方法时，参数 $\boldsymbol{W}$、$\boldsymbol{a}$、$\boldsymbol{b}$ 可以用下面的公式更新：

$$w_{ij} \leftarrow w_{ij} + \alpha(\langle v_i h_j \rangle_{\text{data}} - \langle v_i h_j \rangle_{\text{model}}) \tag{5.12}$$

$$a_i \leftarrow a_i + \alpha(\langle v_i \rangle_{\text{data}} - \langle v_i \rangle_{\text{model}}) \tag{5.13}$$

$$b_j \leftarrow b_j + \alpha(\langle h_j \rangle_{\text{data}} - \langle h_j \rangle_{\text{model}}) \tag{5.14}$$

式中，α 为学习率，$\alpha > 0$。

根据受限玻尔兹曼机的条件独立性，可以对可观测变量和隐变量进行分组轮流采样，如图 5.4 所示。这样，受限玻尔兹曼机的采样效率会比一般的玻尔兹曼机有很大提高，但一般还是需要通过很多步采样才能采集到符合真实分布的样本。具体的采样过程会在下文介绍。

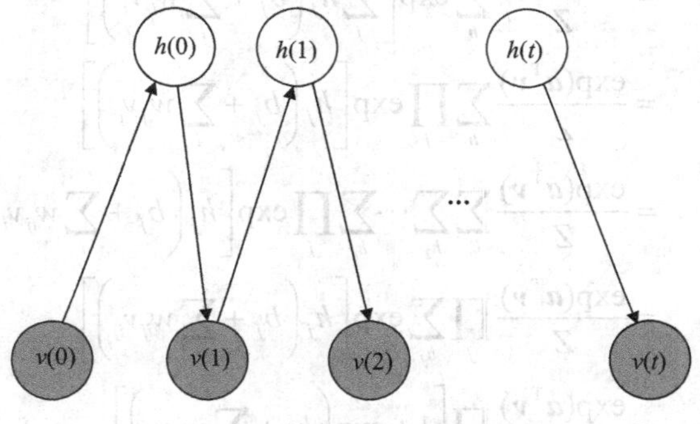

图 5.4 受限玻尔兹曼机采样图

5.2.3 受限玻尔兹曼机模型参数求解

从受限玻尔兹曼机的定义中可以知道，玻尔兹曼机的联合概率分布定义为 $p(\boldsymbol{h},\boldsymbol{v})$。在给定具体的概率分布之后，可以通过吉布斯采样来获取服从 $p(\boldsymbol{h},\boldsymbol{v})$ 分布的样本。

然而吉布斯采样需要计算每个变量 v_i 和 h_j 的全条件概率，受限玻尔兹曼机中同层的变量之间没有连接。从无向图的性质可知，在给定可观测变量时，隐变量之间互相条件独立。同样，在给定隐变量时，可观测变量之间也互相条件独立。因此有

$$p(v_i \mid v_{\setminus i}, \boldsymbol{h}) = p(v_i \mid \boldsymbol{h}) \tag{5.15}$$

$$p(h_i \mid \boldsymbol{v}, h_{\setminus j}) = p(h_j \mid \boldsymbol{v}) \tag{5.16}$$

式中，$v_{\setminus i}$ 为除变量 v_i 外其他可观测变量的取值；$h_{\setminus j}$ 为除变量 h_j 外其他隐变量的取值。

因此，v_i 的全条件概率只需要计算 $p(v_i \mid \boldsymbol{h})$，而 h_j 的全条件概率只需要计算 $p(h_j \mid \boldsymbol{v})$。

在受限玻尔兹曼机中，每个可观测变量和隐变量的条件概率为

$$p(v_i = 1 \mid \boldsymbol{h}) = \sigma\left(a_i + \sum_j w_{ij} h_j\right) \tag{5.17}$$

$$p(h_j = 1 \mid \boldsymbol{v}) = \sigma\left(b_j + \sum_i w_{ij} v_i\right) \tag{5.18}$$

式中，σ 为 Logistic 函数。

求解过程如下。

（1）先计算 $p(h_j=1|\boldsymbol{v})$。可观测向量 $\boldsymbol{v}$ 的边际概率为

$$\begin{aligned}
P(\boldsymbol{v}) &= \sum_{\boldsymbol{h}} P(\boldsymbol{v},\boldsymbol{h}) \\
&= \frac{1}{Z}\sum_{\boldsymbol{h}} \exp\left(-E(\boldsymbol{v},\boldsymbol{h})\right) \\
&= \frac{1}{Z}\sum_{\boldsymbol{h}} \exp\left(\boldsymbol{a}^{\mathrm{T}}\boldsymbol{v} + \sum_j b_j h_j + \sum_i \sum_j v_i w_{ij} h_j\right) \\
&= \frac{\exp(\boldsymbol{a}^{\mathrm{T}}\boldsymbol{v})}{Z}\sum_{\boldsymbol{h}} \exp\left[\sum_j h_j\left(b_j + \sum_i w_{ij} v_i\right)\right] \\
&= \frac{\exp(\boldsymbol{a}^{\mathrm{T}}\boldsymbol{v})}{Z}\sum_{\boldsymbol{h}} \prod_j \exp\left[h_j\left(b_j + \sum_i w_{ij} v_i\right)\right] \\
&= \frac{\exp(\boldsymbol{a}^{\mathrm{T}}\boldsymbol{v})}{Z}\sum_{h_1}\sum_{h_2}\cdots\sum_{h_n} \prod_j \exp\left[h_j\left(b_j + \sum_i w_{ij} v_i\right)\right] \\
&= \frac{\exp(\boldsymbol{a}^{\mathrm{T}}\boldsymbol{v})}{Z}\prod_j \sum_{h_j} \exp\left[h_j\left(b_j + \sum_i w_{ij} v_i\right)\right] \\
&= \frac{\exp(\boldsymbol{a}^{\mathrm{T}}\boldsymbol{v})}{Z}\prod_j \left[1 + \exp\left(b_j + \sum_i w_{ij} v_i\right)\right]
\end{aligned} \tag{5.19}$$

固定 $h_j=1$ 时，$p(h_j=1,\boldsymbol{v})$ 的边际概率为

$$\begin{aligned}
p(h_j=1,\boldsymbol{v}) &= \frac{1}{Z}\sum_{\boldsymbol{h},h_j=1} \exp\left(-E(\boldsymbol{v},\boldsymbol{h})\right) \\
&= \frac{\exp(\boldsymbol{a}^{\mathrm{T}}\boldsymbol{v})}{Z}\prod_{k,k\neq j}\left[1 + \exp\left(b_k + \sum_i w_{ik} v_i\right)\right]\exp\left(b_j + \sum_i w_{ij} v_i\right)
\end{aligned} \tag{5.20}$$

根据式（5.19）和式（5.20）可以计算隐变量 h_j 的条件概率为

$$\begin{aligned}
p(h_j=1|\boldsymbol{v}) &= \frac{p(h_i=1,\boldsymbol{v})}{p(\boldsymbol{v})} \\
&= \frac{\exp\left(b_j + \sum_i w_{ij} v_i\right)}{1 + \exp\left(b_j + \sum_i w_{ij} v_i\right)} \\
&= \sigma\left(b_j + \sum_i w_{ij} v_i\right)
\end{aligned} \tag{5.21}$$

（2）同理，可观测变量 v_i 的条件概率 $p(v_i=1|\boldsymbol{h})$ 为

$$p(v_i=1|\boldsymbol{h}) = \sigma\left(a_i + \sum_j w_{ij} h_j\right) \tag{5.22}$$

式（5.21）和式（5.22）也可以写为向量的形式，即

$$p(\boldsymbol{h}=1|\boldsymbol{v}) = \sigma(\boldsymbol{W}^{\mathrm{T}}\boldsymbol{v} + \boldsymbol{b}) \tag{5.23}$$

$$p(\boldsymbol{v}=1|\boldsymbol{h}) = \sigma(\boldsymbol{W}^{\mathrm{T}}\boldsymbol{h} + \boldsymbol{a}) \tag{5.24}$$

5.2.4　受限玻尔兹曼机模型训练算法

1. 吉布斯采样

在受限玻尔兹曼机的全条件概率中，可观测变量之间互相条件独立，隐变量之间也互相条件独立。因此，受限玻尔兹曼机可以并行地对所有的可观测变量（或所有的隐变量）同时进行采样，从而可以更快地达到热平衡状态。受限玻尔兹曼机的采样过程如下。

（1）给定或随机初始化一个可观测向量 $\boldsymbol{v}_0$，计算隐变量的概率，并从中采样一个隐向量 $\boldsymbol{h}_0$。

（2）基于 $\boldsymbol{h}_0$，计算可观测变量的概率，并从中采样一个可观测向量 $\boldsymbol{v}_1$。

（3）重复 t 次后，获得 $(\boldsymbol{v}_t, \boldsymbol{h}_t)$。

（4）当 $t \to \infty$ 时，$(\boldsymbol{v}_t, \boldsymbol{h}_t)$ 的采样服从 $p(\boldsymbol{v}, \boldsymbol{h})$ 分布。

吉布斯采样的示例代码如下。

```python
#定义吉布斯采样函数
def gibbs_sampling(rbm, num_samples, k = 10):
    visible_units = rbm.num_visible
    hidden_units = rbm.num_hidden
    #初始化可观测单元和隐藏单元
    visible_states = torch.bernoulli(torch.rand(num_samples,
                     visible_units))
    hidden_states = torch.zeros(num_samples, hidden_units)
    #进行 k 步吉布斯采样
    for _ in range(k):
        #根据可观测单元采样隐藏单元
        hidden_prob = rbm.hidden_probabilities(visible_states)
        hidden_states = torch.bernoulli(hidden_prob)
        #根据隐藏单元采样可观测单元
        visible_prob = rbm.visible_probabilities(hidden_states)
        visible_states = torch.bernoulli(visible_prob)
    return visible_states
```

2. 对比散度学习算法

由于受限玻尔兹曼机的特殊结构，因此可以使用一种比吉布斯采样更有效的学习算法——对比散度（CD）。对比散度算法仅需 k 步吉布斯采样。

为了提高效率，对比散度算法用一个训练样本作为可观测向量的初始值。然后交替对可观测向量和隐向量进行吉布斯采样，不需要等到收敛，只需要 k 步就足够了。这就是 CD-k 算法。通常，$k=1$ 就可以学得很好。单步对比散度算法如算法 5.1 所示。

算法 5.1　单步对比散度算法

输入：训练集 $\{\hat{v}^{(n)}\}_{n=1}^{N}$，学习率 α

初始化：$\boldsymbol{W} \leftarrow 0$，$\boldsymbol{a} \leftarrow 0$，$\boldsymbol{b} \leftarrow 0$

　　For $t = 1 \cdots T$ do

For $n=1\cdots N$ do

选取一个样本 $\hat{v}^{(n)}$，用式（5.21）计算 $p(\boldsymbol{h}=1|\hat{v}^{(n)})$，并根据这个分布采集一个隐向量 $\boldsymbol{h}$

计算正向梯度 $\hat{v}^{(n)}\boldsymbol{h}^{\mathrm{T}}$

根据 $\boldsymbol{h}$，用式（5.22）计算 $p(\boldsymbol{v}=1|\boldsymbol{h})$，并根据这个分布采集重构的可观测变量 $\boldsymbol{v}'$

根据 $\boldsymbol{v}'$，重新计算 $p(\boldsymbol{h}=1|\boldsymbol{v}')$ 并采样一个 $\boldsymbol{h}'$；计算方向梯度 $\boldsymbol{v}'\boldsymbol{h}'^{\mathrm{T}}$

//更新参数

$$\boldsymbol{W} \leftarrow \boldsymbol{W} + \alpha(\hat{\boldsymbol{v}}^{(n)}\boldsymbol{h}^{\mathrm{T}} - \boldsymbol{v}'\boldsymbol{h}'^{\mathrm{T}})$$

$$\boldsymbol{a} \leftarrow \boldsymbol{a} + \alpha(\hat{\boldsymbol{v}}^{(n)} - \boldsymbol{v}')$$

$$\boldsymbol{b} \leftarrow \boldsymbol{b} + \alpha(\boldsymbol{h} - \boldsymbol{h}')$$

End

End

输出：$\boldsymbol{W}$，$\boldsymbol{a}$，$\boldsymbol{b}$

5.2.5 受限玻尔兹曼机模型评估

在评估一个模型之前首先需要知道评估的具体指标，下面首先介绍受限玻尔兹曼机模型最终的一个指标，然后通过这个指标评价模型的优劣。

1. 对数似然函数

给定训练样本后，训练一个受限玻尔兹曼机意味着调整参数 θ，以拟合给定的训练样本。也就是说，要使在该参数下由受限玻尔兹曼机表示的概率分布尽可能地与训练数据相符合。下面从数学意义上来进行描述。

假定训练样本集合为

$$S=\{\boldsymbol{v}^1,\boldsymbol{v}^2,\cdots,\boldsymbol{v}^{n_s}\} \tag{5.25}$$

式中，n_s 为训练样本的数目；$\boldsymbol{v}^i=(v_1^i,v_2^i,\cdots,v_{n_v}^i)^{\mathrm{T}}(i=1,2,\cdots,n_s)$，它们是独立同分布的（independent and identically distributed，IID）的。

训练受限玻尔兹曼机的目标就是最大化如下似然函数：

$$\mathcal{L}_{\theta,S}=\prod_{i=1}^{n_s}P(\boldsymbol{v}^i) \tag{5.26}$$

式（5.26）中的连乘式 $\prod_{i=1}^{n_s}P(\boldsymbol{v}^i)$ 处理起来比较麻烦。由函数 $\ln x$ 的严格单调性可知，最大化 $\mathcal{L}_{\theta,S}$ 与最大化 $\ln\mathcal{L}_{\theta,S}$ 是等价的，因此训练受限玻尔兹曼机的目标就变成了最大化

$$\ln\mathcal{L}_{\theta,S}=\ln\prod_{i=1}^{n_s}P(\boldsymbol{v}^i)=\sum_{i=1}^{n_s}\ln P(\boldsymbol{v}^i) \tag{5.27}$$

为了简洁和便于书写，下文省略下角标 θ，将 $\mathcal{L}_{\theta,S}$ 简记为 $\mathcal{L}_S$。

对于一个已经学习得到或者正在学习中的受限玻尔兹曼机，应通过何种指标来评价其优劣呢？显然，最简单的指标是该受限玻尔兹曼机对训练数据的似然度，即由式（5.26）定义的 $\mathcal{L}_S$ 等价于由最大化取对数定义的 $\ln\mathcal{L}_S$，但其中均涉及归一化因子

Z，计算复杂度相当高。因此，只能采用近似方法来进行评估。

常用的近似方法是重构误差（reconstruction error）。所谓重构误差，就是以训练严格样本作为初始状态，经过受限玻尔兹曼机的分布进行一次吉布斯转移后与原数据的差异量。重构误差能够在一定程度上反映受限玻尔兹曼机对训练样本的似然度，不过并不完全可靠。但总的来说，其计算相当简单，因此在实践中非常有用。

下面是一个计算受限玻尔兹曼机重构误差的示例代码，假设使用均方误差（mean squared error，MSE）作为损失函数。

```
#计算 RBM 的重构误差
def reconstruction_error(rbm, input_data):
    #通过 RBM 模型进行重建
    hidden_prob = rbm.hidden_probabilities(input_data)
    reconstructed_visible_prob = rbm.visible_probabilities(hidden_prob)
    #计算重构误差
    reconstruction_loss = F.mse_loss(reconstructed_visible_prob,
                                     input_data)
    return reconstruction_loss.item()
#计算重构误差
reconstruction_loss = reconstruction_error(rbm, input_data)
print("Reconstruction loss:", reconstruction_loss)
```

2. 退火重要性抽样

退火重要性抽样（annealed importance sampling，AIS）通过引入一个更简单的辅助分布，近似计算出归一化因子，从而直接算出受限玻尔兹曼机训练数据的近似度。

AIS 是一种蒙特卡洛算法，用于估计概率分布的归一化常数（或配分函数）。在受限玻尔兹曼机中，配分函数是一个求和或积分函数，表示所有可能的可见单元和隐藏单元状态的概率之和或积分。由于配分函数通常是难以计算的，因此需要使用一些估计方法来近似计算。

具体来说，AIS 通常包括以下几个步骤。

（1）定义一系列辅助分布：从一个简单的分布（如均匀分布）开始，逐渐转移到目标分布。这些辅助分布形成了一个渐进路径，称为“退火路径”。

（2）重要性采样：对于每个辅助分布，使用重要性采样从当前分布中抽样。

（3）马尔可夫链转移：对于每个抽样，通过一系列马尔可夫链转移（如吉布斯采样）来改进抽样的质量。在受限玻尔兹曼机中，这可能涉及从当前状态开始，通过多个吉布斯采样步骤转移到新的状态。

（4）计算重要性权重：对于每个抽样，计算其在当前分布和目标分布之间的重要性权重，以纠正抽样的偏差。

（5）加权平均：将所有抽样进行加权平均，得到目标分布的估计。

通过这种方式，AIS 可以提供一个更准确的估计，尤其适用于受限玻尔兹曼机等模型的训练。

5.3 深度信念网络

DBN 在 MNIST 数据集上的表现超过内核化支持向量机，以此来证明深度架构是能够成功的。尽管现在与其他无监督或生成学习算法相比，DBN 大多已经不再被青睐并很少使用，但它在深度学习历史中的重要作用仍应该得到承认。

5.3.1 深层置信网络的定义

DBN 又叫深层置信网络，它是具有若干隐藏层的生成模型。隐变量通常是二值的，而可见单元可以是二值或实数。尽管构造连接比较稀疏的 DBN 是可能的，但在一般的模型中，每层的每个单元会连接到每个相邻层中的每个单元（没有层内连接）。顶部两层之间的连接是无向的，其他层之间的连接是有向的，箭头指向最接近数据的层。模型可参考图 5.5 所示的 DBN 结构图。

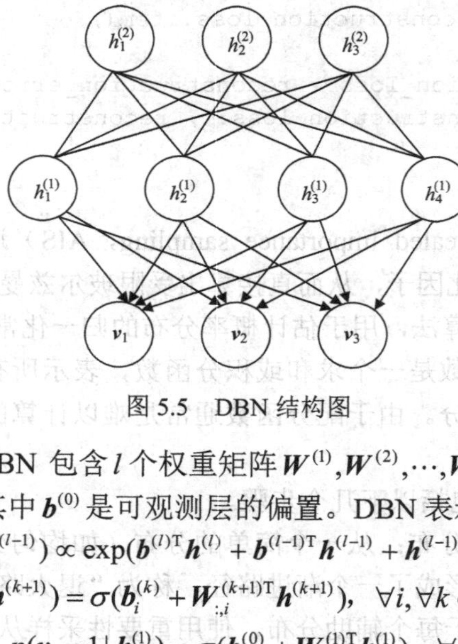

图 5.5 DBN 结构图

具有 l 个隐藏层的 DBN 包含 l 个权重矩阵 $\boldsymbol{W}^{(1)},\boldsymbol{W}^{(2)},\cdots,\boldsymbol{W}^{(l)}$。同时也包含 $l+1$ 个偏置向量 $\boldsymbol{b}^{(0)},\boldsymbol{b}^{(1)},\cdots,\boldsymbol{b}^{(l)}$，其中 $\boldsymbol{b}^{(0)}$ 是可观测层的偏置。DBN 表示的概率分布如下：

$$p(\boldsymbol{h}^{(l)},\boldsymbol{h}^{(l-1)}) \propto \exp(\boldsymbol{b}^{(l)\mathrm{T}}\boldsymbol{h}^{(l)} + \boldsymbol{b}^{(l-1)\mathrm{T}}\boldsymbol{h}^{(l-1)} + \boldsymbol{h}^{(l-1)\mathrm{T}}\boldsymbol{W}^{(l)}\boldsymbol{h}^{(l)}) \tag{5.28}$$

$$p(h_i^{(k)}=1\,|\,\boldsymbol{h}^{(k+1)}) = \sigma(b_i^{(k)} + \boldsymbol{W}_{:,i}^{(k+1)\mathrm{T}}\boldsymbol{h}^{(k+1)}),\ \ \forall i, \forall k \in 1,2,\cdots,l-2 \tag{5.29}$$

$$p(v_i=1\,|\,\boldsymbol{h}^{(1)}) = \sigma(b_i^{(0)} + \boldsymbol{W}_{:,i}^{(1)\mathrm{T}}\boldsymbol{h}^{(1)}),\ \ \forall i \tag{5.30}$$

在实值可见单元的情况下，替换

$$\boldsymbol{v} \sim N(\boldsymbol{v};\boldsymbol{b}^{(0)} + \boldsymbol{W}^{(1)\mathrm{T}}\boldsymbol{h}^{(1)},\boldsymbol{\beta}^{-1}) \tag{5.31}$$

为便于处理，$\boldsymbol{\beta}$ 为对角矩阵。至少在理论上推广到其他指数族的可见单元是直观的。只有一个隐藏层的 DBN 只是一个受限玻尔兹曼机。

1. BP 神经网络

BP 神经网络由美国认知心理学家大卫·鲁梅尔哈特（David Rumelhart）和斯坦福大学心理学教授詹姆斯·麦克莱兰（James McClelland）为首的科学家提出的概念，是一种按照误差反向传播算法进行训练的多层前馈神经网络，是目前应用比较广泛的一种神经网络结构。BP 神经网络由输入层、隐藏层和输出层 3 部分构成，无论隐藏层是一层还是多层，只要是按照误差反向传播算法构建起来的网络（不需要进行预训练，随机初始化后直接进行反向传播），都称为 BP 神经网络。BP 神经网络在单层隐藏层的时候效率较高，当堆积到多层隐藏层的时候，反向传播的效率就会大大降低。因此 BP 神经网络在浅层神经网络中应用较广，但因为其隐藏层的数量较少，所以映射能力也十分有限。因此，浅层结构的 BP 神经网络多用于解决一些比较简单的映射建模问题。

在深层神经网络中，如果仍采用 BP 的思想，就得到了 BP 深层网络结构，即 BP-DNN 结构。由于隐藏层数较多（通常在两层以上），ΔW 和 Δb 自顶而下逐层衰减，等传播到最底层的隐藏层时，ΔW、Δb 就几乎为零了。如此训练，效率太低了，需要进行很长时间的训练才行，并且容易产生局部最优问题，因此便有了一些对 BP-DNN 进行改进的方法。例如，采用 ReLU 函数来代替传统的 Sigmoid 函数，可以有效提高训练的速度。此外，除了随机梯度下降的反向传播算法，还可以采用一些其他的高效的优化算法，如小批量梯度下降法（MBGD）、冲量梯度下降法（momentum gradient descent method）等，也有利于改善训练的效率问题。直到 2006 年，杰弗里・辛顿提出了逐层贪婪预训练受限玻尔兹曼机的方法，大大提高了训练的效率，并且很好地改善了局部最优问题，由此开启了深度神经网络发展的新时代。辛顿将这种基于玻尔兹曼机预训练的结构称为深度置信网络结构，用深度置信网络构建而成的 DNN 结构，即 DBN-DNN。

2. DBN-DNN

如图 5.6 所示，以 3 层隐藏层结构的 DBN-DNN 为例，网络由 3 个受限玻尔兹曼机单元堆叠而成，其中受限玻尔兹曼机一共有两层，上层为隐藏层，下层为可观测层。堆叠成 DNN 时，前一个受限玻尔兹曼机的输出层（隐藏层）作为下一个受限玻尔兹曼机单元的输入层（可观测层），依次堆叠，便构成了基本的 DBN 结构，最后再添加一层输出层，就是最终的 DBN-DNN 结构。

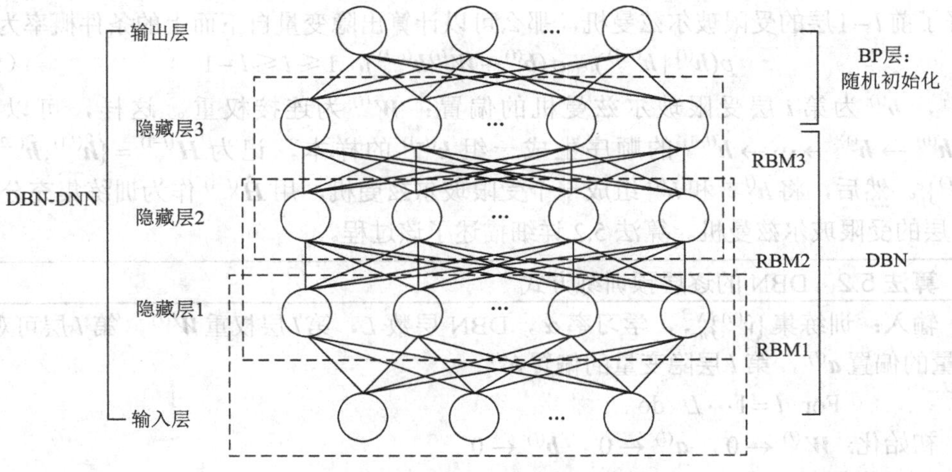

图 5.6　DBN-DNN 结构图

5.3.2 模型训练方法

由于 DBN 的每一层就是一个受限玻尔兹曼机，因此隐变量的后验概率是互相独立的，从而可以很容易地进行采样。这样，DBN 可以看作由多个受限玻尔兹曼机从下到上的堆叠。第 l 层受限玻尔兹曼机的隐藏层作为第 $l+1$ 层受限玻尔兹曼机的可观测层。进一步地，DBN 可以采用逐层训练的方式来快速训练，即从最底层开始，每次只训练一层，直到最后一层。

DBN 的训练过程可以分为逐层预训练和精调两个阶段。

1. 逐层预训练

在 DBN 的训练过程中先通过逐层预训练将模型的参数初始化为较优的值，再通过传统学习方法对参数进行精调，如图 5.7 所示。

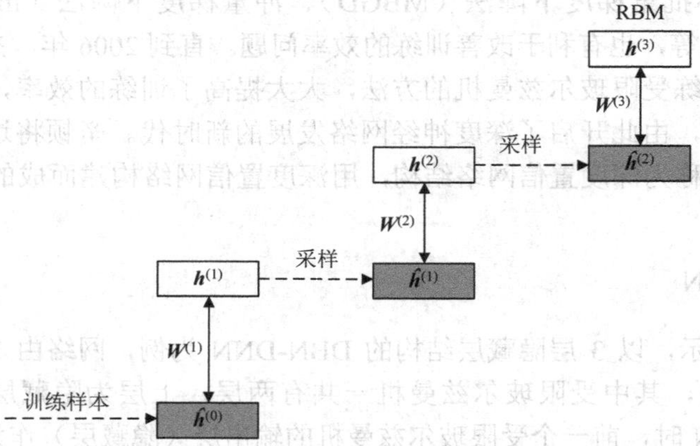

图 5.7 DBN 的逐层预训练过程

具体的逐层训练过程为自下而上依次训练每一层的受限玻尔兹曼机。假设已经训练好了前 $l-1$ 层的受限玻尔兹曼机，那么可以计算出隐变量自下而上的条件概率为

$$p(\boldsymbol{h}^{(i)} \mid \boldsymbol{h}^{(i-1)}) = \sigma(\boldsymbol{b}^{(i)} + \boldsymbol{W}^{(i)}\boldsymbol{h}^{(i-1)}),\ 1 \leqslant i \leqslant l-1 \tag{5.32}$$

式中，$\boldsymbol{b}^{(i)}$ 为第 i 层受限玻尔兹曼机的偏置；$\boldsymbol{W}^{(i)}$ 为连接权重。这样，可以按照 $\boldsymbol{v} = \boldsymbol{h}^{(0)} \rightarrow \boldsymbol{h}^{(1)} \rightarrow \cdots \rightarrow \boldsymbol{h}^{(l-1)}$ 的顺序生成一组 $\boldsymbol{h}^{(l-1)}$ 的样本，记为 $\hat{\boldsymbol{H}}^{(l-1)} = \{\hat{\boldsymbol{h}}^{(l,1)}, \hat{\boldsymbol{h}}^{(l,2)}, \cdots, \hat{\boldsymbol{h}}^{(l,M)}\}$。然后，将 $\boldsymbol{h}^{(l-1)}$ 和 $\boldsymbol{h}^{(l)}$ 组成一个受限玻尔兹曼机，用 $\hat{\boldsymbol{H}}^{(l-1)}$ 作为训练集充分训练第 l 层的受限玻尔兹曼机。算法 5.2 详细描述了该过程。

算法 5.2　DBN 的逐层预训练方式

输入：训练集 $\{\hat{v}^{(n)}\}_{n=1}^{N}$，学习率 α，DBN 层数 L，第 l 层权重 $\boldsymbol{W}^{(l)}$，第 l 层可观测变量的偏置 $\boldsymbol{a}^{(l)}$，第 l 层隐变量的偏置 $\boldsymbol{b}^{(l)}$；

　　For $l = 1 \cdots L$ do

初始化：$\boldsymbol{W}^{(l)} \leftarrow 0$，$\boldsymbol{a}^{(l)} \leftarrow 0$，$\boldsymbol{b}^{(l)} \leftarrow 0$

从训练集中采样 $\hat{\boldsymbol{h}}^{(0)}$

　　　　For $i = 1 \cdots l-1$ do

根据分布 $p(\boldsymbol{h}^{(i)} \mid \hat{\boldsymbol{h}}^{(l-1)})$ 采样 $\hat{\boldsymbol{h}}^{(i)}$

End

将 $\hat{\boldsymbol{h}}^{(i-1)}$ 作为训练样本，充分训练第 l 层受限玻尔兹曼机，得到参数 $\boldsymbol{W}^{(l)}, \boldsymbol{a}^{(l)}, \boldsymbol{b}^{(l)}$

End

输出：$\{\boldsymbol{W}^{(l)}, \boldsymbol{a}^{(l)}, \boldsymbol{b}^{(l)}\}$， $1 \leqslant l \leqslant L$

2. 精调

经过预训练之后，再结合具体的任务（监督学习或无监督学习），通过传统的全局学习算法对网络进行精调（fine-tuning），使模型收敛到更好的局部最优点。

1）作为生成模型的精调

除了顶层的受限玻尔兹曼机，其他层之间的权重可以被分成向下的生成权重（generative weight）$\boldsymbol{W}$ 和向上的认知权重（recognition weight）$\boldsymbol{W}'$。生成权重用来定义原始的生成模型，而认知权重用来计算反向（上行）的条件概率。认知权重的初始值 $\boldsymbol{W}'^{(l)} = \boldsymbol{W}^{(l)\mathrm{T}}$。

DBN 一般采用对比唤醒睡眠（contrastive wake-sleep）算法进行精调，其算法过程如下。

（1）wake 阶段。

① 认知过程，通过外界输入（可观测变量）和向上的认知权重，计算每一层变量的上行条件概率 $p(\boldsymbol{h}^{(l+1)} \mid \boldsymbol{h}^{(l)})$ 并采样。

② 修改下行的生成权重使每一层变量的下行条件概率 $p(\boldsymbol{h}^{(l)} \mid \boldsymbol{h}^{(l+1)})$ 最大，也就是“如果现实跟我想象的不一样，改变我的生成权重使我想象的东西就是这样”。

（2）sleep 阶段。

① 生成过程，运行顶层的受限玻尔兹曼机并在达到热平衡时采样，然后通过向下的生成权重逐层计算每一层变量的下行条件概率 $p(\boldsymbol{h}^{(l)} \mid \boldsymbol{h}^{(l+1)})$ 并采样。

② 修改向上的认知权重使上一层变量的上行条件概率 $p(\boldsymbol{h}^{(l+1)} \mid \boldsymbol{h}^{(l)})$ 最大，也就是“如果梦中的景象不是我脑中的相应概念，改变我的认知权重使这种景象在我看来就是这个概念”。

（3）交替进行唤醒和睡眠过程，直到收敛。

2）作为判别模型的精调

DBN 的一个应用是作为深度神经网络的预训练模型，提供神经网络的初始权重，这时只需要向上的认知权重，作为判别模型使用。图 5.8 给出 DBN 作为神经网络预训练模型的示例。

具体的精调过程：在 DBN 的顶层再增加一层输出层，然后使用反向传播算法对这些权重进行调优，特别是在训练数据比较少时，预训练的作用非常大。因为不恰当的初始化权重会显著影响最终模型的性能，而预训练获得的权重在权值空间中比随机权重更接近最优权重，避免了反向传播算法因随机初始化权值参数而容易陷入局部最优和训练时间过长的情况。这不仅提升了模型的性能，也加快了调优阶段的收敛速度。

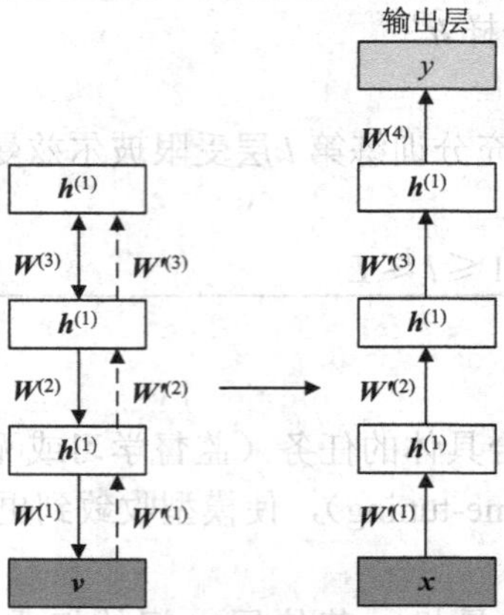

图 5.8 DBN 作为神经网络预训练模型

DBN 使用 Python 和 TensorFlow 的示例代码如下。

```
#定义深度信念网络的类
class DeepBeliefNetwork:
    def __init__(self, layers):
        self.layers = layers
        self.weights = []
        self.biases = []
        #初始化权重和偏置
        for i in range(len(layers)-1):
            w = tf.Variable(tf.random.normal([layers[i], layers[i+1]]))
            b = tf.Variable(tf.zeros([layers[i+1]]))
            self.weights.append(w)
            self.biases.append(b)
    def train(self, data, learning_rate = 0.1, epochs = 10):
```

5.4 应 用 分 析

5.4.1 特征学习中的应用

DBN 在特征学习中具有重要的应用，通过逐层的特征整体提取和表示，网络可以自动地学习数据的高阶特征，提高模式识别和分类任务的性能。例如，在图像处理中，DBN 可以学习边缘、纹理等更加抽象的特征。下面简单介绍 DBN 在图像处理中的多种应用，然后挑选其中两个典型应用给出代码提供参考。

（1）特征提取与表示学习：DBN 可以用于图像特征的提取与表示学习。通过无监督学习，DBN 可以从原始图像数据中学习到多层次的抽象特征表示，这些特征表示能够捕捉图像的结构、纹理和形状等重要信息，为后续的图像分类、检测、分割等任务提供更好的输入特征。

（2）图像生成：DBN 作为一种生成模型，可用于生成图像数据。通过学习图像数据的概率分布，DBN 可以生成与原始图像数据相似的新图像样本，这在图像增强、数据增强以及生成式对抗网络等领域有着广泛的应用。

（3）图像去噪和恢复：DBN 可以用于图像去噪和恢复任务。通过学习图像的高层表示，DBN 可以帮助去除图像中的噪声，并尽可能地恢复图像中丢失的信息，如模糊、损坏或缺失的像素。

（4）图像压缩：DBN 可以用于图像压缩任务。通过学习图像的分层表示，DBN 可以提取图像中的重要特征，并且可以通过量化和编码技术将这些特征表示编码成更紧凑的形式，从而实现图像压缩。

（5）图像分类和识别：DBN 学习到的特征表示可用于图像分类和识别任务。通过在 DBN 的顶层添加一个 Softmax 分类器，可以将学习到的特征表示用于图像分类任务，如识别图像中的对象、场景或进行人脸识别等。

综上所述，DBN 在图像处理领域有着广泛的应用，下面列出 DBN 在实际应用中表现好的代码示例。

示例 5.1　特征提取的示例。

以下是一个使用 DBN 进行特征提取的示例代码。在这个示例中，使用 Python 和 PyTorch 库来实现一个简单的 DBN，并使用 MNIST 数据集进行演示。具体代码如下。

```
class DBN(nn.Module):
    def __init__(self, input_dim, hidden_dims):
        super(DBN, self).__init__()
        self.rbms = nn.ModuleList()
        for i in range(len(hidden_dims) - 1):
            rbm = RBM(hidden_dims[i], hidden_dims[i + 1])
            self.rbms.append(rbm)
    def forward(self, x):
        for rbm in self.rbms:
            x = rbm(x)
        return x
#定义受限玻尔兹曼机
class RBM(nn.Module):
    def __init__(self, visible_dim, hidden_dim):
        super(RBM, self).__init__()
        self.W = nn.Parameter(torch.randn(visible_dim, hidden_dim))
        self.v_bias = nn.Parameter(torch.randn(visible_dim))
        self.h_bias = nn.Parameter(torch.randn(hidden_dim))
    def forward(self, v):
        h_prob = torch.Sigmoid(F.linear(v, self.W.t(), self.h_bias))
        h = torch.bernoulli(h_prob)
        v_prob = torch.Sigmoid(F.linear(h, self.W, self.v_bias))
        return v_prob
#加载 MNIST 数据集
transform = transforms.Compose([transforms.ToTensor(), transforms.
            Normalize((0.5,), (0.5,))])
train_dataset = datasets.MNIST(root='./data', train = True, transform
            = transform, download = True)
train_loader = DataLoader(train_dataset, batch_size = 64, shuffle =
            True)
```

```
#定义 DBN 模型
input_dim = 784  #MNIST 图像大小为 28x28
hidden_dims = [500, 200, 100]  #设置 DBN 的隐藏层结构
dbn = DBN(input_dim, hidden_dims)
#训练 DBN 模型
criterion = nn.BCELoss()
optimizer = torch.optim.Adam(dbn.parameters(), lr = 0.001)
num_epochs = 10
for epoch in range(num_epochs):
    for data, _ in train_loader:
        data = data.view(-1, input_dim)
        optimizer.zero_grad()
        reconstructions = dbn(data)
        loss = criterion(reconstructions, data)
        loss.backward()
        optimizer.step()
    print(f'Epoch [{epoch+1}/{num_epochs}], Loss: {loss.item():.4f}')
#使用 DBN 模型进行特征提取
dbn.eval()
features = []
with torch.no_grad():
    for data, _ in train_loader:
        data = data.view(-1, input_dim)
        feature = dbn(data)
        features.append(feature)
features = torch.cat(features, dim = 0)
print("提取的特征维度：", features.shape)
```

这段代码首先定义了一个简单的 DBN，其中包含多个受限玻尔兹曼机。然后，使用 MNIST 数据集训练这个 DBN 模型，并使用训练好的 DBN 模型提取 MNIST 数据集中的图像特征。

用户可以根据需要修改代码中的模型结构、超参数和数据集等部分，以适应不同的任务和数据集。

5.4.2 数据生成中的应用

DBN 可用于生成模型或生成与观测数据类似的新样本。通过学习数据的分布和联合概率分布，网络可以生成多样性和具有创造力的新数据。这在图像、声音、文本生成等领域具有广泛的应用前景。

但在实际中，DBN 在数据生成中的应用相对较少，主要是因为在数据生成方面，其他模型（如生成对抗网络和变分自编码器）通常更为流行和有效。然而，DBN 仍然可以用作生成模型，尤其是在一些特定的情况下。

以下是一些 DBN 在数据生成中的应用。

（1）图像生成：尽管在图像生成方面，生成式对抗网络等模型更为常见，但 DBN 仍然可以用于生成图像数据。通过学习数据的分布，DBN 可以生成与原始数据相似的新图像样本，尽管其生成效果可能不如生成式对抗网络那样出色。

（2）特征生成：DBN 可用于生成数据的特征表示。通过训练 DBN 学习数据的特

征表示，可以生成具有相似特征的新数据样本，这在一些特征学习和数据增强的任务中可能会有所帮助。

（3）数据合成：DBN 可用于合成数据样本，特别是在数据量不足的情况下。通过学习数据的分布，DBN 可以生成新的合成数据样本，以扩充现有的数据集，从而提高模型的泛化能力。

尽管 DBN 在数据生成方面的应用相对较少，但在一些特定的情况下，DBN 仍然可以生成与原始图像数据相似的新图像样本，仍然可以考虑将其用作生成模型。然而，需要注意的是，DBN 的训练过程可能比较缓慢，并且生成效果可能不像其他更先进的生成模型那样理想。以下提供一个 DBN 在图像生成中的代码示例。

示例 5.2 图像生成的示例。

DBN 在图像生成方面用作生成模型，具体代码如下。

```
class DBN(nn.Module):
    def __init__(self, input_size, hidden_sizes):
        super(DBN, self).__init__()
        self.rbm_layers = nn.ModuleList()
        input_size_new = input_size
        for hidden_size in hidden_sizes:
            rbm_layer = RBM(input_size_new, hidden_size)
            self.rbm_layers.append(rbm_layer)
            input_size_new = hidden_size
    def forward(self, x):
        batch_size = x.size(0)
        out = x.view(batch_size, -1)
        for rbm_layer in self.rbm_layers:
            out = rbm_layer(out)
        return out
    def generate(self, num_samples):
        samples = torch.randn(num_samples, self.rbm_layers[-1].
                    num_hidden)
        for rbm_layer in reversed(self.rbm_layers):
            samples = rbm_layer.reverse(samples)
        return samples
#生成并显示图像
def generate_images(model, num_samples):
    generated_samples = model.generate(num_samples).view(num_
                        samples, 1, 28, 28)
    for i in range(num_samples):
        plt.subplot(1, num_samples, i+1)
        plt.imshow(generated_samples[i].squeeze().detach().
                   numpy(), cmap='gray')
        plt.axis('off')
    plt.show()
#创建 DBN 模型并加载预训练参数
input_size = 28 * 28
hidden_sizes = [500, 200, 50]
model = DBN(input_size, hidden_sizes)
model.load_state_dict(torch.load('dbn_model.pth'))
```

```
#生成图像
num_samples = 5
generate_images(model, num_samples)
```

这段代码首先训练了一个 DBN 模型并保存为 dbn_model.pth 文件。然后，使用该模型生成一些新的图像样本，并显示出来。这些生成的图像样本与原始训练数据相似，但可能会有一定的噪声和变化。

本 章 小 结

玻尔兹曼机是霍普菲尔德神经网络的随机化版本，最早由杰弗里·辛顿等提出。玻尔兹曼机能够学习数据的内部表示，并且其参数学习的方式和赫布型学习十分类似。没有任何约束的玻尔兹曼机过于复杂，难以应用在实际问题上，通过引入一定的约束（即变为二分图），受限玻尔兹曼机在特征抽取、协同过滤、分类等多个任务上得到了广泛的应用。对比散度算法的使用使受限玻尔兹曼机的训练非常高效。受限玻尔兹曼机一度变得非常流行，因为其作为 DBN 的一部分，显著提高了语音识别的精度，并开启了深度学习的浪潮。

深度神经网络的误差反向传播算法存在梯度消失问题，因此在 2006 年以前，研究者还无法有效地训练深度神经网络。直到 DBN 被提出，这个问题才得到解决。DBN 的一个重要贡献是可以为一个深度神经网络提供较好的初始参数，从而使训练深度神经网络变得可行。DBN 也成为早期深度学习算法的主要框架之一。

尽管 DBN 作为一种深度学习模型已经很少使用，但其在深度学习发展进程中的贡献巨大，并且其理论基础为概率图模型，具有非常好的解释性，依然是一种值得深入研究的模型。

思考题或自测题

1. 受限玻尔兹曼机的核心点是什么？
2. 玻尔兹曼机的概念是什么？
3. 玻尔兹曼机与受限玻尔兹曼的本质区别是什么？
4. 计算“高斯-伯努利”受限玻尔兹曼机和“伯努利-高斯”受限玻尔兹曼机的条件概率 $p_1(\boldsymbol{v}=1|\boldsymbol{h})$ 和 $p_2(\boldsymbol{h}=1|\boldsymbol{v})$。
5. 在 DBN 中，试分析逐层训练背后的理论依据。
6. 分析 DBN 和深度玻尔兹曼机之间的异同点。
7. 受限玻尔兹曼机模型评估的常用方法有哪些？

第 6 章　生成对抗网络

本章介绍生成对抗网络（generative adversarial networks，GAN）。与自动编码器网络类似，GAN 由一个生成器网络和一个鉴别器网络组成。但是，GAN 的机制与自动编码网络完全不同，它代表一个无监督学习问题，在学习过程中两个网络相互竞争，同时也相互合作。更重要的是，生成器和鉴别器之间不能相互压倒对方。GAN 的核心思想是基于训练数据生成新的样本。GAN 因其结果表现突出引起了很多人的关注。

6.1　概率生成模型

本节探讨用于建模和生成数据分布的一系列重要方法。首先介绍概率生成模型的定义及其在描述数据分布方面的作用。其次，深入研究几种主流的生成模型。通过深入了解这些概率生成模型的原理和应用，可以更好地理解和处理实际中的数据，并为各领域的问题提供有效的解决方案。其中，概率图模型通过结构图来表示变量之间的依赖关系，并利用概率分布来描述这些关系。

6.1.1　概率生成模型定义

在开始介绍生成对抗网络之前，先看一下什么是概率生成模型。在概率统计理论中，概率生成模型是指能够在给定某些隐含参数的条件下，随机生成的观测数据的模型，它给观测值和标注数据序列指定一个联合概率分布。在机器学习中，生成模型可以用来直接对数据建模，如根据某个变量的概率密度函数进行数据采样，也可以用来建立变量之间的条件概率分布，条件概率分布可以由生成模型根据贝叶斯定理形成。

图 6.1 所示为生成模型概念示意图，对于输入的随机样本能够产生人们所期望的数据分布的生成数据。例如，一个生成模型可以通过视频的某一帧预测出下一帧的输出。又如，使用搜索引擎时，在输入的同时，搜索引擎已经在推断可能要搜索的内容了。可以发现，生成模型的特点在于学习训练数据，并根据训练数据的特点产生特定分布的输出数据。

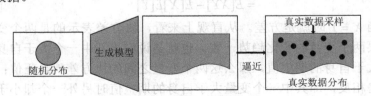

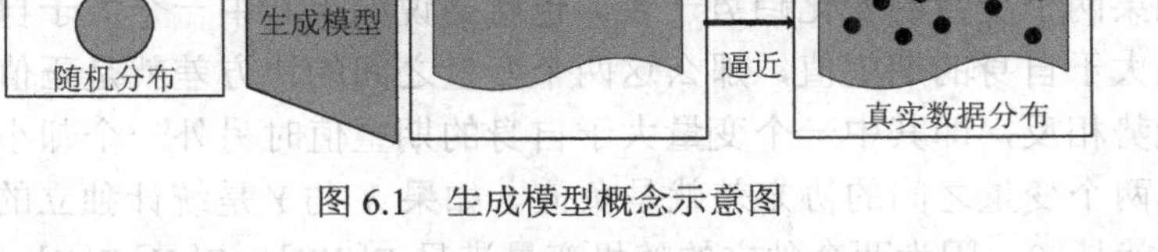

图 6.1　生成模型概念示意图

生成模型可以分为两种类型：第一种类型的生成模型可以完全表示出数据确切的分布函数；第二种类型的生成模型只能做到新数据的生成，而数据分布函数则是模糊的。本章讨论的生成对抗网络属于第二种类型，第二种类型生成新数据的功能也通常是大部分生成模型的主要核心目标。

生成模型的主要功能就是产生那些不真实的数据，虽然说生成的数据是“假”数据，但这些“假”数据在科学界和工业界确实可以起到各种各样的作用。

首先，生成模型具备表现和处理高维度概率分布的能力，而这种能力可以有效运用在数学或工程领域。其次，生成模型尤其是生成对抗网络可以与强化学习领域相结合，形成更多有趣的研究。此外，生成模型还可以通过提供生成数据来优化半监督式学习。目前，生成模型已经在业内有了非常多的应用。例如，将生成模型用于超高分辨率成像，可以将低分辨率的照片还原成高分辨率的照片。这项应用非常有用，对于大量不清晰的老照片，可以采用这项技术加以还原；对于各类低分辨率的摄像头，也可以在不更换硬件的情况下提升其成像能力。使用生成模型进行艺术创作也是非常流行的应用方式，可以通过用户交互的方式，输入简单的内容从而产生艺术作品的创作。此外，还有图像到图像的转换、文字到图像的转换等。这些内容都非常有趣，不仅可以应用于工业与学术领域，还可以应用于消费级市场。关于更多应用方面的详细介绍会在本书的后半部分展开。

6.1.2 协方差矩阵共享

1. 多元高斯分布

多元高斯分布描述的是 n 维随机变量的分布情况，写作 $\mathcal{N}(\boldsymbol{\mu},\boldsymbol{\Sigma})$。其中，$\boldsymbol{\Sigma}$ 是一个半正定的协方差矩阵，$\boldsymbol{\mu}$ 是高斯分布的均值。下面给出多元高斯分布的概率密度函数：

$$p(\boldsymbol{x};\boldsymbol{\mu},\boldsymbol{\Sigma})=\frac{1}{(2\pi)^{\frac{n}{2}}|\boldsymbol{\Sigma}|^{\frac{1}{2}}}\exp\left(-\frac{1}{2}(\boldsymbol{x}-\boldsymbol{\mu})^{\mathrm{T}}\boldsymbol{\Sigma}^{-1}(\boldsymbol{x}-\boldsymbol{\mu})\right) \tag{6.1}$$

2. 协方差

在概率论和统计学中，协方差用于衡量两个变量的总体误差，方差是协方差的一种特殊情况（当两个变量相同时）。期望值分别为 $E[X]$ 与 $E[Y]$ 的两个实随机变量 X 与 Y 之间的协方差 $\mathrm{Cov}(X,Y)$ 定义为

$$\begin{aligned}\mathrm{Cov}(X,Y)&=E\big[(X-E[X])(Y-E[Y])\big]\\&=E[XY]-2E[Y]E[X]+E[X]E[Y]\\&=E[XY]-E[X]E[Y]\end{aligned} \tag{6.2}$$

显然，当 $X=Y$ 时就是方差。从直观上来看，协方差表示的是两个变量总体误差的期望。如果两个变量的变化趋势一致，也就是说如果其中一个大于自身的期望值时另外一个也大于自身的期望值，那么这两个变量之间的协方差就是正值；如果两个变量的变化趋势相反，即其中一个变量大于自身的期望值时另外一个却小于自身的期望值，那么这两个变量之间的协方差就是负值。如果 X 与 Y 是统计独立的，那么两者之间的协方差就是 0，因为两个独立的随机变量满足 $E[XY]=E[X]E[Y]$，因此称协方差为 0 的两个随机变量是不相关的。但是，反过来并不成立，即如果 X 与 Y 的协方差为 0，两者并不一定是统计独立的。关于协方差还有以下定义。

（1）设 X 和 Y 是随机变量，若 $E[X^k]$（$k=1,2,\cdots$）存在，则称其为 X 的 k 阶原点矩，简称 k 阶矩。

（2）若 $E[(X-E[X])^k]$（$k=1,2,\cdots$）存在，则称其为 X 的 k 阶中心矩。

（3）若 $E[(X^k)(Y^p)]$（k、$p=1,2,\cdots$）存在，则称其为 X 和 Y 的 $k+p$ 阶混合原点矩。

（4）若 $E[(X-E[X])^k(Y-E[Y])^l]$（$k,l=1,2,\cdots$）存在，则称其为 X 和 Y 的 $k+l$ 阶混合中心矩。

显然，X 的数学期望 $E[X]$ 是 X 的一阶原点矩，方差 $D(X)$ 是 X 的二阶中心矩，协方差 $\mathrm{Cov}(X,Y)$ 是 X 和 Y 的二阶混合中心矩。

3. 协方差矩阵

假设随机变量 $\boldsymbol{X}$ 与 $\boldsymbol{Y}$ 分别是由 m 与 n 个标量元素组成的列向量，这两个随机变量之间的协方差定义为 $m\times n$ 矩阵。其中，$\boldsymbol{X}$ 包含变量 $X_1,X_2,\cdots,X_m$，$\boldsymbol{Y}$ 包含变量 $Y_1,Y_2,\cdots,Y_n$。假设 X_1 的期望值为 μ_1，Y_2 的期望值为 μ_2，那么在协方差矩阵中位置(1,2)处的元素就是 X_1 和 Y_2 的协方差。两个向量变量的协方差 $\mathrm{Cov}(\boldsymbol{X},\boldsymbol{Y})$ 与 $\mathrm{Cov}(\boldsymbol{Y},\boldsymbol{X})$ 互为转置矩阵。

在概率图模型中，协方差矩阵可以用来表示变量之间的条件依赖关系。通过在图结构中共享部分或全部协方差矩阵，可以更有效地建模变量之间的相关性，从而提高模型的性能和泛化能力。例如，在高斯图模型中，节点之间的边代表变量之间的依赖关系，而共享的协方差矩阵可以描述这些变量之间的联合概率分布。

6.1.3 极大似然估计

先来看一个简单有趣的例子。一个盒子中有黑色、白色两种颜色的球，从盒子中取出一个球，记下其颜色后将其放回盒子里，再取出一个球记下其颜色后再将其放回盒子里，如此重复 1000 次，统计后发现黑球出现了 600 次，白球出现了 400 次，由此可以给出一个推断，即盒子中黑球的概率为 0.6。

下面对上述推断进行讨论。第一个讨论是，0.6 的答案是否正确？可以明确的是，这不是一个严谨的答案，若盒子中黑球的概率不是 0.6 而是 0.5、0.4 甚至 0.001，也有可能在 1000 次的取球中出现 600 次黑球、400 次白球的情况。只不过黑球的概率越偏离 0.6，出现这样情况的可能性越小，故严谨的回答是黑球的概率最有可能是 0.6。这便是一个简单的使用极大似然估计（maximum likelihood estimation，MLE）的场景。根据黑球、白球的出现情况对黑球概率进行估计，做估计的依据是概率是什么数值时最符合当前的情况，即当前情况的可能性最大，换成数学语言就是极大似然估计。因为黑球的概率为 0.6 时最有可能出现这样的情况，故“盲猜”为 0.6。需要说明的是，这里仅将讨论范围限制在频率学派，并不涉及贝叶斯学派的想法。

第二个讨论是，如果小明想复刻一个完全一样的盒子，需要怎么做？有放回地取 1000 次球，发现黑球出现了 600 次、白球出现了 400 次，然后使用极大似然估计法估算黑球出现的概率为 0.6。接着他可以在盒子里放置若干数量的球，将黑球概率调整为 0.6。其实他已经搭建了一个生成模型，他从训练数据集中估计出了黑球概率这个参数，接着调整盒子中黑球的数量，在以后需要产生样本时，只需在复刻的盒子中有放回采样即可。这只是一个十分简单的例子，在实际中使用极大似然估计时要复杂得多，但是其本质是一样的。

在生成模型中，概率密度函数 $p(x)$ 一直扮演着核心的角色。这个函数描述了研究者想要模拟的数据分布。考虑一批从真实数据分布 $p_{\text{data}}(x)$ 中独立采样得到的训练样本集 $x^{(1)},x^{(2)},\cdots,x^{(N)}$（注意，假设这些训练样本是独立同分布的）。目标是用这些训练样本训练一个生成模型 $P_{\text{model}}(x)$，这个模型可以学习到真实数据分布 $p_{\text{data}}(x)$ 的特征，或者至少获得对真实数据分布的一个近似表示，即 $p_{\text{data}}(x)\approx P_{\text{model}}(x)$。在推断过程中，希望能够从生成模型 $P_{\text{model}}(x)$ 中采样，以获得一批样本，并且使这些样本近似符合真实数据的概率分布 $p_{\text{data}}(x)$。这样，就能生成与真实数据相似的样本，进而用于各种应用，如图像生成、文本生成等。在生成对抗网络等模型中，通过对抗训练的方式来优化生成模型，使其能够更好地逼近真实数据分布，从而产生更加逼真的样本。

当探讨生成模型时，首先要介绍的是极大似然估计法。极大似然估计是对概率模型参数进行估计的一种方法，理解极大似然原理对于深入理解生成模型的工作原理和优化方法至关重要。值得注意的是，并非所有的生成模型都使用极大似然估计法，有些生成模型默认不使用极大似然估计法，但是也可以通过一些修改使其使用极大似然估计法，如生成对抗网络。

假设有一个包含 N 个样本的数据，数据集中每个样本都是从某个未知的概率分布 $p_{\text{data}}(x)$中独立采样获得的，若已经知道 p_g 的形式，但是 p_g 的表达式里仍包含未知参数 θ，那么问题就变为如何使用数据集来估算 p_g 中的未知参数 θ？例如，p_g 是一个均值和方差参数还未确定的正态分布，那么如何用样本估计均值和方差的准确数值？

在极大似然估计法中，首先使用所有样本计算似然函数 $L(\theta)$：

$$L(\theta)=\prod_{i=1}^{N}P_{\text{model}}(x^{(i)};\theta) \tag{6.3}$$

似然函数是一个关于模型参数 θ 的函数，当选择不同的参数 θ 时，似然函数的值是不同的，它描述了在当前参数 θ 下，使用模型分布 $p_g(x;\theta)$产生数据集中所有样本的概率。一个朴素的想法是：在最好的模型参数 θ_{ML} 下，产生数据集中的所有样本的概率是最大的，即

$$\theta_{\text{ML}}=\text{argmax}L(\theta) \tag{6.4}$$

但实际上，多个概率的乘积结果在计算机中并不方便储存。例如，计算过程中可能发生数值下溢的问题，即对比较小的、接近于 0 的数进行四舍五入后成为 0。这个问题可以通过对似然函数取对数来解决，即 $\log[L(\theta)]$，并且仍然求解最好的模型参数 θ_{ML} 使对数似然函数最大，即

$$\theta_{\text{ML}}=\text{argmax}\log[L(\theta)] \tag{6.5}$$

可以证明两者是等价的，但是将似然函数取对数后会把概率乘积形式转换为对数求和的形式，大大方便了计算。将其展开后，有

$$\theta_{\text{ML}}=\underset{\theta}{\text{argmax}}\sum_{i=1}^{N}\log[p_g(x^{(i)};\theta)] \tag{6.6}$$

可以发现，使用极大似然估计时，每个样本 $x^{(i)}$都希望拉高它所对应的模型概率值 $p_g(x^{(i)};\theta)$，如图 6.2 所示。但是由于所有样本的密度函数 $p_g(x^{(i)};\theta)$的总和必须是 1，因此

不可能将所有样本点都拉高到最大的概率；一个样本点的概率密度函数值被拉高将不可避免地使其他样本点的函数值被拉低，最终达到一个平衡态。

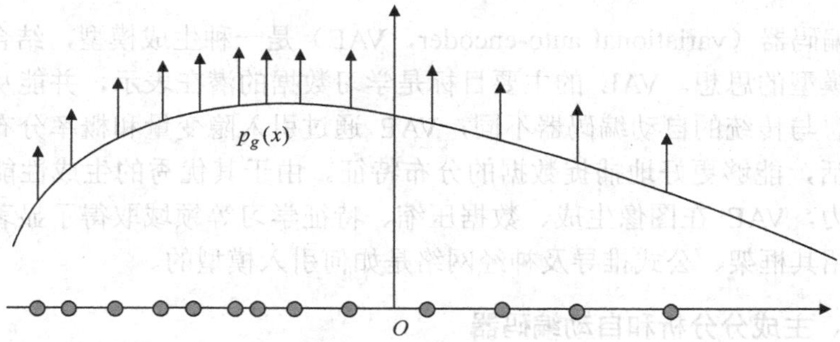

图 6.2　模型概率值

将式（6.6）除以 N，便可以看到极大似然估计法最大化的目标是在经验分布下样本概率对数的期望值，即

$$\theta_{\mathrm{ML}}=\operatorname{argmax}E_{\hat{p}_{\mathrm{data}}}\left[\log p_g(x;\theta)\right] \tag{6.7}$$

另一种对极大似然估计的理解是：极大似然估计本质是指在最小化训练集上的经验分布和模型分布 $p_g(x;\theta)$ 之间的 KL（Kullback-Leibler）散度值，即

$$\theta_{\mathrm{ML}}=\operatorname{argmin}D_{\mathrm{KL}}\,D_{\mathrm{KL}}(\hat{p}_{\mathrm{data}}\,\|\,p_g) \tag{6.8}$$

而 KL 散度的表达式为

$$D_{\mathrm{KL}}(\hat{p}_{\mathrm{data}}\,\|\,p_{\mathrm{g}})=E_{\hat{p}_{\mathrm{data}}}\left[\log\hat{p}_{\mathrm{data}}(x)-\log p_g(x;\theta)\right] \tag{6.9}$$

由于 θ 值与第一项无关，故只考虑第二项，有

$$\theta_{\mathrm{ML}}=\operatorname*{argmax}_{\theta}\sum_{i=1}^{N}\log p_{\mathrm{g}}(x^{(i)};\theta) \tag{6.10}$$

可以发现两者是完全一样的，也就是说极大似然估计就是希望 $p_g(x^{(i)};\theta)$ 和 $p_{\mathrm{data}}(x)$ 尽量相似，最好相似到无任何差异（KL 散度值为 0），这与生成模型的思想是一致的。但实际的生成模型一般不可能提前知道 $p_g(x;\theta)$ 的表达式形式而只需要估计表达式中的参数，实际中的生成模型非常复杂，对 $p_g(x;\theta)$ 无任何先验知识，只能对其进行一些形式上的假设或近似。

很多生成模型可以使用极大似然估计的原理进行训练。只要得到关于参数 θ 的似然函数 $L(\theta)$后，只需最大化似然函数即可，只是不同模型的差异在于如何表达或者近似似然函数 $L(\theta)$。在显式概率模型中，完全可见置信网络模型对 $p_g(x;\theta)$ 做出了形式上的假设，而流模型则通过定义一个非线性变换给出了 $p_g(x;\theta)$ 的表达式，这两个模型其实都给出了似然函数 $L(\theta)$的确定表达式；而变分自编码器模型则采用近似的方法，只获得了对数似然函数 $\log[L(\theta)]$的一个下界，通过最大化该下界近似地实现最大似然。

6.2 变分自编码器

变分自编码器（variational auto-encoder，VAE）是一种生成模型，结合了自动编码器和概率图模型的思想。VAE 的主要目标是学习数据的潜在表示，并能从该表示中生成新的样本。与传统的自动编码器不同，VAE 通过引入隐变量和概率分布的假设，使模型更加灵活，能够更好地捕捉数据的分布特征。由于其优秀的生成性能和对潜在空间的建模能力，VAE 在图像生成、数据压缩、特征学习等领域取得了显著的成果。本节将详细介绍其框架、公式推导及神经网络是如何引入模型的。

6.2.1 降维、主成分分析和自动编码器

降维是一种减少特征空间维度以获得稳定的、统计上可靠的机器学习模型的技术。降维主要有两种途径：特征选择和特征转换。特征选择通过选择重要程度最高的若干特征，移除共性的或重要程度较低的特征。特征转换也称为特征提取，试图将高维数据投影到低维空间。一些特征转换技术有主成分分析（principal components analysis，PCA）、矩阵分解、自动编码器、统一流形逼近与投影（uniform manifold approximation and projection，UMAP）等。

其中，主成分分析是一种无监督技术，即将原始数据投影到若干高方差方向（维度）。这些高方差方向彼此正交，因此投影数据的相关性非常低或几乎接近于 0。这些特征转换是线性的，具体方法如下。

（1）计算相关矩阵数据，相关矩阵的大小为$n \times n$。

（2）计算矩阵的特征向量和特征值。

（3）选取特征值较高的k个特征向量作为主方向。

（4）将原始数据集投影到这k个特征向量方向，得到k维数据，其中$k \leqslant n$。

自动编码器是一种无监督的人工神经网络，它将数据压缩到较低的维数，然后重新构造输入，如图 6.3 所示。自动编码器通过消除重要特征上的噪声和冗余，找到数据在较低维度的表征。它基于编码解码结构，编码器将高维数据编码到低维，解码器接收低维数据并尝试重建原始高维数据。

在图 6.3 中，X是输入数据，z是X在低维空间的数据表征，X'是重构得到的数据。根据激活函数的不同，数据从高维度到低维度的映射可以是线性的，也可以是非线性的。

主成分分析与自动编码器的性能对比如下。

（1）主成分分析只能做线性变换；而自动编码器既可以做线性变换也可以做非线性变换。

（2）由于既有的主成分分析算法是十分成熟的，因此计算很快；而自动编码器需要通过梯度下降算法进行训练，所以需要花费更长的时间。

（3）主成分分析将数据投影到若干正交的方向上；而自动编码器降维后数据维度并不一定是正交的。

（4）主成分分析是输入空间向最大变化方向的简单线性变换；而自动编码器是一

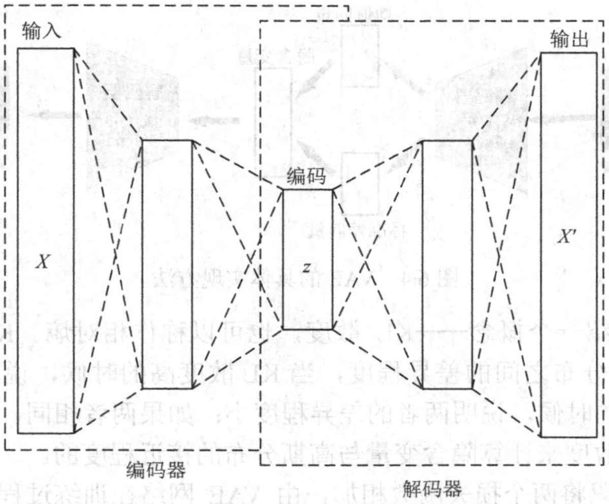

图 6.3　自动编码器基本结构示意图

种更复杂的技术，可以对相对复杂的非线性关系进行建模。

（5）依据经验来看，主成分分析适用于数据量较小的场景；而自动编码器可以用于复杂的大型数据集。

（6）主成分分析唯一的超参数是正交向量的数量；而自动编码器的超参数则是神经网络的结构参数。

（7）单层的并且采用线性函数作为激活函数的自动编码器与主成分分析性能一致；但是多层的以非线性函数作为激活函数的自动编码器（深度自动编码器）能够具有很好的性能，虽然可能会存在过拟合，但是可以通过正则化等方式解决。

6.2.2　变分自动编码器框架

相比于普通的自动编码器，VAE 才算得上是真正的生成模型。为了解决自动编码器不能通过新编码生成数据的问题，VAE 在普通的自动编码器上加入了一些限制，要求产生的隐含向量能够遵循高斯分布，这个限制帮助自动编码器真正读懂训练数据的潜在规律，让自动编码器能够学习到输入数据的隐含变量模型。如果说普通自动编码器通过训练数据学习到的是某个确定的函数，那么 VAE 希望能够基于训练数据学习到参数的概率分布。

图 6.4 所示为 VAE 的具体实现方法，在编码阶段将编码器输出的结果从一个变成两个，两个向量分别对应均值向量和标准差向量。通过均值向量和标准差向量可以形成一个隐含变量模型，而隐含编码向量正是通过对这个概率模型随机采样获得的，最终通过解码器将采样获得的隐含编码向量还原成原始图片。

在实际的训练过程中，需要权衡两个问题，第一个是网络整体的准确程度，第二个是隐含变量是否可以很好地吻合高斯分布。对应这两个问题也就形成了两个损失函数：第一个是描述网络还原程度的损失函数，具体的方法是输出数据与输入数据之间的均方距离；第二个是隐含变量与高斯分布相近程度的损失函数。

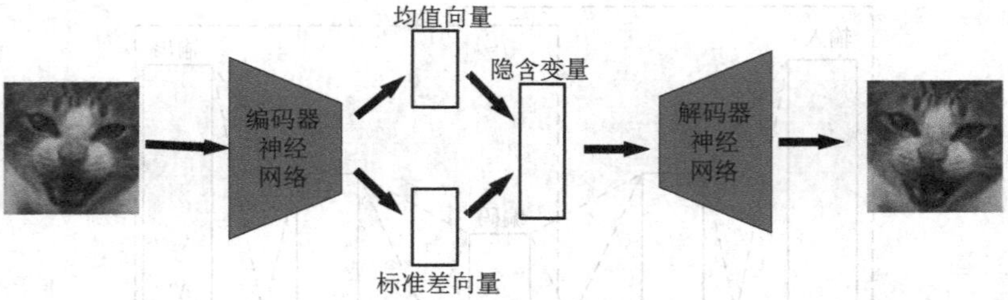

图 6.4　VAE 的具体实现方法

在这里需要介绍一个概念——KL 散度，也可以称作相对熵。KL 散度的理论意义在于度量两个概率分布之间的差异程度，当 KL 散度高的时候，说明两者的差异程度大；当 KL 散度低的时候，说明两者的差异程度小；如果两者相同，则 KL 散度为 0。本节正是采用 KL 散度来计算隐含变量与高斯分布的接近程度的。

下面的公式代码将两个损失函数相加，由 VAE 网络在训练过程中决定如何调节这两个损失函数，通过优化这个整体损失函数使模型能够达到最优的结果。

```
Generation_loss = mean(square(generated_image - real_image))
latent loss = KL-Divergence(latent_ variable, unit_gaussian)
loss = ration_loss + latent_ loss
```

在使用了 VAE 以后，生成数据就显得非常简单，只需要从高斯分布中随机采样一个隐含编码向量，然后将其输入解码器后即可生成全新的数据。如果将写数字数据集编码成二维数据，可以尝试将二维数据能够生成的数据在平面上展现出来。当然 VAE 也存在缺点，VAE 的缺点在于训练过程中最终模型的目的是使输出数据与输入数据的均方误差最小化，这使 VAE 本质上并非学习了如何生成数据，而是更倾向于生成与真实数据更为接近的数据，甚至为了数据越接近越好，模型基本会复制真实数据。

6.2.3　变分推理公式推导

VAE 的重点在于建模 Z 服从的分布，因为知道了 Z 的分布，就可以从中进行采样，按照 VAE 的套路，即可重建输入 X。由于隐变量 Z 同输入 X 是紧密相关的，因此假设：$z \sim p(z|x)$，绝大多数情况下能够输入的数据是非常有限的，这导致 $p(z|x)$ 的真实分布总是未知的，因此希望基于已有的数据，通过一个神经网络（即编码器）来近似该分布。通过 KL 散度，可以衡量两个分布的差异，即最小化下式：

$$\mathrm{KL}(q(z|x)\,\|\,p(z|x)) = \int q(z|x)\log\frac{q(z|x)}{p(z|x)}\mathrm{d}z \tag{6.11}$$

接下来对式（6.11）进行变换：

$$\begin{aligned}\text{式（6.11）} &= \int q(z|x)\log\frac{q(z|x)}{\dfrac{p(x|z)p(z)}{p(x)}}\mathrm{d}z \\ &= \int q(z|x)\log q(z|x)\mathrm{d}z + \int q(z|x)\log p(x)\mathrm{d}z - \int q(z|x)\log[p(x|z)p(z)]\mathrm{d}z \\ &= \int q(z|x)\log q(z|x)\mathrm{d}z + \log p(x)\int q(z|x)\mathrm{d}z - \int q(z|x)\log[p(x|z)p(z)]\mathrm{d}z \\ &= \log p(x) + \int q(z|x)\log q(z|x)\mathrm{d}z - \int q(z|x)\log[p(x|z)p(z)]\mathrm{d}z\end{aligned} \tag{6.12}$$

接下来需要最小化式（6.12），其中 $\log p(x)$ 为一个定值，因此最小化式（6.11）等价于最小化式（6.12）的最右边两项。首先做正负变换，即最大化下式：

$$\begin{aligned} L &= \int q(z|x)\log[p(x|z)p(z)]\mathrm{d}z - \int q(z|x)\log q(z|x)\mathrm{d}z \\ &= \int q(z|x)\log p(x|z)\mathrm{d}z + \int q(z|x)\log p(z)\mathrm{d}z - \int q(z|x)\log q(z|x)\mathrm{d}z \\ &= \int q(z|x)\log p(x|z)\mathrm{d}z - \int q(z|x)\log\frac{q(z|x)}{p(z)}\mathrm{d}z \\ &= E_{z\text{服从}q(z|x)}[\log p(x|z)] - D_{\mathrm{KL}}(q(z|x)\,\|\,p(z)) \end{aligned} \tag{6.13}$$

式（6.13）有一个特别的名字 ELBO（evidence lower bound，证据下界）。式（6.13）的第一项即为从样本 x 确定的分布 Z 中不断采样一个 z，希望从 z 重建输入 x 的期望最大，因此 $p(x|z)$ 即为解码器。由于期望不方便直接求，可以将该问题转化为求损失，对于分类问题，E 为交叉熵损失，对于连续值问题，E 为 MSE 损失。式（6.13）的第二项为由 x 生成 Z 的分布与真实 Z 的分布之间的差异，$p(z)$ 的真实分布是未知的，假设 $p(z)$ 服从一个标准正态分布，从神经网络的角度看，可以认为式（6.13）的第二项为一个正则项，对编码器进行约束，防止采样结果过于极端，导致生成的图像不真实。

接下来对式（6.13）的第二项进行化简，其中 J 为 Z 的维度：

$$\begin{aligned} \int q_\theta(z)\log p_\theta(z)\mathrm{d}z &= \int \mathcal{N}\left(z;\boldsymbol{\mu},\boldsymbol{\sigma}^2\right)\log\mathcal{N}(z;\mathbf{0},\boldsymbol{I})\mathrm{d}z \\ &= -\frac{J}{2}\log(2\pi) - \frac{1}{2}\sum_{j=1}^{J}\left(\mu_j^2+\sigma_j^2\right) \end{aligned} \tag{6.14}$$

且

$$\begin{aligned} \int q_\theta(z)\log q_\theta(z)\mathrm{d}z &= \int \mathcal{N}\left(z;\boldsymbol{\mu},\boldsymbol{\sigma}^2\right)\log\mathcal{N}\left(z;\boldsymbol{\mu},\boldsymbol{\sigma}^2\right)\mathrm{d}z \\ &= -\frac{J}{2}\log(2\pi) - \frac{1}{2}\sum_{j=1}^{J}\left(1+\log\sigma_j^2\right) \end{aligned} \tag{6.15}$$

因此有：

$$\begin{aligned} -D_{\mathrm{KL}}\left((q_\phi(z)\,\|\,p_\theta(z)\right) &= \int q_\theta(z)\left(\log p_\theta(z) - \log q_\theta(z)\right)\mathrm{d}z \\ &= \frac{1}{2}\sum_{j=1}^{J}\left(1+\log\left((\sigma_j)^2\right)-(\mu_j)^2-(\sigma_j)^2\right) \end{aligned} \tag{6.16}$$

综上，如果将 VAE 用于图像生成领域，则式（6.13）可以具体化简为

$$L = \frac{1}{n}\sum(x_i - y_i) - \frac{1}{2}\sum_{j=1}^{J}\left(1+\log\left((\sigma_j)^2\right)-(\mu_j)^2-(\sigma_j)^2\right) \tag{6.17}$$

6.2.4　将神经网络引入模型

通常会拿 VAE 和 GAN 做比较：VAE 和 GAN 的目标基本是一致的——希望构建一个从隐变量 Z 生成目标数据 X 的模型，但它们在实现上有所不同。VAE 作为一个生成模型，其基本思路是很容易理解的，即把一堆真实样本通过编码器网络转换成一个理想的数据分布，然后将这个数据分布再传递给一个解码器网络，得到一堆生成样

本，生成样本与真实样本足够接近的话，就训练出了一个自编码器模型。下面介绍神经网络是如何引入模型的。

1. 编码器

编码器是一个神经网络，它接受原始数据作为输入，并将其映射到潜在空间中的潜在表示。这个潜在表示可以被视为输入数据的压缩版本，其中包含了输入数据的重要特征。编码器网络通常由多个层组成，这些层可以是全连接层、卷积层或循环层，每一层都由神经元组成，具体结构取决于输入数据的类型和复杂性。编码器的输出通常由两部分组成：均值和方差，它们用于参数化潜在空间中的高斯分布。编码器网络的输出可以表示为潜在空间中的概率分布。

2. 解码器

解码器也是一个神经网络，它将从编码器中采样的潜在表示作为输入，并将其映射回原始数据空间。解码器试图从潜在表示中重构原始数据。解码器网络的结构通常与编码器网络的结构相反，它以潜在表示为输入，并逐渐将其解码为原始数据。与编码器网络类似，解码器网络的层可以是全连接层、卷积层或循环层，具体结构取决于生成数据的类型和复杂性。

3. 损失函数

VAE 的训练通过最大化观测数据与生成数据之间的边缘对数似然来实现。通常使用负变分下界作为优化目标，它由重构误差和正则化项两部分组成。重构误差衡量了原始数据与从潜在表示解码得到的重构数据之间的差异，通常使用均方误差或交叉熵损失作为度量。正则化项旨在保持潜在表示的分布接近给定的先验分布，通常使用 KL 散度来衡量潜在表示与先验分布之间的差异。

编码器和解码器都是神经网络，它们共同工作以学习数据的潜在表示并生成新的数据，如图 6.5 所示。通过训练这两个网络，并最大化边缘对数似然，VAE 能够学习数据的分布并生成新的样本。

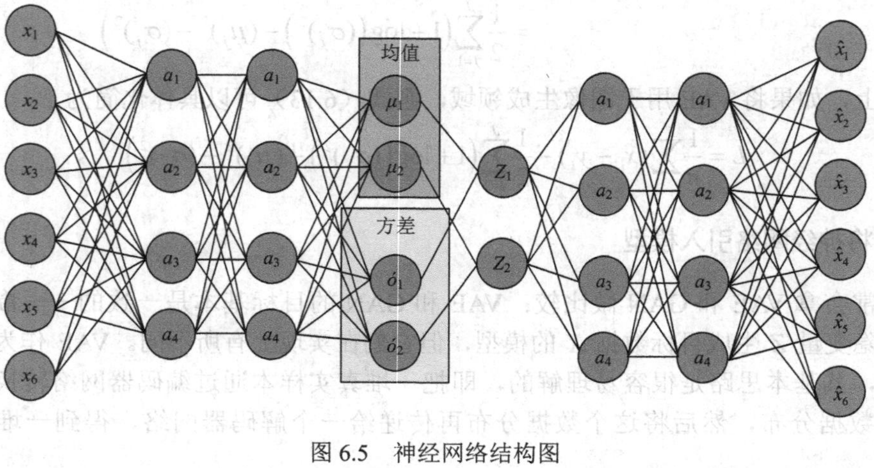

图 6.5　神经网络结构图

6.3 生成对抗网络

6.3.1 GAN 的网络结构

之前介绍的深度生成模型（如变分自编码器），都是显示地构建出样本的密度函数 $p(x;\theta)$，并通过最大似然估计来求解参数，称为显式密度模型。例如，变分自编码器的密度函数为 $p(x,z;\theta)=p(x\mid z;\theta)p(z;\theta)$。虽然使用了神经网络来估计 $p(x\mid z;\theta)$，但是这里依然假设 $p(x\mid z;\theta)$ 是一个参数分布族，而神经网络只是用来预测这个参数分布族的参数。这在某种程度上限制了神经网络的能力。

如果只是希望有一个模型能生成符合数据分布 $p_r(x)$ 的样本，那么可以不显示地估计出数据分布的密度函数。假设在低维空间 $\mathcal{Z}$ 中有一个简单容易采样的分布 $p(z)$，$p(z)$ 通常为标准多元正态分布 $\mathcal{N}(\mathbf{0},\boldsymbol{I})$，用神经网络构建一个映射函数 $G:\mathcal{Z}\to\mathcal{X}$，称为生成网络，利用神经网络强大的拟合能力，使 $G(z)$ 服从数据分布 $p_r(x)$，这种模型就称为隐式密度模型。所谓隐式密度模型就是指并不显式地建模 $p_r(x)$，而是建模生成过程。如图 6.6 给出了隐式密度模型生成样本的过程。

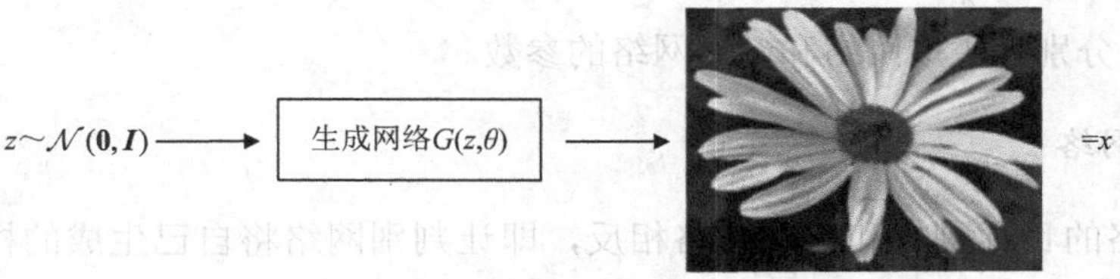

图 6.6　隐式密度模型生成样本的过程

隐式密度模型的一个关键是如何确保生成网络产生的样本一定服从真实的数据分布。既然不构建显式密度函数，就无法通过极大似然估计等方法来训练模型。生成对抗网络通过对抗训练的方式使生成网络产生的样本服从真实的数据分布。在生成对抗网络中，有两个网络进行对抗训练：一个是判别网络，目标是尽量准确地判断一个样本是来自真实数据还是由生成网络产生；另一个是生成网络，目标是尽量生成判别网络无法区分来源的样本。这两个目标相反的网络不断地进行交替训练，当最后收敛时，如果判别网络再也无法判断出一个样本的来源，那么也就等价于生成网络可以生成符合真实数据分布的样本。生成对抗网络的流程图如图 6.7 所示。

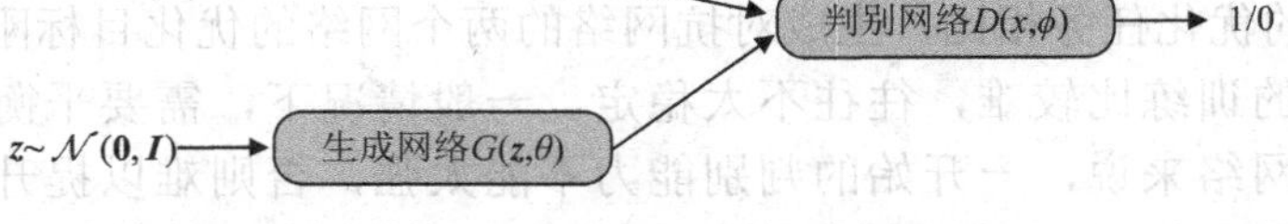

图 6.7　生成对抗网络的流程图

1. 判别网络

判别网络 $D(x;\phi)$ 的目标是区分出样本 x 是来自于真实分布 $p_r(x)$ 还是来自于生成模

型 $p_\theta(x)$，因此判别网络实际上是一个二分类的分类器．用标签 $y=1$ 表示样本来自真实分布，$y=0$ 表示样本来自生成模型，判别网络 $D(x;\phi)$ 的输出为 x 属于真实数据分布的概率，即

$$p(y=1\mid x)=D(x;\phi) \tag{6.18}$$

则样本来自生成模型的概率为

$$p(y=0\mid x)=1-D(x;\phi)$$

给定一个样本 (x,y)，$y=\{1,0\}$表示其来自 $p_r(x)$ 还是来自 $p_\theta(x)$，判别网络的目标函数为最小化交叉熵，即

$$\min_\phi -\left(E_x\left[y\log p(y=1\mid x)+(1-y)\log p(y=0\mid x)\right]\right) \tag{6.19}$$

假设分布 $p(x)$ 是由分布 $p_r(x)$ 和分布 $p_\theta(x)$ 等比例混合而成，即

$$p(x)=\frac{1}{2}\left[p_r(x)+p_\theta(x)\right] \tag{6.20}$$

则式（6.19）等价于

$$\begin{aligned}&\max_\phi E_{x\sim p_r(x)}\left[\log D(x;\phi)\right]+E_{x'\sim p_\theta(x')}\left[\log(1-D(x';\phi))\right]\\ &=\max_\phi E_{x\sim p_r(x)}\left[\log D(x;\phi)\right]+E_{z\sim p(z)}\left[\log\left(1-D\left(G(z;\theta);\phi\right)\right)\right]\end{aligned} \tag{6.21}$$

式中，θ 和 ϕ 分别为生成网络和判别网络的参数。

2. 生成网络

生成网络的目标刚好和判别网络相反，即让判别网络将自己生成的样本判别为真实样本。

$$\max_\theta\left(E_{z\sim p(z)}\left[\log D(G(z;\theta);\phi)\right]\right) \tag{6.22}$$

$$\min_\theta\left(E_{z\sim p(z)}\left[\log\left(1-D\left(G(z;\theta);\phi\right)\right)\right]\right) \tag{6.23}$$

式（6.22）和式（6.23）这两个目标函数是等价的。但是在实际训练中，一般使用前者，因为其梯度性质更好。我们知道，函数 $\log(x)(x\in(0,1))$ 在 x 接近 1 时的梯度要比接近 0 时的梯度小很多，接近"饱和"区间。这样，当判别网络 D 以很高的概率认为生成网络 G 产生的样本是"假"样本，即 $\left(1-D\left(G(z;\theta);\phi\right)\right)\to 1$时，目标函数关于 θ 的梯度反而很小，从而不利于优化。

6.3.2 GAN 的训练方法

与单目标的优化任务相比，生成对抗网络的两个网络的优化目标刚好相反。因此生成对抗网络的训练比较难，往往不太稳定。一般情况下，需要平衡两个网络的能力。对于判别网络来说，一开始的判别能力不能太强，否则难以提升生成网络的能力。但是，判别网络的判别能力也不能太弱，否则针对它训练的生成网络也不会太好。在训练时需要使用一些技巧，使判别网络在每次迭代中比生成网络的能力强一些，但又不能强太多。那么，GAN 的训练方法是什么呢？这一节将会详细介绍 GAN 的实践方法及代码的编写。

从之前的目标函数可知，需要优化的是下面的式子：

$$V=E_{x\sim P_{\text{data}}}\left[\log D(x)\right]+E_{x\sim P_z}\left[\log(1-D(G(z)))\right] \tag{6.24}$$

计算公式中的期望值等价于计算真实数据分布与生成数据分布的积分，在实践中通常使用采样的方法来逼近期望值。即：从前置的随机分布 $p_g(z)$ 中取出 m 个随机数 $\{z^{(1)},z^{(2)},\cdots,z^{(m)}\}$，再从真实数据分布 $p_{\text{data}}(x)$ 中取出 m 个真实样本 $\{x^{(1)},x^{(2)},\cdots,x^{(m)}\}$，使用平均数代替式（6.24）中的期望，公式可改写为如下形式：

$$V=\frac{1}{m}\sum_{i=1}^{m}\left[\log D(x^{(i)})+\log(1-D(G(z^{(i)})))\right] \tag{6.25}$$

GAN 中给出了完整的伪代码，其中 θ_d 为判别器 D 的参数，θ_g 为生成器 G 的参数。该伪代码每次迭代过程中的前半部分为训练判别器的过程，后半部分为训练生成器的过程。对于判别器，训练 k 次来更新参数 θ_d，把 k 设为 1，使实验成本最小。生成器在每次迭代中仅更新一次，如果更新多次可能无法使生成数据分布与真实数据分布的 JS（Jensen-Shannon）散度距离下降。

下面尝试使用 PyTorch 来实现 GAN 训练过程的可视化。

首先需要设置真实数据样本分布，这里设置均值为 3、方差为 0.5 的高斯分布。

```python
class DataDistribution(object):
    def __init__(self):
        self.mu = 3
        self.sigma = 0.5
    def sample(self, N):
        samples = np.random.normal(self.mu, self.sigma, N)
        samples.sort()
        return samples
```

接着设定生成器的初始化分布，这里设定的是平均分布。

```python
class GeneratorDistribution(object):
    def __init__(self, range):
        self.range = range
    def sample(self, N):
        return np.linspace(-self._range, self.range, N) + \
                          np.random.random(N) * 0.01
```

使用下面的代码设置一个简单的线性运算函数，用于后面的生成器与判别器。

```python
class Linear(nn.Module):
    def __init__(self, input_dim, output_dim):
        super(Linear, self).__init__()
        self.input_dim = input_dim
        self.output_dim = output_dim
        self.norm = torch.nn.init.normal_
        self.const = torch.nn.init.constant_
        self.w = nn.Parameter(torch.Tensor(input_dim, output_dim))
        self.b = nn.Parameter(torch.Tensor(output_dim))
        self.reset_parameters()
    def reset_parameters(self):
        self.norm(self.w, mean=0, std=1.0)
        self.const(self.b, val=0)
    def forward(self, input):
```

```
        return torch.matmul(input, self.w) + self.b
```

基于该线性运算函数，可以完成生成器和判别器代码。

```
class Generator(nn.Module):
    def __init__(self, input_dim, h_dim):
        super(Generator, self).__init__()
        self.h0 = nn.Softplus()(nn.Linear(input_dim, h_dim))
        self.hl = Linear(h_dim, 1, 'gl')
    def forward(self, input):
        h0 = self.h0(input)
        hl = self.hl(h0)
        return hl
class Discriminator(nn.Module):
    def __init__(self, input_dim, h_dim):
        super(Discriminator, self).__init__()
        self.h0 = nn.Tanh()(nn.Linear(input_dim, h_dim * 2))
        self.hl = nn.Tanh()(Linear(h_dim * 2, h_dim))
        self.h2 = nn.Tanh()(Linear(h_dim, h_dim * 2))
        self.h3 = nn.Sigmoid()(Linear(h_dim * 2, 1))
    def forward(self, input):
        h0 = self.h0(input)
        hl = self.hl(h0)
        h2 = self.h2(hl)
        h3 = self.h3(h2)
        return h3
```

设置优化器，这里使用的是学习率衰减的梯度下降方法。

```
def optimizer(loss, var_list, initial_learning_rate):
    decay = 0.95
    num_decay_steps = 150
    batch = 0  #Assuming batch is initialized to 0
    learning_rate = initial_learning_rate * (decay ** (batch /
                   num_decay_steps))
    optimizer = optim.SGD(var_list, lr=learning_rate)
return optimizer
```

下面来搭建 GAN 模型类的代码，除了初始化参数外，其中核心的两个函数分别为模型的创建和模型的训练。

```
class GAN(object):
    def __init__(self, data, gen, num_steps, batch_size,
             log_every, mlp_hidden_size=4, learning_rate=0.03):
        self.data = data
        self.gen = gen
        self.num_steps = num_steps
        self.batch_size = batch_size
        self.log_every = log_every
        self.mlp_hidden_size = mlp_hidden_size
        self.learning_rate = learning_rate
        self.create_model()
    def create_model(self):
        pass  #Placeholder for method definition
    def train(self):
```

```
        pass  #Placeholder for method definition
```

创建模型这里需要创建预训练判别器 D_pre、生成器 Generator 和判别器 Discriminator，按照之前的公式定义生成器和判别器的损失函数 loss_g 和 loss_d 以及它们的优化器 opt_g 和 opt_d，其中 D1 与 D2 分别代表真实数据与生成数据的判别。

```
class GAN(object):
  def __init__(self, data, gen, num_steps, batch_size, log_every):
        self.data = data
        self.gen = gen
        self.num_steps = num_steps
        self.batch_size = batch_size
        self.log_every = log_every
        self.mlp_hidden_size = 4
        self.learning_rate = 0.03
        self.create_model()
   def create_model(self):
        self.pre_put = torch.zeros((self.batch_size, 1))
        self.pre_labels = torch.zeros((self.batch_size, 1))
        self.z = torch.zeros((self.batch_size, 1))
        self.x = torch.zeros((self.batch_size, 1))
        #Instantiate generator and discriminator models
        self.G = Generator(self.z, self.mlp_hidden_size)
        self.D = Discriminator(self.mlp_hidden_size)
        #Define loss functions
        self.loss_d = nn.BCELoss()
        self.loss_g = nn.BCELoss()
        #Define optimizers
        self.opt_d = torch.optim.SGD(self.D.parameters(), lr=self.
                    learning_rate)
        self.opt_g = torch.optim.SGD(self.G.parameters(), lr =
                    self.learning_rate)
```

训练模型的代码如下，需要预先训练判别器 D_pre，然后将训练后的参数分享给判别器 Discriminator。接着就可以正式训练生成器 Generator 与判别器 Discriminator 了。

```
def train(self):
        #Pretraining discriminator
        num_pretrain_steps = 1000
        for step in range(num_pretrain_steps):
            d = torch.tensor((np.random.random(self.batch_size)
                 - 0.5) * 10.0, dtype=torch.float32)
            labels = torch.tensor(norm.pdf(d.numpy(), loc=self.data.mu,
                 scale=self.data.sigma),dtype=torch.float32)
            self.opt_d.zero_grad()
            pretrain_loss = self.loss_d_fn(self.pre_input, self.
                     pre_labels)
            pretrain_loss.backward()
            self.opt_d.step()
            self.weightsD = [v.data.clone() for v in self.D.parameters()]
```

```
            for i, v in enumerate(self.D.parameters()):
                v.data.copy_(self.weightsD[i])
        for step in range(self.num_steps):
            #Update discriminator
            x = torch.tensor(self.data.sample(self.batch_size), dtype=torch.float32)
            z = torch.tensor(self.gen.sample(self.batch_size), dtype=torch.float32)
            self.opt_d.zero_grad()
            loss_d = self.loss_d_fn(self.D(x), self.D(z))
            loss_d.backward()
            self.opt_d.step()
            #Update generator
            z = torch.tensor(self.gen.sample(self.batch_size), dtype=torch.float32)
            self.opt_g.zero_grad()
            loss_g = self.loss_g_fn(self.D(z))
            loss_g.backward()
            self.opt_g.step()
            if step % self.log_every == 0:
                print('{}: {}\t{}'.format(step, loss_d.item(), loss_g.item()))
            if step % 100 == 0 or step == 0 or step == self.num_steps - 1:
                self._plot_distributions()
```

可视化代码如下，使用对数据进行采样的方式来展示生成数据与真实数据的分布。

```
def _samples(self, num_points=10000):
        xs = np.linspace(-self.gen.range, self.gen.range, num_points)
        bins = np.linspace(self.gen.range, self.gen.range, self.num_bins)
        #Data distribution
        d = self.data.sample(num_points)
        pd, _ = np.histogram(d, bins=bins, density=True)
        #Generated samples
        zs = np.linspace(-self.gen.range, self.gen.range, num_points)
        g = np.zeros((num_points, 1))
        for i in range(num_points // self.batch_size):
            g[self.batch_size * i: self.batch_size * (i + 1)] = self.gen.sample(self.batch_size)
        pg, _ = np.histogram(g, bins=bins, density=True)
        return pd, pg
def _plot_distributions(self):
        pd, pg = self._samples()
        p_x = np.linspace(-self.gen.range, self.gen.range, len(pd))
        plt.plot(p_x, pd, label='Real Data')
        plt.plot(p_x, pg, label='Generated Data')
        plt.title('GAN Visualization')
        plt.xlabel('Value')
        plt.ylabel('Probability Density')
```

```
22.          plt.legend()
23.          plt.show()
```

最后设置主函数用于运行项目,分别设置迭代次数、批次数量及希望展示可视化的间隔,这里分别设置为 1200、12 和 10。

```
1.   def main(args):
2.      model = GAN(
3.          DataDistribution(),
4.          GeneratorDistribution(range=8),
5.          num_steps=1200,
6.          batch_size=12,
7.          log_every=10
8.      )
9.      model.train()
```

6.3.3 统一目标函数

GAN 的目标函数为

$$\min_G \max_D V(D,G) = E_{x \sim p_{\text{data}}(x)} \left[\log D(x) \right] + E_{z \sim p_z(z)} \left[\log(1 - D(G(z))) \right] \quad (6.26)$$

从目标函数可以看出,整个代价函数是最小化生成器、最大化判别器,那么在处理最优化问题时,可以先固定住 G,然后先最大化 D,再最小化 G 得到最优解。其中,在给定 G 的时候,最大化 $V(D,G)$ 评估了 P_G 和 p_{data} 之间的差异或距离。GAN 的计算流程和结构如图 6.8 所示。

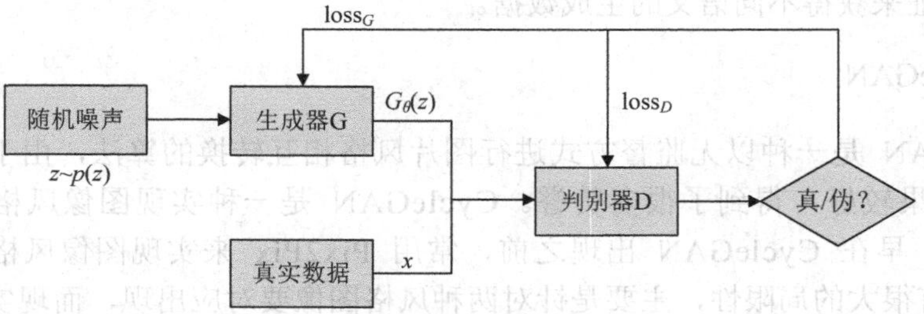

图 6.8 GAN 的计算流程和结构

首先,在固定住 G 之后,最优化 D 的情况可以表述为

$$D_G^* = \underset{D}{\operatorname{argmax}} V(G,D) \quad (6.27)$$

最优化 G 的问题可以表述为

$$G^* = \underset{G}{\operatorname{argmin}} V(G, D_G^*) \quad (6.28)$$

6.3.4 GAN 变种

原始 GAN 模型在图片生成效果上并不突出,与 VAE 差别不明显,此时并没有展现出它强大的分布逼近能力。但是由于 GAN 在理论方面较新颖,实现方面也有很多可以改进的地方,大大地激发了学术界的研究兴趣。在接下来的数年里,GAN 的研究如火如荼地进行,并且也取得了实质性的进展,接下来介绍几个意义比较重大的 GAN 变种。

1. DCGAN

最初始的 GAN 网络主要基于全连接层实现生成器 G 和判别器 D 网络，由于图片的维度较高，网络参数量巨大，训练效果并不理想。深度卷积生成对抗网络（deep convolution generative adversarial networks，DCGAN）提出了使用转置卷积层（逆卷积层）实现的生成网络，使用普通卷积层实现的判别网络，大大降低了网络参数量，同时图片的生成效果也大幅提升，展现了 GAN 模型在图片生成效果上超越 VAE 模型的潜质。此外，DCGAN 作者还提出了一系列经验性的 GAN 网络训练技巧，这些技巧在 WGAN 提出之前被证实有益于网络的稳定训练。

2. InfoGAN

InfoGAN（interpretable representation learning by information maximizing generative adversarial networks）尝试使用无监督的方式去学习输入 $\boldsymbol{x}$ 的可解释隐向量 $\boldsymbol{z}$ 的表示方法，即希望隐向量 $\boldsymbol{z}$ 能够对应到数据的语义特征。例如，对于 MNIST 手写数字图片，可以认为数字的类别、字体大小和书写风格等是图片的隐变量，希望模型能够学习到这些分离的可解释特征的表示方法，从而可以通过人为控制隐变量来生成指定内容的样本。对于 CelebA 名人照片数据集，希望模型可以把发型、眼镜佩戴情况、面部表情等特征分隔开，从而生成指定形态的人脸图片。分离的可解释特征能够让神经网络的可解释性更强，比如 $\boldsymbol{z}$ 包含了一些分离的可解释特征，那么就可以通过仅改变这一个位置上的特征来获得不同语义的生成数据。

3. CycleGAN

CycleGAN 是一种以无监督方式进行图片风格相互转换的算法，由于算法清晰简单，实验效果较好，得到了很多赞誉。CycleGAN 是一种实现图像风格转换功能的 GAN 网络。早在 CycleGAN 出现之前，常用 Pix2Pix 来实现图像风格的转换，但 Pix2Pix 具有很大的局限性，主要是针对两种风格图像要对应出现，而现实中很难找到一些风格不同的相同图像，也很难通过拍摄获得，于是 CycleGAN 就实现了这个功能，在两种类型图像之间进行转换，而不需要对应关系，非常强大和实用。也就是说，无须建立训练数据间一对一的映射，CycleGAN 就能在源域和目标域之间实现迁移。想要做到这点，有两个比较重要的点，第一个就是双判别器。图 6.9 所示为 CycleGAN 结构示

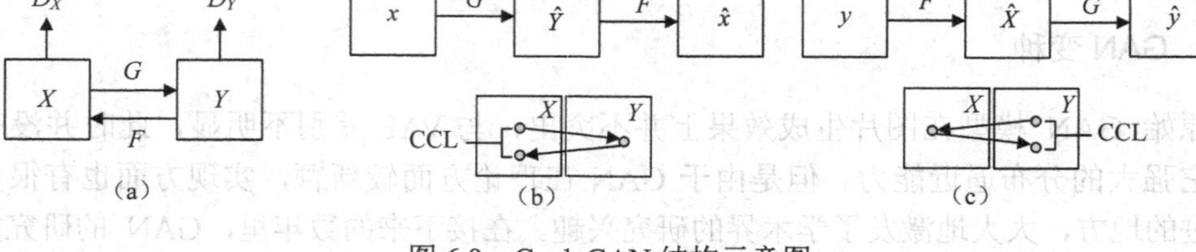

图 6.9　CycleGAN 结构示意图

意图，在该结构中有两个分布 X、Y，生成器 G、F 分别是 X 到 Y 和 Y 到 X 的映射，两个判别器 D_X、D_Y 可以对转换后的图片进行判别。第二个就是循环一致性损失（cycle consistency loss，CCL），用数据集中其他的图来检验生成器，这是为了防止 G 和 F 过拟合，比如想把一个小狗照片转化成梵高风格，如果没有 CCL，生成器可能会生成一张梵高真实画作来骗过 D_X，而无视输入的小狗。

4. WGAN

之所以会产生 WGAN，主要是因为 GAN 网络模型训练困难的问题，其中主要体现在 GAN 模型对超参数比较敏感，需要精心挑选才能使模型训练起来，并且也会出现模式崩塌的现象。超参数敏感是指网络的结构设定、学习率、初始化状态等超参数对网络的训练过程影响比较大，微量的超参数调整将可能导致网络的训练结果截然不同。为了更好地训练 GAN 网络，DCGAN 论文的作者提出了不使用池化层，多使用批量归一化层，不使用全连接层，生成网络激活函数应使用 ReLU 函数，最后一层使用 tanh 函数，判别网络激活函数应使用 Leaky_ReLU 函数等一系列经验性的训练技巧。但是上述技巧仅能在一定程度上避免出现训练不稳定的现象，并没有从理论上解释为什么会出现训练困难以及如何解决训练不稳定的问题。由于判别器只能鉴别单个样本是否为真实样本分布，并没有对多样性进行显式约束，导致生成模型可能倾向于生成真实分布的部分区间中的少量高质量样本，以此在判别器中获得较高的概率值，而不会学习到全部的真实分布。模式崩塌在 GAN 的训练过程中比较常见。在训练过程中，通过可视化生成网络的样本可以看到，生成的图片种类非常单一，生成网络总是倾向于生成某种单一风格的样本图像。

WGAN 主要解决如下的问题。

（1）引入一种新的分布距离度量方法：Wasserstein 距离，也称为推土机距离（earth-mover distance），简称 EM 距离，表示从一个分布变换到另一个分布的最小代价。

（2）定义了一种称为 Wasserstein GAN 的 GAN 形式，该形式使 EM 距离的合理有效近似最小化。

（3）WGAN 解决了 GAN 的主要训练问题。特别地，训练 WGAN 不需要维护在判别器和生成器的训练中保持谨慎的平衡，并且也不需要对网络架构进行仔细的设计。模式在 GAN 中典型的下降现象也显著减少。WGAN 最引人注目的实际好处之一是能够通过训练判别器进行运算来连续地估计 EM 距离。

6.4 应用分析

生成对抗网络作为一种强大的生成模型，在图像生成、风格迁移及人机交互等领域展现出了广泛的应用潜力。在图像生成方面，GAN 能够生成高度逼真的图像样本，这为数字艺术创作提供了强大的技术支持。通过训练 GAN 模型，可以生成具有多样性和创意性的图像，从而拓展图像生成的可能性。此外，GAN 在风格迁移方面也有着重要的应用。通过将图像从一个领域转换到另一个领域，GAN 可以实现风格的迁移和转换，为图像编辑和图像增强提供新的思路和方法。在人机交互领域，GAN 为虚拟现实、社交媒体等应用提供了重要的技术支持。通过生成逼真的人脸图像，可以提升虚拟现实的真实感和沉浸感，改善视频通话的视觉效果，丰富社交媒体的内容和体验。总之，生成对抗网络在图像生成、风格迁移及人机交互等领域的应用为数字媒体的发展带来了新的机遇和挑战，促进了人机交互技术的不断进步和创新。

6.4.1 图像生成中的应用

2016 年，谷歌公司已经实现了比较高质量的机器图像理解，对于一张图片，计算机可以写出非常准确的文字描述，文本描述生成图像一直是行业中一个颇具挑战的方向，也是一项非常令人期待的突破。

想象一下你随意说一句话就能看到对应的场景，或者是当你在阅读一本小说的时候，配图会自动根据你阅读的文字而变化，这些似乎只是在科幻电影里才能出现的场景，但 GAN 的研究让文本到图像的生成成为可能。实现文本到图像的生成可以分为两个步骤：第一步是从文本信息中学习提取文本特征，并确保这些文本特征具备重要的可视细节；第二步是将这些文本特征转化为人们可以直观看到的图像信息。与 GAN 的思想一致的是这些生成的图像需要“骗过”人眼，让人们以为是真实图像而非生成图像。可以发现，文本生成图像这个看似困难的话题在转化为这两个步骤之后，都可以在现有的深度学习研究中找到应对的方案，如自然语言处理、图像合成等。在实际的文本生成图像过程中会遇到一个难点，文本描述与图像通常是一一对应的关系，也就是说一段文本描述其实可以对应多种不同的图片。使用传统的深度学习方法生成图像的质量非常模糊，因为传统的方法总是希望最终输出的结果与训练集中所有对应的输出接近，而文本对应的图像在像素层面的差别还是非常大的，如果采用的是综合平均的方法，势必导致效果较差。

在这样的场景下，GAN 似乎提供了一种比较合适的解决方案，利用对抗网络的训练可以有效应对这种一对多的关系。可以用 GAN 的方法实现文本条件下的图像生成，文本的编码信息同时应用于生成器与判别器并作为条件信息，通过卷积层的处理将文本条件信息转换为图像信息。

研究者还提出了两种优化方法，第一种优化方法是使用具备配对意识的判别器（这里简称 GAN-CLS 方案），也就是说相比标准的架构来说，判别器网络除了判断输出图像的真假之外，还需要分辨出失败的生成内容是属于生成图像不真实还是属于生成图像不匹配。第二种优化方法是使用流形插值的方案（这里简称 GAN-INT 方案），深度神经网络能够寻找到高维度匹配数据的低维流形，这使得对训练集做一些插值工作成为可能。文本数据其实是一种离散数据，两个文本对应的向量之间的数据可能不代表任何含义，但可以把它们看作一种辅助的优化信息。

式（6.29）是 GAN-INT 方案中添加的生成器优化函数，其中 t_1 和 t_2 是训练集中的两个文本向量，β 是中间差值，在实际应用中可以使用 $\beta = 0.5$ 。

$$E_{t_1,t_2 \sim p_{\text{data}}}\left[\log(1 - D(G(z, \beta t_1 + (1-\beta)t_2)))\right] \tag{6.29}$$

6.4.2 风格迁移任务中的应用

例如，鞋子的轮廓草图和实物图是匹配数据，每一双鞋子都能找到对应的手绘稿，在实际训练集的采集过程中即使没有手绘稿，也可以通过边缘提取技术等制造出配对数据。现在设想一下另一个场景：希望能够实现风景照的莫奈印象派风格化转换，也就是把照片中的场景转变成画作中的样子，但是通常训练集中是没有风景照的印象派版本的，假如有两类完全没有关联的数据，第一组 X 是大量的风景照片，第二组 Y 是莫奈的印象派风格画作。这时需要另一种新的方法来应对这类问题。2017 年，CycleGAN 和 DiscoGAN 同时提出了一种解决非匹配数据集的图像转换方案。其中，CycleGAN 的作者团队也是前两节介绍的 Pix2Pix 的研究团队，可以说在图像到图像生成领域，该研究团队做出了非常大的贡献。这里先从 CycleGAN 中给出的概念来畅想非匹配数据图像转换实现后的应用场景。对于非匹配数据的训练集，可以通过 CycleGAN 来实现莫奈印象派作品与真实场景照的互相转换。当将莫奈的画作转换成风景照后，似乎也可以想象莫奈作画时面对的风景，而当将照片转换为莫奈印象派风格画作时，也不需要支付一大笔钱来请一个绘画高手。当然同样也可以创作出更多不同风格的画作，如莫奈风格、梵高风格、塞尚风格、浮世绘风格等，输入是风景照片，但是却能以不同风格的艺术手段展现出来。

关于照片的风格转换，读者可能了解到已经有研究者提出过其他方法，而且效果不错。其中比较流行的方法是通过卷积神经网络将某个画作中的风格叠加到原始图片上，但这类方法与本节中的概念不同，它是在两张特定的图片之间进行转换，而研究者希望这种转换能够存在于两个图像领域中。

把思维从照片风格化的例子里拉回到现实中，看看还能做些什么，是不是可以做一些时间维度上的转变呢？我们可以实现风景图片夏天与冬天的互相转换。CycleGAN 给出的例子中最有趣同时也是最著名的就是斑马与马的互相转换，这是大自然中天然的一对同一物种但是外观风格完全不同的经典例子。由于马的行为是动态的，人们没有办法分别捕捉同一场景同一姿势的斑马与马的照片，只有采用非匹配数据集的方法才能实现它们之间的转换。

6.4.3 人机交互领域

生成对抗网络是一种强大的生成模型。在人机交互领域，生成对抗网络不仅为用户提供更加生动和真实的体验，还为开发者和设计师提供丰富的工具和技术支持。下面将探讨生成对抗网络在人机交互中的应用，并深入探讨其在虚拟现实、人脸合成等方面的具体应用。通过对这些案例的分析和讨论，可以更好地理解生成对抗网络在人机交互中的价值和潜力，以及未来的发展方向。

1. 虚拟现实

在虚拟现实技术中，生成对抗网络的主要应用是生成逼真的 3D 模型和环境。这些模型和环境是虚拟现实体验的基础，其质量直接影响用户的体验。生成对抗网络可以帮助创建这些模型和环境，从而提高虚拟现实体验的质量。生成对抗网络的核心概念包括生成器和判别器。生成器的作用是根据输入的随机噪声生成新的 3D 模型或环境。判别器的作用是判断生成的模型或环境是否与真实的模型或环境相似。这两个网络通过竞争来学习，生成器试图生成更逼真的模型或环境，判别器试图区分这些模型或环境。

2. 人脸合成

随着深度学习技术的不断发展，生成对抗网络在人脸合成领域展现出了巨大的潜力。生成对抗网络由生成器和判别器组成。生成器负责生成逼真的图像，判别器则试图区分生成器生成的图像和真实图像。通过不断地竞争和学习，生成器可以生成越来越逼真的图像。生成对抗网络在人脸合成中有如下应用。

（1）数据增强：GAN 可以用于合成大量逼真的人脸图像，从而扩展训练数据集，提高模型的泛化能力。

（2）姿势和表情转换：通过训练 GAN，可以将一个人脸的姿势和表情转换为另一个人脸，实现人脸编辑的功能。

（3）虚拟化妆和风格转换：GAN 可以模拟不同妆容和风格的人脸，为用户提供虚拟化妆和风格转换的体验。

生成对抗网络在人脸合成中的应用仍处于不断发展阶段。随着技术的进步和算法的优化，可以期待 GAN 在人脸合成领域发挥更大的作用，为人脸编辑和图像处理带来更多创新和可能性。

3. 虚拟助手和机器人

生成式 AI 是一种人工智能技术，广义上指的是能够生成文本、图像、代码或其他类型内容的机器学习系统，通常是作为对用户输入提示的回应。生成式 AI 模型越来越多地被整合到在线工具和聊天机器人中，使用户能够在输入框中输入问题或指令，随后 AI 模型将生成类似人类的回应。生成式 AI 模型利用一种被称为深度学习的复杂的计算过程，来分析大量数据中的常见模式和排列，然后利用这些信息创建新的、令人信服的输出。GAN 由两个神经网络组成，即生成器和判别器，它们基本上相互对抗以创建看起来真实的数据。如其名，生成器的作用是生成具有说服力的输出，如基于提示生成的图像；而判别器的作用是评估所述图像的真实性。随着时间的推移，每个组件在其各自的角色中变得更加优秀，导致更有说服力的输出。DALL-E 和 Midjourney 都是基于 GAN 的生成式 AI 模型的例子。这些模型通过引入被称为神经网络的机器学习技术来实现，这些技术在某种程度上受到人脑处理和解释信息以及随着时间学习的启发。例如，通过向生成式 AI 模型输入大量的虚构写作，模型经过一段时间后将能够识别和再现故事的要素，如情节结构、角色、主题、叙事手法等。生成式 AI 模型随着接收和生成的数据量的增加变得越来越复杂，这同样得益于底层的深度学习和神经网络技术。因此，生成式 AI 模型生成的内容越多，其输出就越具有说服力。

本章小结

总的来说，生成对抗网络作为一种强大的生成模型，在各个领域都展现出了巨大的潜力和应用前景。通过对抗性训练的方式，它能够生成高质量的、多样性的数据样本，从而在图像生成、风格迁移、人机交互等方面取得了重要的应用成果。在图像生成方面，生成对抗网络能够生成逼真的图像样本，为数字艺术、虚拟场景生成等提供了新的可能性。在风格迁移方面，生成对抗网络可以实现图像的风格转换和内容创作，为图像编辑和图像增强带来了新的思路和方法。在人机交互领域，生成对抗网络为虚拟现实、视频通话、社交媒体等应用提供了重要的技术支持，改善了用户体验和视觉效果。然而，尽管生成对抗网络取得了令人瞩目的成果，但仍然存在一些挑战和限制，如训练不稳定、模式塌缩等问题。此外，生成对抗网络的生成能力和生成效果也需要进一步提升和改进，以满足更广泛的应用需求。

生成对抗网络在各个领域的应用为人工智能和数字媒体技术的发展带来了新的机遇和挑战，同时也为未来的研究和应用提供了丰富的可能性。通过不断地改进和创新，相信生成对抗网络将会在更多的领域展现出其强大的应用价值，推动人类社会向着更加智能和创造性的方向发展。

思考题或自测题

1. 生成对抗网络在训练过程中常常会面临训练不稳定的问题，如模式崩溃、模式塌缩等。应如何解决这些不稳定的问题？

2. 生成对抗网络生成的样本可能缺乏多样性，导致生成的图像或数据过于相似。应如何提高生成样本的多样性？

3. 生成对抗网络也可能会被用于生成对抗样本，用于欺骗其他机器学习模型。应如何防御这些对抗样本的生成？

4. 生成对抗网络的潜在空间通常具有很高的维度，如何有效地探索和理解潜在空间中的特征和结构？

5. 除了图像生成和风格迁移，生成对抗网络还可以应用于哪些领域？

6. 生成对抗网络可能会被用于伪造信息、欺骗用户等不良行为中，如何应对这些伦理和社会影响？

7. 如何使用生成对抗网络生成具有指定语义属性的图像，如通过操纵潜在空间向量中的特定维度来控制生成图像的属性，又如生成人脸时控制性别、年龄、表情等。

8. 如何利用生成对抗网络生成高质量的医学图像，如 MRI 图像、X 光片等。这些生成的医学图像可以用于训练和评估医学图像处理算法，帮助医生更准确地诊断和治疗疾病。

9. 如何利用生成对抗网络生成自然语言文本，如对话、文章等。这些生成的文本可以用于对话系统、智能助手等应用中，提供更自然和流畅的用户体验。

10. 如何利用生成对抗网络生成个性化的推荐结果，传统的推荐系统通常基于用户的历史行为和兴趣来生成推荐结果，而生成对抗网络可以通过学习用户的潜在表示来生成更加个性化和精准的推荐结果。那么，如何才能利用生成对抗网络改进个性化推荐系统的效果和用户体验？

第 7 章　深度强化学习

在之前的章节中，主要关注监督学习，而监督学习一般需要一定数量的带标签的数据。在很多应用场景中，通过人工标注的方式来给数据打标签往往行不通。例如，通过监督学习来训练一个模型可以自动下围棋，就需要将当前棋盘的状态作为输入数据，其对应的最佳落子位置（动作）作为标签。训练一个好的模型就需要收集大量的不同棋盘状态以及对应的动作。这种做法实践起来比较困难，一是对于每一种棋盘状态，即使是专家也很难给出“正确”的动作，二是获取大量数据的成本往往比较高。对于下棋这类任务，虽然很难知道每一步的“正确”动作，但是其最后的结果（即赢输）却很容易判断。因此，如果可以依据大量的模拟数据，并通过最后的结果（奖励）来倒推每一步棋的好坏，从而学习出“最佳”的下棋策略，这就是强化学习（reinforcement learning，RL）。

强化学习，也叫增强学习，是指一类从（与环境）交互中不断学习的问题以及解决这类问题的方法。强化学习问题可以描述为一个智能体从与环境的交互中不断学习以完成特定的目标，如取得最大奖励值等。与深度学习类似，强化学习中的关键问题也是贡献度分配问题，每一个动作并不能直接得到监督信息，需要通过整个模型的最终监督信息（奖励）得到，并且有一定的延时性。

强化学习也是机器学习中的一个重要分支。强化学习和监督学习的不同之处在于，强化学习问题不需要给出“正确”策略作为监督信息，只需要给出策略的（延迟）回报，并通过调整策略来取得最大化的期望回报。

7.1　强化学习问题

本节介绍强化学习问题的基本定义和相关概念。

7.1.1　强化学习定义

1. 强化学习中的交互对象

在强化学习中，有两个可以进行交互的对象：智能体和环境。

（1）智能体可以感知外界环境的状态和反馈的奖励，并进行学习和决策。智能体的决策功能是指根据外界环境的状态来做出不同的动作，而学习功能是指根据外界环境的奖励来调整策略。

（2）环境是智能体外部的所有事物，其受智能体动作的影响而改变状态，并反馈给智能体相应的奖励。

2. 强化学习的基本要素

强化学习的基本要素包括以下内容。

（1）状态 s 是对环境的描述，可以是离散的也可以是连续的，其状态空间为 S。

（2）动作 a 是对智能体行为的描述，可以是离散的也可以是连续的，其动作空间为 A。

（3）策略 $\pi(a|s)$ 是智能体根据环境状态 s 来决定下一步动作 a 的函数。

（4）状态转移概率 $p(s'|s,a)$ 是智能体根据当前状态 s 做出一个动作 a 之后，环境在下一个时刻转变为状态 s' 的概率。

（5）即时奖励 $r(s,a,s')$ 是一个标量函数，即智能体根据当前状态 s 做出动作 a 之后，环境会反馈给智能体一个奖励，这个奖励也经常和下一个时刻的状态 s' 有关。智能体的策略就是智能体如何根据环境状态 s 来决定下一步的动作 a，通常可以分为确定性策略和随机性策略两种。确定性策略是从状态空间到动作空间的映射函数 $\pi: S \to A$。随机性策略表示在给定环境状态时，智能体选择某个动作的概率分布。

$$\pi(a|s) \triangleq p(a|s) \tag{7.1}$$

$$\sum_{a \in A} \pi(a|s) = 1 \tag{7.2}$$

3. 随机性策略的优点

通常情况下，强化学习一般使用随机性策略。随机性策略有以下优点。

（1）在学习时可以通过引入一定的随机性更好地探索环境。

（2）随机性策略的动作具有多样性，这一点在多个智能体博弈时也非常重要。采用确定性策略的智能体总是对同样的环境做出相同的动作，这会导致它的策略很容易被对手预测。

7.1.2 马尔可夫决策过程

为简单起见，将智能体与环境的交互看作离散的时间序列。智能体从感知到的初始环境 s_0 开始，然后决定做一个相应的动作 a_0，环境相应地发生改变到新的状态 s_1，并反馈给智能体一个即时奖励 r_1，然后智能体又根据状态 s_1 做一个动作 a_1，环境相应改变为 s_2，并反馈奖励 r_2。这样的交互可以一直进行下去。

$$s_0, a_0, s_1, r_1, a_1, \cdots, s_{t-1}, r_{t-1}, a_{t-1}, \cdots, s_t, r_t, \cdots \tag{7.3}$$

式中，$r_t = r(s_{t-1}, a_{t-1}, s_t)$ 是第 t 时刻的即时奖励。图 7.1 给出了智能体与环境的交互。

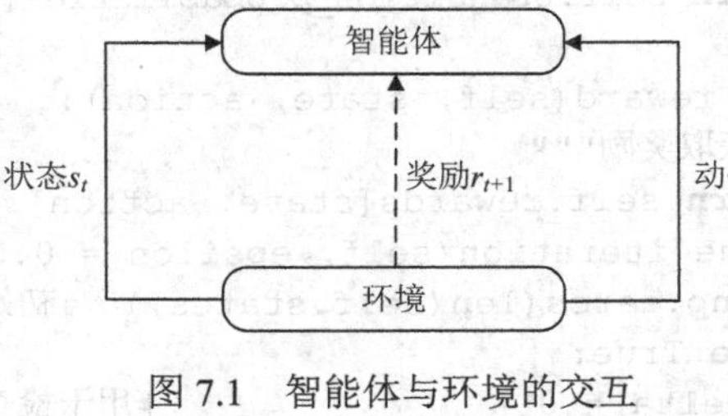

图 7.1 智能体与环境的交互

智能体与环境的交互过程可以看作一个马尔可夫决策过程（Markov decision process，MDP）。

马尔可夫过程是一组具有马尔可夫性质的随机变量序列 $s_0, s_1, \cdots, s_t \in S$，其中下

一个时刻的状态 s_{t+1} 只取决于当前的状态 s_t，即

$$p(s_{t+1} \mid s_t, s_{t-1}, \cdots, s_0) = p(s_{t+1} \mid s_t) \tag{7.4}$$

式中，$p(s_{t+1} \mid s_t)$ 称为状态转移概率，$\sum_{s_{t+1} \in S} p(s_{t+1} \mid s_t) = 1$。

马尔可夫决策过程是指在马尔可夫过程中加入一个额外的变量——动作 a，下一个时刻的状态 s_{t+1} 不但和当前时刻的状态 s_t 相关，而且和动作 a_t 相关：

$$p(s_{t+1} \mid s_t, a_t, \cdots, s_0, a_0) = p(s_{t+1} \mid s_t, a_t) \tag{7.5}$$

式中，$p(s_{t+1} \mid s_t, a_t)$ 为状态转移概率。

图 7.2 给出了马尔可夫决策过程的图模型表示。给定策略 $\pi(a \mid s)$，马尔可夫决策过程的一个轨迹 $\tau = s_0, a_0, s_1, r_1, a_1, \cdots, s_{T-1}, r_{T-1}, a_{T-1}, s_T, r_T$ 的概率为

$$
\begin{aligned}
p(\tau) &= p(s_0, a_0, s_1, r_1, a_1, \cdots) \\
&= p(s_0) \prod_{t=0}^{T-1} \pi(a_t \mid s_t) p(s_{t+1} \mid s_t, a_t)
\end{aligned}
\tag{7.6}
$$

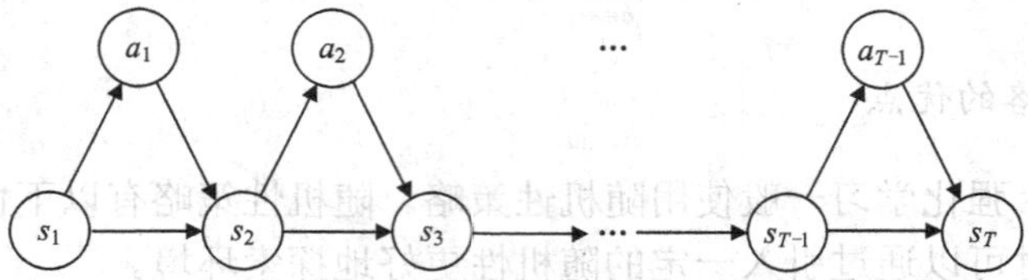

图 7.2　马尔可夫决策过程

以下是实现马尔可夫决策过程值迭代算法的代码示例。

```python
1.    import numpy as np
2.    class MarkovDecisionProcess:
3.      def __init__(self, states, actions, transition_probabilities,
                     rewards, gamma=0.9):
4.          self.states = states
5.          self.actions = actions
6.          self.transition_probabilities = transition_probabilities
7.          self.rewards = rewards
8.          self.gamma = gamma
9.      def get_transition_prob(self, state, action, next_state):
10.         """率"""
11.         return self.transition_probabilities[state, action, next_
                                                 state]
12.     def get_reward(self, state, action):
13.         """获取奖励"""
14.         return self.rewards[state, action]
15.     def value_iteration(self, epsilon = 0.0001):
16.         V = np.zeros(len(self.states))    #初始化值函数
17.         while True:
18.             delta = 0                          #用于检查值函数是否收敛的变化量
19.             for s in range(len(self.states)):
20.                 v = V[s]                       #保存当前状态的值函数值
21.                 #计算当前状态的最大动作值函数
22.                 V[s] = max(self.calculate_q_value(s, a, V) for a
```

```
                        in range(len(self.actions)))
                delta = max(delta, abs(v - V[s]))  #更新变化量
            if delta < epsilon:  #如果值函数的变化小于epsilon，则停止迭代
                break
        return V
```

上述代码演示了一个基本的马尔可夫决策过程的值迭代算法。首先，定义马尔可夫决策过程类（MarkovDecisionProcess），该类包含状态空间、动作空间、状态转移概率矩阵和奖励矩阵等基本信息。然后，实现了值迭代算法，该算法通过不断更新每个状态的值函数来找到最优策略。在值函数的更新过程中，使用贝尔曼方程来计算状态-动作对的动作值函数，进而确定每个状态下的最佳动作。这段代码提供了一个基础框架，用于解决各种与马尔可夫决策过程相关的问题，如智能体在不同环境下制定最优决策以最大化长期累积奖励。

7.1.3　目标函数

因为策略和状态转移都有一定的随机性，所以每次试验得到的轨迹是一个随机序列，其收获的总回报也不一样。在持续式任务中，强化学习的优化目标也可以定义为 MDP 到达平稳分布时“即时奖励”的期望。强化学习的目标是学习到一个策略 $\pi\theta(a|s)$ 来最大化期望回报，即希望智能体执行一系列的动作来获得尽可能多的平均回报。

强化学习的目标函数为

$$\varsigma(\theta) = E_{\tau \sim p_{\theta(\tau)}}[G(\tau)] = E_{\tau \sim p_{\theta(\tau)}} \sum_{t=0}^{T-1} \gamma^t r_{t+1} \tag{7.7}$$

式中，θ为策略函数的参数。

7.2　基于值函数的学习方法

在本节中，对值函数和值函数的学习方法进行分析。

7.2.1　值函数

为了评估策略 π 的期望回报，定义两个值函数：状态值函数和状态-动作值函数。

1. 状态值函数

策略 π 的期望回报可以分解为

$$\begin{aligned} E_{\tau \sim p(\tau)}[G(\tau)] &= E_{s \sim p(s_0)}\left[E_{\tau \sim p(\tau)}\left[\sum_{t=0}^{T-1} \gamma^t r_{t+1} \mid \tau_{s_0} = s\right]\right] \\ &= E_{s \sim p(s_0)}\left[V^{\pi}(s)\right] \end{aligned} \tag{7.8}$$

式中，$V^{\pi}(s)$ 称为状态值函数，表示从状态 s 开始，执行策略 π 得到的期望总回报。

$$V^{\pi}(s) = E_{\tau \sim p(\tau)}\left[\sum_{t=0}^{T-1} \gamma^t r_{t+1} \mid \tau_{s_0} = s\right] \tag{7.9}$$

式中，τ_{s_0} 表示轨迹 τ 的起始状态。

为了方便起见，用 $\tau_{0:T}$ 表示轨迹 $s_0,a_0,s_1,\cdots,s_T$，用 $\tau_{1:T}$ 表示轨迹 $s_1,a_1,\cdots,s_T$，因此有 $\tau_{0:T}=s_0,a_0,\tau_{1:T}$。

根据马尔可夫性质，$V^\pi(s)$ 可展开为

$$\begin{aligned}V^\pi(s)&=E_{\tau_0:T\sim p(\tau)}\left[r_1+\gamma\sum_{t=1}^{T-1}\gamma^{t-1}r_{t+1}\mid\tau_{s_0}=s\right]\\&=E_{a\sim\pi(a|s)}\left[E_{s'\sim p(s'|s,a)}\left[E_{\tau_1,T\sim p(\tau)}\left[r(s,a,s')+\gamma\sum_{t=1}^{T-1}\gamma^{t-1}r_{t+1}\mid\tau_{s_1}=s'\right]\right]\right]\\&=E_{a\sim\pi(a|s)}\left[E_{s'\sim p(s'|s,a)}\left[r(s,a,s')+\gamma E_{\tau_1,T\sim p(\tau)}\left[\sum_{t=1}^{T-1}\gamma^{t-1}r_{t+1}\mid\tau_{s_1}=s'\right]\right]\right]\\&=E_{a\sim\pi(a|s)}\left[E_{s'\sim p(s'|s,a)}\left[r(s,a,s')+\gamma V^\pi(s')\right]\right]\end{aligned}\tag{7.10}$$

式（7.10）也称为贝尔曼方程，表示当前状态的值函数可以通过下个状态的值函数来计算。

如果给定策略 $\pi(a\mid s)$、状态转移概率 $p(s'\mid s,a)$ 和奖励 $r(s,a,s')$，就可以通过迭代的方式来计算 $V^\pi(s)$。由于存在折扣率，迭代一定步数后，每个状态的值函数就会固定不变。

2. 状态-动作值函数

式（7.10）中的第 2 个期望是指初始状态为 s 并进行动作 a，然后执行策略 π 得到的期望总回报，称为状态-动作值函数：

$$Q^\pi(s,a)=E_{s'\sim p(s'|s,a)}\left[r(s,a,s')+\gamma V^\pi(s')\right]\tag{7.11}$$

状态-动作值函数也经常称为 Q 函数（Q-function）。

状态值函数 $V^\pi(s)$ 是 Q 函数 $Q^\pi(s,a)$ 关于动作 a 的期望，即

$$V^\pi(s)=E_{a\sim\pi(a|s)}[Q^\pi(s,a)]\tag{7.12}$$

结合式（7.11）和式（7.12），Q 函数可以写为

$$Q^\pi(s,a)=E_{s'\sim p(s'|s,a)}\left[r(s,a,s')+\gamma E_{a'\sim\pi(a'|s')}\left[Q^\pi(s',a')\right]\right]\tag{7.13}$$

式（7.13）就是关于 Q 函数的贝尔曼方程。

3. 值函数的作用

值函数可以看作对策略 π 的评估，因此可以根据值函数来优化策略。假设在状态 s，有一个动作 a^* 使 $Q^\pi(s,a^*)>V^\pi(s)$，说明执行动作 a^* 的回报比当前的策略 $\pi(a\mid s)$ 要高，就可以调整参数使策略中动作 a^* 的概率 $p(a^*\mid s)$ 增加。

7.2.2 值函数估计

值函数是对策略 π 的评估。如果策略 π 有限（即状态数和动作数都有限），可以对所有的策略进行评估并选出最优策略 π^*：

$$\forall s,\ \pi^*=\underset{\pi}{\operatorname{argmax}}\,V^\pi(s)\tag{7.14}$$

但这种方式在实践中很难实现。假设状态空间 S 和动作空间 A 都是离散且有限

的，策略空间为$|A|^{|s|}$，往往也非常大。

一种可行的方式是通过迭代的方法不断优化策略，直到选出最优策略。对于一个策略$\pi(a|s)$，其Q函数为$Q^{\pi}(s,a)$，可以设置一个新的策略$\pi'(a|s)$：

$$\pi'(a|s)=\begin{cases}1, & a=\underset{\hat{a}}{\operatorname{argmax}}\, Q^{\pi}(s,\hat{a}) \\ 0, & \text{其他}\end{cases} \tag{7.15}$$

即$\pi'(a|s)$为一个确定性的策略，也可以直接写为

$$\pi'(s)=\underset{a}{\operatorname{argmax}}\, Q^{\pi}(s,a) \tag{7.16}$$

如果执行π'，会有

$$\forall s,\ V^{\pi'}(s)\geqslant V^{\pi}(s) \tag{7.17}$$

根据公式（7.10），通过下面的方式来学习最优策略：先随机初始化一个策略，计算该策略的值函数，并根据值函数来设置新的策略，然后一直反复迭代直到收敛。

基于值函数的策略学习方法中最关键的是如何计算策略π的值函数，一般有动态规划或蒙特卡洛两种计算方法。

7.2.3 策略改进

在强化学习中，值函数策略改进是指通过更新值函数或优化策略来提升算法性能。这可以通过策略迭代、值迭代、蒙特卡洛等多种算法实现，每种算法都有其适用的场景和优势，选择哪种算法取决于问题的特性和需求。

1. 策略迭代算法

策略迭代算法的基本过程如下。

（1）策略评估：给定一个策略，首先估计该策略下的值函数，这个过程可以通过迭代地应用贝尔曼方程来进行，直到值函数收敛为止。贝尔曼方程描述了当前状态的值与下一状态的值之间的关系。

（2）策略改进：在策略评估完成后，根据估计的值函数，更新当前策略。通常采用贪婪策略改进，即在每个状态下选择使值函数最大化的动作，从而改进策略。

（3）迭代：反复执行策略评估和策略改进步骤，直到策略不再改变或改变非常微小，即策略收敛于最优策略。此时，算法可以停止迭代。

策略迭代算法中的策略评估和策略改进是交替轮流进行的，其中策略评估也是通过一个内部迭代来进行计算的，其计算量比较大。事实上，不需要每次计算出每次策略对应的精确的值函数，也就是说内部迭代不需要执行到完全收敛。策略迭代的优点在于，它能够确保在有限的步骤内收敛到最优策略。然而，它也存在一些缺点，如每次策略迭代都需要进行策略评估，这可能会导致计算成本较高，尤其是在状态空间较大时。

2. 值迭代算法

值迭代算法将策略评估和策略改进两个过程合并，直接计算出最优策略。最优策略π^*对应的值函数称为最优值函数，其中包括最优状态值函数$V^*(s)$和最优状态-动作

值函数$Q^*(s,a)$，它们之间的关系为

$$V^*(s)=\max_a Q^*(s,a) \tag{7.18}$$

根据贝尔曼方程，可以通过迭代的方式来计算最优状态值函数$V^*(s)$和最优状态-动作值函数$Q^*(s,a)$：

$$V^*(s)=\max_a E_{s'\sim p(s'|s,a)}\left[r(s,a,s')+\gamma V^*(s')\right] \tag{7.19}$$

$$Q^*(s,a)=E_{s'\sim p(s'|s,a)}\left[r(s,a,s')+\gamma \max_{a'} Q^*(s',a')\right] \tag{7.20}$$

式（7.19）和式（7.20）称为贝尔曼最优方程。值迭代算法通过直接优化贝尔曼最优方程，迭代计算最优值函数。

3. 策略迭代算法与值迭代算法的区别

在策略迭代算法中，每次迭代的时间复杂度最大为$O(|S|^3|A|^3)$，最大迭代次数为$|A|^{|S|}$；在值迭代算法中，每次迭代的时间复杂度最大为$O(|S|^2|A|)$，但迭代次数要比策略迭代算法更多。

策略迭代算法根据贝尔曼方程来更新值函数，并根据当前的值函数来改进策略；值迭代算法则是直接使用贝尔曼最优方程来更新值函数，收敛时的值函数就是最优的值函数，其对应的策略也就是最优策略。

值迭代算法和策略迭代算法都需要经过非常多的迭代次数才能完全收敛。在实际应用中，可以不必等到完全收敛。这样，当状态和动作数量有限时，经过有限次迭代就可以收敛到近似最优策略。

基于模型的强化学习算法实际上是一种动态规划算法。在实际应用中有以下两点限制。

（1）要求模型已知，即要给出马尔可夫决策过程的状态转移概率$p(s'|s,a)$和奖励函数$r(s,a,s')$，但实际应用中这个要求很难满足。如果事先不知道模型，那么可以先让智能体与环境交互来估计模型，即估计状态转移概率和奖励函数。一个简单的估计模型的方法为 R-max，通过随机游走的方法来探索环境。每次随机一个策略并执行，然后收集状态转移和奖励的样本。在收集一定的样本后，就可以通过统计或监督学习来重构出马尔可夫决策过程。但是，这种基于采样的重构过程的复杂度也非常高，只能应用于状态数非常少的场合。

（2）效率问题，即当状态数量较多时，算法效率比较低。但在实际应用中，很多问题的状态数量和动作数量非常多。比如，围棋有 19×19=361 个位置，每个位置有黑子、白子或无子 3 种状态，整个棋局有 3361～10170 种状态。动作（即落子位置）数量为 361。不管是值迭代还是策略迭代，以当前计算机的计算能力，根本无法计算。一种有效的方法是通过一个函数（如神经网络）来近似计算值函数，以降低复杂度，并提高泛化能力。

4. 蒙特卡洛算法

在很多应用场景中，马尔可夫决策过程的状态转移概率$p(s'|s,a)$和奖励函数$r(s,a,s')$都是未知的。在这种情况下，一般需要智能体和环境进行交互，并收集一些

样本，然后再根据这些样本来求解马尔可夫决策过程最优策略。这种模型未知的基于采样的学习算法也称为模型无关的强化学习算法。

Q 函数 $Q^{\pi}(s,a)$ 是初始状态为 s，并执行动作 a 后所能得到的期望总回报：

$$Q^{\pi}(s,a)=E_{\tau\sim p(\tau)}\left[G(\tau_{s_0=s,a_0=a})\right] \tag{7.21}$$

式中，$\tau_{s_0=s、a_0=a}$ 表示轨迹 τ 的起始状态和动作分别为 s、a。

如果模型未知，Q 函数可以通过采样进行计算，这就是蒙特卡洛算法。对于一个策略 π，智能体从状态 s，执行动作 a 开始，然后通过随机游走的方法来探索环境，并计算得到的总回报。假设进行 N 次试验，得到 N 个轨迹 $\tau^{(1)},\tau^{(2)},\cdots,\tau^{(N)}$，其总回报分别为 $G(\tau^{(1)}),G(\tau^{(2)}),\cdots,G(\tau^{(N)})$。$Q$ 函数可以近似为

$$Q^{\pi}(s,a)\approx\hat{Q}^{\pi}(s,a)=\frac{1}{N}\sum_{n=1}^{N}G(\tau^{(n)}_{s_0=s,a_0=a}) \tag{7.22}$$

当 $N\to\infty$ 时，$\hat{Q}^{\pi}(s,a)\to Q^{\pi}(s,a)$。

在近似估计出 Q 函数 $\hat{Q}^{\pi}(s,a)$ 之后，就可以进行策略改进了。在新的策略下重新通过采样来估计 Q 函数，并不断重复，直至收敛。

但在蒙特卡洛算法中，如果采用确定性策略 π，每次试验得到的轨迹是一样的，只能计算出 $Q^{\pi}(s,\pi(s))$，而无法计算其他动作 a' 的 Q 函数，因此也无法进一步改进策略。这样的情况仅仅是对当前策略的利用，而缺失了对环境的探索，即试验的轨迹应尽可能覆盖所有的状态和动作，以找到更好的策略。

为了平衡利用和探索，可以采用 ε-贪心法。对于一个目标策略 π，其对应的 ε-贪心法策略为

$$\pi^{\varepsilon}(s)=\begin{cases}\pi(s), & \text{按概率}1-\varepsilon\\ \text{随机选择}A\text{中的动作}, & \text{按概率}\varepsilon\end{cases} \tag{7.23}$$

这样，ε-贪心法将一个仅利用的策略转变为带探索的策略。每次选择动作 $\pi(s)$ 的概率为 $1-\varepsilon+\varepsilon/|A|$，其他动作的概率为 $\varepsilon/|A|$。

在蒙特卡洛算法中，如果采样策略是 $\pi^{\varepsilon}(s)$，不断改进策略也是 $\pi^{\varepsilon}(s)$ 而不是目标策略 $\pi(s)$。这种采样与改进策略相同（即都是 $\pi^{\varepsilon}(s)$）的强化学习方法叫作同策略方法。

如果采样策略是 $\pi^{\varepsilon}(s)$，而优化目标策略是 π，可以通过重要性采样，引入重要性权重来实现对目标策略 π 的优化。这种采样与改进分别使用不同策略的强化学习方法叫作异策略方法。

7.2.4 SARSA 算法

蒙特卡洛算法一般需要拿到完整的轨迹，才能对策略进行评估并更新模型，因此效率也比较低。时序差分学习算法是蒙特卡洛算法的一种改进，通过引入动态规划算法来提高学习效率。时序差分学习算法是模拟一段轨迹，每行动一步（或者几步），就利用贝尔曼方程来评估行动前状态的价值。

首先，将蒙特卡洛算法中 Q 函数 $\hat{Q}^{\pi}(s,a)$ 的估计改为增量计算的方式，假设第 N 次试验后值函数 $\hat{Q}^{\pi}_{N}(s,a)$ 的平均为

$$
\begin{aligned}
\hat{Q}_N^{\pi}(s,a) &= \frac{1}{N}\sum_{n=1}^{N} G(\tau_{s_0=s,a_0=a}^{(n)}) \\
&= \frac{1}{N}\left(G(\tau_{s_0=s,a_0=a}^{(N)}) + \sum_{n=1}^{N-1} G(\tau_{s_0=s,a_0=a}^{(n)})\right) \\
&= \frac{1}{N}\left(G(\tau_{s_0=s,a_0=a}^{(N)}) + (N-1)\hat{Q}_{N-1}^{\pi}(s,a)\right) \\
&= \hat{Q}_{N-1}^{\pi}(s,a) + \frac{1}{N}\left(G(\tau_{s_0=s,a_0=a}^{(N)}) - \hat{Q}_{N-1}^{\pi}(s,a)\right)
\end{aligned} \tag{7.24}
$$

式中，$\tau_{s_0=s,a_0=a}$ 表示轨迹 τ 的起始状态和动作分别为 s、a。

函数 $\hat{Q}^{\pi}(s,a)$ 在第 N 次试验后的平均等于第 $N-1$ 次试验后的平均加上一个增量。更一般地，将权重系数 $1/N$ 更改为一个比较小的正数 α。这样每次采用一个新的轨迹 $\tau_{s_0=s,a_0=a}$，就可以更新 $\hat{Q}_{N-1}^{\pi}(s,a)$，即

$$
\hat{Q}^{\pi}(s,a) \leftarrow \hat{Q}^{\pi}(s,a) + \alpha\left(G(\tau_{s_0=s,a_0=a}) - \hat{Q}^{\pi}(s,a)\right) \tag{7.25}
$$

式中，增量 $\delta \triangleq G(\tau_{s_0=s,a_0=a}) - \hat{Q}^{\pi}(s,a)$，称为蒙特卡洛误差，表示当前轨迹的真实回报 $G(\tau_{s_0=s,a_0=a})$ 与期望回报 $\hat{Q}^{\pi}(s,a)$ 之间的差距。

在式（7.25）中，$G(\tau_{s_0=s,a_0=a})$ 为一次试验的完整轨迹所得到的总回报。为了提高效率，可以借助动态规划的方法来计算 $G(\tau_{s_0=s,a_0=a})$，而不需要得到完整的轨迹。从 (s,a) 开始，采样下一步的状态和动作 (s,a')，并得到奖励 $r(s,a,s')$，然后利用贝尔曼方程来近似估计 $G(\tau_{s_0=s,a_0=a})$，即

$$
\begin{aligned}
G(\tau_{s_0=s,a_0=a,s_1=s',a_1=a'}) &= r(s,a,s') + \gamma G(\tau_{s_0=s',a_0=a'}) \\
&\approx r(s,a,s') + \gamma \hat{Q}^{\pi}(s',a')
\end{aligned} \tag{7.26}
$$

式中，$\hat{Q}^{\pi}(s',a')$ 是当前的 Q 函数的近似估计。

结合式（7.25）和式（7.26），有

$$
\hat{Q}^{\pi}(s,a) \leftarrow \hat{Q}^{\pi}(s,a) + \alpha(r(s,a,s') + \gamma\hat{Q}^{\pi}(s',a') - \hat{Q}^{\pi}(s,a)) \tag{7.27}
$$

因此，更新 $\hat{Q}^{\pi}(s,a)$，只需要知道当前状态 s 和动作 a、奖励 $r(s,a,s')$、下一步的状态 s' 和动作 a'。这种策略学习算法称为 SARSA 算法。

以下是实现 SARSA 算法的代码示例。

```
class SARSA:
    def__init__(self, num_states, num_actions, alpha=0.1,
                gamma=0.99, epsilon=0.1):
        self.num_states = num_states
        self.num_actions = num_actions
        self.alpha = alpha
        self.gamma = gamma
        self.epsilon = epsilon
        self.q_table = np.zeros((num_states, num_actions))
    def choose_action(self, state):
        #epsilon-greedy策略
        if np.random.rand() < self.epsilon:
            return np.random.choice(self.num_actions)
        else:
```

```
            return np.argmax(self.q_table[state])
    def update(self, state, action, reward, next_state, next_action):
        #SARSA 更新规则
        td_target = reward + self.gamma * self.q_table[next_state, next_action]
        td_error = td_target - self.q_table[state, action]
        self.q_table[state, action] += self.alpha * td_error
```

这段代码定义了一个 SARSA 算法的类，用于解决强化学习问题。在初始化方法中，设置了 SARSA 代理的参数，包括状态空间大小、动作空间大小、学习率、折扣因子和探索率，并创建一个 Q 表格来存储状态-动作对的值函数估计。在 choose_action 方法中，根据 epsilon-greedy 策略选择动作，以一定的概率进行探索，以便发现新的状态-动作对，而以另一部分概率选择使 Q 值最大的动作。在 update 方法中，根据 SARSA 更新规则更新 Q 值，通过将 TD 目标与当前估计的 Q 值进行比较，并按照学习率调整 Q 值，从而逐步优化值函数估计。这个类提供了一个通用的框架，可以用于解决各种强化学习问题，如在迷宫或其他环境中训练智能体学会如何做出最优的决策。

7.2.5 DQN 算法

为了在连续的状态和动作空间中计算值函数 $Q^{\pi}(s,a)$，可以用一个函数 $Q_{\phi}(\boldsymbol{s},\boldsymbol{a})$ 来表示近似计算，称为值函数近似。

$$Q_{\phi}(\boldsymbol{s},\boldsymbol{a}) \approx Q^{\pi}(s,a) \tag{7.28}$$

式中，$\boldsymbol{s}$、$\boldsymbol{a}$ 分别为状态 s 和动作 a 的向量表示；函数 $Q_{\phi}(\boldsymbol{s},\boldsymbol{a})$ 通常是一个参数为 ϕ 的函数，如神经网络，输出为一个实数，称为 Q 网络（Q-network）。

如果动作为有限离散的 M 个动作 $a_1,a_2,\cdots,a_M$，可以让 Q 网络输出一个 M 维向量，其中第 m 维表示为 $Q_{\phi}(\boldsymbol{s},a_m)$，对应值函数 $Q^{\pi}(s,a_m)$ 的近似值。

$$Q_{\phi}(\boldsymbol{s},\boldsymbol{a}) = \begin{bmatrix} Q_{\phi}(\boldsymbol{s},a_1) \\ \vdots \\ Q_{\phi}(\boldsymbol{s},a_M) \end{bmatrix} \approx \begin{bmatrix} Q^{\pi}(s,a_1) \\ \vdots \\ Q^{\pi}(s,a_M) \end{bmatrix} \tag{7.29}$$

因此，需要学习一个参数 ϕ 使函数 $Q_{\phi}(\boldsymbol{s},\boldsymbol{a})$ 可以逼近值函数 $Q^{\pi}(s,a)$。如果采用蒙特卡洛算法，就直接让 $Q_{\phi}(\boldsymbol{s},\boldsymbol{a})$ 去逼近平均的总回报 $\hat{Q}^{\pi}(s,a)$；如果采用时序差分学习方法，就让 $Q_{\phi}(\boldsymbol{s},\boldsymbol{a})$ 去逼近 $E_{s',a'}\left[r+\gamma Q_{\phi}(\boldsymbol{s}',\boldsymbol{a}')\right]$。

以 Q 学习为例，采用随机梯度下降算法，则目标函数为

$$\mathcal{L}(\boldsymbol{s},\boldsymbol{a},\boldsymbol{s}' \mid \phi) = \left(r + \gamma \max_{a'} Q_{\phi}(\boldsymbol{s}',\boldsymbol{a}') - Q_{\phi}(\boldsymbol{s},\boldsymbol{a})\right)^2 \tag{7.30}$$

式中，$\boldsymbol{s}'$、$\boldsymbol{a}'$ 是下一时刻的状态 s' 和动作 a' 的向量表示。

然而，这个目标函数存在两个问题：一是目标不稳定，参数学习的目标依赖于参数本身；二是样本之间有很强的相关性。为了解决这两个问题，提出了一种深度 Q 网络。深度 Q 网络采取两个措施：一是目标网络冻结，即在一个时间段内固定目标中的参数，以此来稳定学习目标；二是经验回放，即构建一个经验池来去除数据的相关性，经验回放可以形象地理解为在回忆中学习，经验池是由智能体最近的经历组成的

数据集。

以下是实现 DQN 算法的代码示例。

```python
import numpy as np
import torch
import torch.nn as nn
import torch.optim as optim
import gym
#定义神经网络模型
class DQN(nn.Module):
    def __init__(self, input_dim, output_dim):
        super(DQN, self).__init__()
        self.fc1 = nn.Linear(input_dim, 128)
        self.fc2 = nn.Linear(128, 64)
        self.fc3 = nn.Linear(64, output_dim)
    def forward(self, x):
        x = torch.relu(self.fc1(x))
        x = torch.relu(self.fc2(x))
        x = self.fc3(x)
        return x
#定义 DQN 代理
class DQNAgent:
    def __init__(self, input_dim, output_dim, lr = 0.001, gamma = 0.99,
                 epsilon = 0.1):
        self.input_dim = input_dim
        self.output_dim = output_dim
        self.gamma = gamma
        self.epsilon = epsilon
        self.model = DQN(input_dim, output_dim)
        self.optimizer = optim.Adam(self.model.parameters(), lr = lr)
    def choose_action(self, state):
        if np.random.rand() < self.epsilon:
            return np.random.choice(self.output_dim)
        else:
            state = torch.FloatTensor(state).unsqueeze(0)
            q_values = self.model(state)
            return q_values.argmax().item()
    def update(self, state, action, reward, next_state, done):
        state = torch.FloatTensor(state).unsqueeze(0)
        next_state = torch.FloatTensor(next_state).unsqueeze(0)
        q_value = self.model(state)[0, action]
        next_q_value = self.model(next_state).max(dim = 1)[0].unsqueeze(0)
        target = reward + (1 - done) * self.gamma * next_q_ value
        loss = nn.MSELoss()(q_value, target.detach())
        self.optimizer.zero_grad()
        loss.backward()
        self.optimizer.step()
```

这段代码实现了一个基于 DQN 的强化学习代理。首先定义了一个包含 3 个全连接层的神经网络模型，用于近似值函数 Q。然后定义了一个 DQN 代理，包括选择动作和更新神经网络参数的功能。在选择动作时，代理根据 ε-greedy 策略在探索和利用之间进行权衡；在更新参数时，代理利用当前状态、动作、奖励、下一个状态和结束标志来计算Q值的目标，并通过均方误差损失函数进行反向传播优化神经网络参数。这段代码可用于解决各种强化学习问题，如游戏、控制等，使智能体能够学习并优化其行为策略，以最大化累积奖励。

7.2.6 DQN 变种

当谈论 DQN 变种时，通常是指对原始 DQN 算法进行改进或扩展，以解决原始 DQN 算法的一些局限性或提高其性能。以下是一些常见的 DQN 变种及其详细介绍。

1. Double DQN（DDQN）

DDQN 解决了原始 DQN 算法对Q值过高估计的问题。使用一个网络来选择动作（即评估动作的Q值），另一个网络来评估选择的动作的Q值，这样可以减少过高估计的可能性。DDQN 提高了训练的稳定性和收敛速度，有助于更准确地估计Q值。

2. Dueling DQN

Dueling DQN 将Q值函数分解为状态值函数和优势函数，即$Q(s,a)=V(s)+A(s,a)$，其中$V(s)$表示状态值函数，$A(s,a)$表示优势函数，这样可以更好地估计每个动作的价值，并且可以更有效地泛化学习。Dueling DQN 提高了学习的效率和泛化能力，尤其在状态空间较大或动作空间较大的情况下效果更为显著。

3. PRE

优先经验回放（prioritized experience replay，PRE）通过给重要的经验分配更高的优先级来改进经验回放的效果，使模型更多地学习到有意义的样本。通常，优先级是根据 TD 误差来确定的，TD 误差大的经验被分配高的优先级。PRE 提高了训练的效率和稳定性，使模型更快地学习到有用的知识。

4. Rainbow DQN

Rainbow DQN 将多种增强学习技术结合到 DQN 中，如 DDQN、Dueling DQN、PRE、n-step TD 更新以及分布式Q值估计等，以提高性能和稳定性。Rainbow DQN 通过结合多种技术，进一步提高了 DQN 的性能和泛化能力，适用于更广泛的问题和场景。

5. Noisy DQN

Noisy DQN 通过向网络的参数中引入噪声来提高探索性能，从而更好地平衡探索和应用。在网络的参数中添加随机噪声，使网络在探索过程中更具有随机性。Noisy DQN 提高了探索的效率，有助于模型更快地学习到环境的特征和规律，从而加快收敛速度。

这些 DQN 的变种都旨在改进原始 DQN 算法，使其更加稳健、高效地学习，并适用于不同的问题和场景。选择适合特定问题的 DQN 变种取决于问题的性质、数据分布以及算法的性能需求。

7.3 基于策略函数的学习方法

7.3.1 策略梯度

强化学习的目标是学习到一个策略 $\pi_\theta(a|s)$ 来最大化期望回报。一种直接的方法是在策略空间直接搜索来得到最佳策略，称为策略搜索。策略搜索本质是一个优化问题，可以分为基于梯度的优化和无梯度优化。与基于值函数的方法相比，策略搜索可以不需要值函数，直接优化策略。参数化的策略能够处理连续状态和动作，可以直接学习出随机性策略。

策略梯度是一种基于梯度的强化学习方法。假设 $\pi_\theta(a|s)$ 是一个关于 θ 的连续可微函数，可以用梯度上升的方法来优化参数 θ 使目标函数 $\varsigma(\theta)$ 最大。

目标函数 $\varsigma(\theta)$ 关于策略参数 θ 的导数为

$$
\begin{aligned}
\frac{\partial \varsigma(\theta)}{\partial \theta} &= \frac{\partial}{\partial \theta}\int p_\theta(\tau)G(\tau)\mathrm{d}\tau \\
&= \int\left(\frac{\partial}{\partial \theta}p_\theta(\tau)\right)G(\tau)\mathrm{d}\tau \\
&= \int p_\theta(\tau)\left(\frac{1}{p_\theta(\tau)}\frac{\partial}{\partial \theta}p_\theta(\tau)\right)G(\tau)\mathrm{d}\tau \\
&= \int p_\theta(\tau)\left(\frac{\partial}{\partial \theta}\log p_\theta(\tau)\right)G(\tau)\mathrm{d}\tau \\
&= E_{\tau\sim p_\theta(\tau)}\left[\frac{\partial}{\partial \theta}\log p_\theta(\tau)G(\tau)\right]
\end{aligned} \tag{7.31}
$$

式中，$\frac{\partial}{\partial \theta}\log p_\theta(\tau)$ 为函数 $\log p_\theta(\tau)$ 关于 θ 的偏导数。从式（7.31）中可以看出，参数 θ 优化的方向是使总回报 $G(\tau)$ 越大的轨迹 τ 的概率 $p_\theta(\tau)$ 也越大。

$\frac{\partial}{\partial \theta}\log p_\theta(\tau)$ 可以进一步分解为

$$
\begin{aligned}
\frac{\partial}{\partial \theta}\log p_\theta(\tau) &= \frac{\partial}{\partial \theta}\log\left(p(s_0)\prod_{t=0}^{T-1}\pi_\theta(a_t|s_t)p(s_{t+1}|s_t,a_t)\right) \\
&= \sum_{t=0}^{T-1}\frac{\partial}{\partial \theta}\log\pi_\theta(a_t|s_t)
\end{aligned} \tag{7.32}
$$

可以看出，$\frac{\partial}{\partial \theta}\log p_\theta(\tau)$ 与状态转移概率无关，只与策略函数相关。

因此，策略梯度 $\frac{\partial \varsigma(\theta)}{\partial \theta}$ 可写为

$$\begin{aligned}
\frac{\partial \varsigma(\theta)}{\partial \theta} &= E_{\tau \sim p_\theta(\tau)}\left[\left(\sum_{t=0}^{T-1} \frac{\partial}{\partial \theta} \log \pi_\theta(a_t \mid s_t) G(\tau)\right) G(\tau)\right] \\
&= E_{\tau \sim p_\theta(\tau)}\left[\left(\sum_{t=0}^{T-1} \frac{\partial}{\partial \theta} \log \pi_\theta(a_t \mid s_t)\right)(G(\tau_{0:t}) + \gamma^t G(\tau_{t:T})\right] \\
&= E_{\tau \sim p_\theta(\tau)}\left[\left(\sum_{t=0}^{T-1} \frac{\partial}{\partial \theta} \log \pi_\theta(a_t \mid s_t)\right) \gamma^t G(\tau_{t:T})\right]
\end{aligned} \tag{7.33}$$

式中，$G(\tau_{t:T})$ 为以时刻 t 作为起始时刻收到的总回报：

$$G(\tau_{t:T}) = \sum_{t=0}^{T-1} \frac{\partial}{\partial \theta} \gamma^{t'-t} r_{t'+1} \tag{7.34}$$

7.3.2　REINFORCE 算法

期望可以通过采样的方法来近似。REINFORCE 算法是一种用于强化学习的基本策略梯度方法之一。它用于训练策略来最大化在一个环境中执行某个任务所获得的期望累积奖励。以下是 REINFORCE 算法的基本思想和步骤。

（1）定义策略网络：首先，需要定义一个参数化的策略网络，通常是一个神经网络，它接收环境的观察作为输入，并输出执行每个动作的概率分布。

（2）采样动作：使用策略网络来采样动作。对于每个时间步，根据策略网络输出的概率分布，从中采样一个动作作为当前的行动。

（3）执行动作：将采样得到的动作应用于环境中，并观察环境的反馈，包括奖励和下一个状态。

（4）计算损失：对于每一个时间步，使用 REINFORCE 算法的损失函数来计算梯度。损失函数通常是当前动作的对数概率乘以未来奖励的折扣总和。该损失函数的目标是最大化期望累积奖励。

（5）更新参数：使用计算得到的梯度来更新策略网络的参数，通常采用梯度上升的方式，以提高策略网络输出正确动作的概率。

（6）重复训练：重复执行以上步骤，通过与环境的交互来不断训练策略网络，直到策略收敛或达到预先设定的训练次数。

需要注意的是，REINFORCE 算法是一种基本的策略梯度方法，在实践中可能会面临一些挑战，如样本效率低、收敛速度慢等。为了提高效率和稳定性，通常会对 REINFORCE 算法进行改进，如使用基线、重要性采样等技术。

以下是简单的 REINFORCE 算法代码示例。

```
import torch
import torch.optim as optim
class REINFORCE:
    def __init__(self, input_dim, output_dim, lr = 0.01, gamma = 0.99):
        self.policy_network = PolicyNetwork(input_dim, output_dim)
        self.optimizer = optim.Adam(self.policy_network. parameters(),
                        lr=lr)
        self.gamma = gamma
    def select_action(self, state):
        state = torch.FloatTensor(state)
```

```
        probs = self.policy_network(state)
        action = torch.multinomial(probs, 1).item()
        return action
    def update(self, trajectory):
        total_reward = 0
        loss = []
        for log_prob, reward in trajectory[::-1]:
            total_reward = reward + self.gamma * total_reward
            loss.append(-log_prob * total_reward)
        self.optimizer.zero_grad()
        loss = torch.stack(loss).sum()
        loss.backward()
        self.optimizer.step()
```

这段代码实现了基于 REINFORCE 算法的智能体类，利用概率性策略网络预测状态下的动作概率分布，并将累积奖励和动作的对数概率的乘积作为损失，通过梯度上升优化策略网络的参数，从而使智能体在强化学习任务中学会选择最优的动作序列，以最大化累积奖励。

7.3.3 原始策略梯度的改进

原始策略梯度方法（如 REINFORCE 算法）存在一些问题，如样本效率低、方差高等。为了改进这些问题，一些方法和技术被提出。以下是几种常见的原始策略梯度改进方法。

（1）基线：基线是一个对期望奖励的估计值，用于减少策略梯度估计的方差。通过减去基线，可以减小梯度的方差，提高算法的效率和稳定性。常用的基线包括状态值函数的估计值或固定的基线值。

（2）重要性采样：重要性采样是一种用于解决策略梯度估计中样本效率低的问题的方法。它通过重新加权历史轨迹中的样本，使稀有事件（高概率事件）的梯度估计更加准确。重要性采样可以提高算法的样本效率，减少训练所需的样本数量。

（3）Actor-Critic 方法：Actor-Critic 方法结合了策略梯度和值函数近似方法，既学习一个策略函数（actor），又学习一个值函数（critic）。值函数可以用作基线来减小梯度估计的方差，并提供对策略改进的额外信息。Actor-Critic 方法通常比纯粹的策略梯度方法更加高效和稳定。

（4）自适应学习率方法：自适应学习率方法可以根据梯度的大小和方向动态地调整学习率，以提高训练的效率和稳定性。常用的自适应学习率方法包括 AdaGrad、RMSProp 和 Adam 等。

（5）重复采样方法：重复采样方法通过多次重复采样同一条轨迹来减小梯度估计的方差。这种方法有助于平均掉样本的随机性，提高梯度估计的准确性。

上述方法可以单独使用也可以结合使用，以改进原始策略梯度方法的性能和效率。选择适当的改进方法取决于具体的问题和应用场景，以及算法的特性和要求。

7.3.4 带基准的 REINFORCE 算法

REINFORCE 算法的一个主要缺点是不同路径之间的方差很大，导致训练不稳定，这是在高维空间中使用蒙特卡洛算法的通病。带基准的 REINFORCE 算法是 REINFORCE 算法的一种改进版本，通过引入基准来减小策略梯度估计的方差，从而提高算法的效率和稳定性。一种减小方差的通用方法是引入一个控制变量。假设要估计函数 f 的期望，为了减小 f 的方差，可引入一个已知期望的函数 g，令

$$\hat{f} = f - \alpha(g - E[g]) \tag{7.35}$$

因为 $E(\hat{f}) = E(f)$，可以用 $\hat{f}$ 的期望来估计函数 f 的期望，同时利用函数 g 来减小 $\hat{f}$ 的方差。

函数 $\hat{f}$ 的方差为

$$\operatorname{var}(\hat{f}) = \operatorname{var}(f) - 2\alpha\operatorname{cov}(f,g) + \alpha^2\operatorname{var}(g) \tag{7.36}$$

式中，$\operatorname{var}(\cdot)$ 和 $\operatorname{cov}(\cdot,\cdot)$ 分别表示方差和协方差。

如果要使 $\operatorname{var}(\hat{f})$ 最小，令 $\dfrac{\partial \operatorname{var}(\hat{f})}{\partial \alpha} = 0$，得到

$$\alpha = \frac{\operatorname{cov}(f,g)}{\operatorname{var}(g)} \tag{7.37}$$

因此，

$$\begin{aligned} \operatorname{var}(\hat{f}) &= \left(1 - \frac{\operatorname{cov}(f,g)^2}{\operatorname{var}(g)\operatorname{var}(f)}\right)\operatorname{var}(f) \\ &= (1 - \operatorname{corr}(f,g)^2)\operatorname{var}(f) \end{aligned} \tag{7.38}$$

式中，$\operatorname{corr}(f,g)$ 为函数 f 和 g 的相关性，相关性越高，$\hat{f}$ 的方差越小。

带基准的 REINFORCE 算法流程如下。

（1）初始化：初始化策略网络参数 θ，设置学习率 α 和折扣因子 r。

（2）采集轨迹：在每一轮训练中，与环境交互，采集轨迹为 $(s_0,a_0,r_0),(s_1,a_1,r_1),\cdots,(s_t,a_t,r_t),\cdots,(S_T,a_T,r_T)$，其中 s_t 是状态，a_t 是动作，r_t 是奖励，T 是轨迹的长度。

（3）更新策略：对于每条轨迹，从最后一个时间步开始逆序遍历，计算折扣累积奖励，并使用基准来调整奖励。然后根据损失函数的梯度对策略网络参数 θ 进行更新。

带基准的奖励计算公式如下：

$$G_t^{\text{baseline}} = \sum_{k=t}^{T} \gamma^{k-t}(r_k - b_t) \tag{7.39}$$

式中，G_t^{baseline} 是带基准的折扣累积奖励；r_k 是时间步 k 的奖励；b_t 是基准值的估计；γ 是折扣因子；T 是轨迹的长度。

（4）损失函数：损失函数可以表示为带基准的折扣累积奖励和策略网络输出的对数概率的乘积的期望值的负数，即

$$\nabla_\theta L(\theta) = -E_\tau\left[\left(\sum_{t=0}^{T}\nabla_\theta \log \pi_\theta(a_t \mid s_t)\right)(G_t^{\text{baseline}} - b_t)\right] \tag{7.40}$$

式中，∇ 表示轨迹；s_t 是时间步 t 的状态；a_t 是动作；$\pi_\theta(a_t \mid s_t)$ 是策略网络输出的动作概率；G_t^{baseline} 是带基准的折扣累积奖励；b_t 是基准值的估计。

带基准的 REINFORCE 算法通过引入基准来减小梯度估计的方差，从而提高算法的稳定性和效率。选择合适的基准估计方法是带基准的 REINFORCE 算法中的一个关

键问题，通常可以使用状态值函数的估计值或固定的基准值作为基准。

带基准的 REINFORCE 算法代码只需要在 REINFORCE 算法上增加如下基准代码。

```
1.   total_reward_with_baseline = reward - baseline_estimate +
                                   self.gamma * total_reward_with_baseline
2.   loss.append(-log_prob * (total_reward_with_baseline - baseline_
             estimate))
```

7.3.5 重要性采样

强化学习中的重要性采样是一种用于估计期望值的技术，特别适用于在概率分布中采样的情况。在强化学习中，重要性采样通常用于计算策略评估和策略改进过程中的期望回报。重要性采样并没有直接针对待求解分布进行采样，而是对待求解分布的期望进行采样，这是因为基于待求解分布过于复杂，无法基于该分布直接求解期望。具体做法如下。

（1）选择另一个采样分布，针对其重要性进行采样。

（2）通过采样结果与重要性的加权和来近似待求解分布的期望。

具体什么是重要性，又如何根据重要性求解待分布期望的场景设计如下。

假设 x 是服从待求解概率分布 $p(x)$的离散型随机变量，$p(x)$对应期望表示如下（$f(x)$ 为随机变量 x 的一个函数）：

$$E_{x\sim p(x)}[f(x)]=\sum_x p(x)f(x)\approx\frac{1}{N}\sum_{i=1}^{N}f(x^{(i)}) \tag{7.41}$$

由于 $p(x)$过于复杂，无法采样出样本集合 $\{x^{(1)},x^{(2)},\cdots,x^{(N)}\}$ 来近似求解 $E_{x\sim p(x)}[f(x)]$。因此，在这里引入一个采样分布（能够直接进行采样的分布）$q(x)$，并对原式进行如下变换（将 $f(x)$ 提到前面）：

$$\begin{aligned}E_{x\sim p(x)}[f(x)]&=\sum_x p(x)f(x)\\&=\sum_x\frac{p(x)}{q(x)}q(x)f(x)\\&=\sum_x\frac{p(x)}{q(x)}f(x)q(x)\end{aligned} \tag{7.42}$$

根据式（7.42）的变换结果，将 x 看成服从 $q(x)$的期望表示：

$$\begin{aligned}E_{x\sim p(x)}[f(x)]&=\sum_x\left[\frac{p(x)}{q(x)}f(x)\right]q(x)\\&=E_{x\sim q(x)}\left[\frac{p(x)}{q(x)}f(x)\right]\end{aligned} \tag{7.43}$$

由于 $q(x)$同样是一个分布，并且容易进行采样，根据蒙特卡洛算法，近似表示如下：

$$E_{x\sim p(x)}[f(x)]=E_{x\sim q(x)}\left[\frac{p(x)}{q(x)}f(x)\right]\approx\frac{1}{N}\sum_{i=1}^{N}\frac{p(x^{(i)})}{q(x^{(i)})}f(x^{(i)}) \tag{7.44}$$

通过观察发现，x 服从 $p(x)$的蒙特卡洛算法表示结果与 $q(x)$相差一个系数：$\dfrac{p(x^{(i)})}{q(x^{(i)})}$，称这个系数为重要性采样比率，也称重要度系数。

重要性采样的特点如下。

（1）采样分布 $q(x)$和待求解分布 $p(x)$之间具有相同的定义域，因为它们都是基于随机变量 x 的概率分布。

（2）采样分布 $q(x)$与待求解分布 $p(x)$越接近，方差越小；反之，方差越大。证明如下。

根据期望与方差的联系：

$$\operatorname{var}(X)=E[X^2]-(E[X])^2 \tag{7.45}$$

分别求解随机变量 x 服从待求解分布 $p(x)$和采样分布 $q(x)$的方差：

$$\operatorname{var}_{x\sim p(x)}[f(x)]=E_{x\sim p(x)}\left[f(x)^2\right]-\left(E_{x\sim p(x)}[f(x)]\right)^2 \tag{7.46}$$

$$\operatorname{var}_{x\sim q(x)}\left[f(x)\frac{p(x)}{q(x)}\right]=E_{x\sim q(x)}\left[\left(f(x)\frac{p(x)}{q(x)}\right)^2\right]-\left(E_{x\sim q(x)}\left[f(x)\frac{p(x)}{q(x)}\right]\right)^2 \tag{7.47}$$

将式（7.46）右侧的第1项展开，根据重要性采样中两种分布期望的关联关系（将 $f(x)^2$ 替换成 $f(x)$ ）：

$$E_{x\sim p(x)}\left[f(x)^2\right]=E_{x\sim q(x)}\left[\frac{p(x)}{q(x)}f(x)^2\right] \tag{7.48}$$

有

$$E_{x\sim q(x)}\left[\left(f(x)\frac{p(x)}{q(x)}\right)^2\right]=E_{x\sim q(x)}\left[\left(\frac{p(x)}{q(x)}f(x)^2\right)\frac{p(x)}{q(x)}\right]=E_{x\sim q(x)}\left[\frac{p(x)}{q(x)}f(x)^2\right] \tag{7.49}$$

因此，采样分布 $q(x)$的方差变换结果为

$$\begin{aligned}\operatorname{var}_{x\sim q(x)}\left[f(x)\frac{p(x)}{q(x)}\right]&=E_{x\sim q(x)}\left[\left(f(x)\frac{p(x)}{q(x)}\right)^2\right]-\left(E_{x\sim q(x)}\left[f(x)\frac{p(x)}{q(x)}\right]\right)^2\\&=E_{x\sim p(x)}\left[\frac{p(x)}{q(x)}f(x)^2\right]-\left(E_{x\sim p(x)}[f(x)]\right)^2\end{aligned} \tag{7.50}$$

观察两个方差结果，发现 $q(x)$的方差结果比 $p(x)$多了一个系数 $\frac{p(x)}{q(x)}$，因此如果二者分布差距过大，会导致方差变大。

下面是一个简单的 Python 代码示例，演示了如何使用重要性采样来估计一个连续分布下的期望值。

```
import numpy as np
def target_distribution(x):
    return np.exp(-x)
def proposal_distribution(x):
    return np.exp(-0.5 * (x - 2)**2)
def importance_sampling(num_samples):
    samples = np.random.normal(loc = 2, scale = 1, size = num_samples)
    weights = target_distribution(samples) / proposal_distribution
        (samples)
    expectation = np.mean(weights * samples)
    return expectation
```

这段代码实现了重要性采样方法，用于估计某个函数关于指定分布的期望值。在

函数 importance_sampling 中，首先生成符合提议分布的随机样本（这里选择了均值为 2、标准差为 1 的高斯分布作为提议分布），然后根据提议分布和目标分布的比值来计算每个样本的重要性权重，接着利用这些权重和样本值的乘积来求取期望值的近似值。重要性采样的核心思想在于，通过使用一个易于采样但与目标分布不完全一致的提议分布，结合权重来修正采样结果，以便更准确地估计目标分布下的期望值。

7.3.6 近端策略优化算法

近端策略优化（proximal policy optimization，PPO）算法之所以被提出，根本原因是策略梯度（policy gradient）在处理连续动作空间时学习率取值抉择困难。学习率取值过小，就会导致深度强化学习收敛性较差，陷入完不成训练的局面，取值过大则导致新旧策略迭代时数据不一致，造成学习波动较大或局部震荡。除此之外，由于策略梯度在线学习的性质，进行迭代策略时原来的采样数据无法被重复利用，每次迭代都需要重新采样。

同样地，置信域策略梯度算法虽然利用重要性采样、共轭梯度法求解提升了样本效率、训练速率等，但在处理函数的二阶近似时仍会面临计算量过大，以及实现过程复杂、兼容性差等缺陷；而 PPO 算法具备策略梯度、TRPO 的部分优点，采样数据和使用随机梯度上升方法优化代替目标函数之间交替进行，虽然标准的策略梯度方法对每个数据样本执行一次梯度更新，但 PPO 提出的新目标函数，可以实现小批量更新。

PPO 算法可依据策略函数网络的更新方式细化如下。

（1）含有自适应 KL 散度的 PPO-Penalty。

（2）含有截断代理目标（clippped surrogate objective）函数的 PPO-Clip。

下面介绍 PPO 算法的基本原理，以及 PPO-Penalty 和 PPO-Clip 两种形式的 PPO 算法。

PPO 算法的核心思想是通过更新策略的参数来最大化经验回报，并且通过一种特殊的目标函数来确保策略更新的幅度不会太大，从而保持策略更新的稳定性。PPO 原理有以下 3 点。

1. 由同策略（on-policy）转化为异策略（off-policy）

（1）如果被训练的 agent（智能体）和与环境做互动的 agent（生成训练样本）是同一个的话，那么叫作 on-policy。

（2）如果被训练的 agent 和与环境做互动的 agent（生成训练样本）不是同一个的话，那么叫作 off-policy。

PPO 算法是在策略梯度算法的基础上被提出的，策略梯度是一种 on-policy 的方法，它首先利用现有策略和环境互动，产生学习资料，然后利用产生的资料，按照策略梯度的方法更新策略参数，再用新的策略重复交互、更新过程。这其中有很多的时间都浪费在了产生资料的过程中，因此应该让 PPO 算法转化为 off-policy。

off-policy 的目的就是更加充分地利用策略函数产生的交互资料来提高学习效率。

2. 重要性采样

重要性采样是一种用于估计在一个分布下的期望值的方法。在强化学习中，需要估计由当前策略产生的样本的值函数，然后利用该估计值来优化策略。然而，在训练过程中，通常会使用一些已经训练好的旧策略来采集样本，而不是使用当前的最新策略。这就导致了采样样本和当前策略不匹配的问题，也就是所谓的“策略偏移”。

为什么要在 PPO 算法中使用重要性采样呢？先来看一下策略梯度的梯度公式：

$$\nabla \bar{R}(\tau) = E_{\tau \sim p_\theta(\tau)}\left[A^\theta(s_t, a_t)\nabla \log p_\theta(a_t^n \mid s_t^n)\right] \tag{7.51}$$

式（7.51）是基于 $\tau \sim p_\theta(\tau)$ 采样的，一旦更新了参数（从 θ 到 θ'），概率 p_θ 就不对了；而重要性采样解决的正是从 $\tau \sim p_\theta(\tau)$，计算 θ' 的 $\nabla \bar{R}(\tau)$ 的问题。

3. off-policy 下的梯度公式推导

在 on-policy 情况下，策略梯度公式为

$$\nabla \bar{R}(\tau) = E_{(s_t, a_t) \sim \pi_\theta}\left[A^\theta(s_t, a_t)\nabla \log p_\theta(a_t^n \mid s_t^n)\right] \tag{7.52}$$

由上面的推导可知，利用 θ' 优化 θ 的公式为

$$\nabla \bar{R}(\tau) = E_{(s_t, a_t) \sim \pi_{\theta'}}\left[\frac{p_{\theta(s_t, a_t)}}{p_{\theta'(s_t, a_t)}} A^\theta(s_t, a_t)\nabla \log p_\theta(a_t^n \mid s_t^n)\right] \tag{7.53}$$

将 $p_{\theta(s_t, a_t)}$ 展开可得

$$\nabla \bar{R}(\tau) = E_{(s_t, a_t) \sim \pi_{\theta'}}\left[\frac{p_{\theta(a_t \mid s_t)}}{p_{\theta'(a_t \mid s_t)}} \frac{p_{\theta(s_t)}}{p_{\theta'(s_t)}} A^{\theta'}(s_t, a_t)\nabla \log p_\theta(a_t^n \mid s_t^n)\right] \tag{7.54}$$

认为某一个状态 s_t 出现的概率与策略函数无关，只与环境有关，因此可以认为 $p_{\theta(s_t)} \approx p_{\theta'(s_t)}$，由此得出如下公式：

$$\nabla \bar{R}(\tau) = E_{(s_t, a_t) \sim \pi_{\theta'}}\left[\frac{p_{\theta(a_t \mid s_t)}}{p_{\theta'(a_t \mid s_t)}} A^{\theta'}(s_t, a_t)\nabla \log p_\theta(a_t^n \mid s_t^n)\right] \tag{7.55}$$

根据上面的式子，就可以完成 off-policy 的工作，反推出的目标函数为

$$J^{\theta'}(\theta) = E_{(s_t, a_t) \sim \pi_{\theta'}}\left[\frac{p_{\theta(a_t \mid s_t)}}{p_{\theta'(a_t \mid s_t)}} A^{\theta'}(s_t, a_t)\right] \tag{7.56}$$

PPO 算法是一种在强化学习中常用的策略优化算法，它通过限制每次更新的策略改变来提高训练的稳定性。下面是一个简单的 PPO 算法的 Python 代码示例，用于在 OpenAI Gym 环境中训练智能体。

```
#PPO 算法实现
class PPOAgent:
    def __init__(self, num_actions):
        self.policy_network = PolicyNetwork(num_actions)
        self.optimizer = tf.keras.optimizers.Adam (learning_rate =
                                0.001)
        self.gamma = 0.99
        self.epsilon = 0.2
    def compute_loss(self, actions, rewards, old_probs, advantages):
        actions = tf.convert_to_tensor(actions, dtype = tf.int32)
        rewards = tf.convert_to_tensor(rewards, dtype = tf.float32)
        old_probs = tf.convert_to_tensor(old_probs, dtype = tf.float32)
```

```
        advantages = tf.convert_to_tensor(advantages, dtype = tf.float32)
        with tf.GradientTape() as tape:
            logits = self.policy_network(actions)
            probs = tf.nn.Softmax(logits)
            action_masks = tf.one_hot(actions, depth = probs.
                  shape[1])
            action_probs = tf.reduce_sum(action_masks * probs,
                  axis = 1)
            ratio = action_probs / old_probs
            clipped_ratio = tf.clip_by_value(ratio, 1 - self.
                  epsilon, 1 + self.epsilon)
            min_adv = tf.where(advantages > 0, clipped_ratio *
                  advantages, clipped_ratio * advantages)
            loss = -tf.reduce_mean(tf.minimum(ratio * advantages,
                  min_adv))
        return loss
```

这段代码实现了 PPO 算法的关键部分。首先，在 PPOAgent 类的初始化方法中，设置了策略网络、优化器、折扣因子和 PPO 算法的超参数。然后，compute_loss 方法计算了 PPO 算法的损失函数，其中包括计算动作的概率分布、计算动作比率、裁剪比率以及最小优势估计。通过这段代码，实现 PPO 算法，使智能体能够学习到在环境中采取合适的动作以获得更高的奖励。

7.4 演员-评论员算法

演员-评论员算法是一类强化学习算法，它结合了两种不同角色的网络：演员负责执行动作，生成策略，而评论员则负责评估动作的好坏，并为演员提供反馈。演员-评论员算法通过使用评论员的价值函数估计来指导演员的动作选择，从而提高策略的学习效率和稳定性。

7.4.1 A2C 算法

强化学习中的 A2C（advantage actor-critic）算法是一种结合了演员-评论员框架和优势函数的算法。这种算法在处理决策问题时，能够有效地平衡探索和利用的策略。以下是 A2C 算法的关键要素和运作机制。演员-评论员框架如下。

（1）演员：负责根据当前状态选择动作。它通常由一个神经网络实现，输出一个动作概率分布。

（2）评论员：评估演员选定的动作好坏。它通常也由一个神经网络实现，输出当前状态或动作的价值估计。

优势函数如下。

① 优势函数 $A(s,a)=Q(s,a)-V(s)$ 表示在状态 s 下采取动作 a 相对于平均水平的优势。其中，$Q(s,a)$是动作价值函数，表示在状态 s 下采取动作 a 的预期回报；$V(s)$是状态价值函数，表示状态 s 的预期回报。

② 使用优势函数而不是简单的回报差异，有助于减少方差，加快学习过程。

（3）学习过程：①在每一步，演员根据当前策略选择动作，环境返回新的状态和奖励。②评论员评估这一动作，并计算优势函数。③通过梯度上升（对演员）和梯度下降（对评论员）来更新网络权重，目的是最大化奖励并减少预测误差。

（4）算法特点：①并行处理，A2C 支持多个代理同时运行，每个代理在不同的环境实例中运行，这有助于加快学习过程并增强泛化能力。②稳定性和效率，与单纯的策略函数或值函数方法相比，A2C 通过结合两者的优势，提高了学习的稳定性和效率。

A2C 算法在各种强化学习场景，特别是在需要连续动作空间和复杂状态空间处理的任务中，表现出了良好的性能。然而，它也需要适当的调参和网络结构设计，以适应特定的应用场景。

以下是实现 A2C 算法的代码示例。

```python
class A2C:
    #A2C 算法
    def __init__(self, n_states, n_actions, cfg) -> None:
        self.gamma = cfg.gamma
        self.device = cfg.device
        self.model = ActorCritic(n_states, n_actions, cfg.hidden_size).to(self.device)
        self.optimizer = optim.Adam(self.model.parameters())
    def compute_returns(self, next_value, rewards, masks):
        R = next_value
        returns = []
        for step in reversed(range(len(rewards))):
            R = rewards[step] + self.gamma * R * masks[step]
            returns.insert(0, R)
        return returns
```

这段代码实现了基于 A2C 算法的智能体类。A2C 算法结合了演员-评论员结构，在初始化方法中设置了折扣因子和设备类型，并创建了一个 ActorCritic 模型和一个 Adam 优化器。A2C 算法通过同时学习演员网络和评论员网络来提高训练效率和稳定性，演员网络用于学习策略，评论员网络用于估计状态值函数，进而计算优势值，使策略更新更加准确和高效。

7.4.2 A3C 算法

A3C（asynchronous advantage actor-critic）算法是一种高效的强化学习算法，主要用于解决决策问题。A3C 是 A2C 的异步版本，它通过并行执行多个代理来加速学习过程。A3C 算法的关键特点和工作原理如下。

（1）异步执行：在 A3C 中，多个代理在不同的环境副本中并行运行。每个代理都有自己的策略和价值网络，但它们定期与全局网络同步，并且这种并行执行有助于探索不同的策略，减少了获取经验的相关性，从而提高了学习效率和稳定性。

（2）演员-评论员框架：类似于 A2C，A3C 也采用演员-评论员框架。

（3）优势函数：A3C 同样使用优势函数来引导策略的更新，优势函数衡量了实际采取的动作相对于平均期望的优势。

（4）梯度更新：每个代理在自己的环境中运行一段时间后，会计算梯度并将其应用于全局网络。之后，代理会从全局网络中获取最新的网络权重，继续学习过程。

（5）算法特点：①高效性，由于异步和并行的特性，A3C 能够更快地收敛，并且通常比同步方法（如 A2C）更高效。②稳健性，多代理并行执行意味着算法能探索到更多样化的状态空间，提高了策略的鲁棒性。③适应性，A3C 适用于各种环境，包括离散和连续的动作空间。

A3C 算法由于具有高效性和适应性，在复杂的强化学习任务中被广泛应用，如游戏玩家、机器人控制等。然而，A3C 的实现比 A2C 更为复杂，需要合理的资源分配和网络结构设计。

7.5 应 用 分 析

7.5.1 游戏中的强化学习应用

游戏中的强化学习应用非常广泛，涉及多个方面，包括游戏智能体的训练、游戏环境的建模、游戏机制的优化等。下面列举了一些游戏中强化学习的应用场景。

（1）游戏智能体训练：强化学习可用于训练游戏中的智能体，使其能够自主学习游戏规则和策略，并提高在游戏中的表现。例如，训练一个围棋或象棋的 AI，让其能够与人类玩家对弈并逐渐提高水平。

（2）游戏环境建模：强化学习可用于建模游戏环境的物理特性、玩家行为模式等，以便开发者更好地设计游戏关卡、场景等。例如，使用强化学习训练游戏 AI 模拟玩家行为，从而提供更逼真的游戏体验。

（3）游戏机制优化：强化学习可以帮助优化游戏中的各种机制，如关卡设计、游戏平衡、动态难度调整等。通过分析玩家的反馈和行为数据，优化游戏的设计，提高游戏的可玩性和娱乐性。

（4）游戏内容生成：强化学习可用于生成游戏中的各种内容，如地图、角色、道具等，以提供更丰富的游戏体验。例如，使用生成对抗网络（GAN）生成游戏场景，让游戏环境更加多样化和更具有挑战性。

（5）游戏玩法优化：强化学习可用于优化游戏玩法，如自动生成新的关卡、任务等，以增加游戏的可玩性和长期吸引力。

（6）游戏开发辅助工具：强化学习可用于开发游戏开发辅助工具，如自动生成游戏故事情节、剧情分支等，提高游戏开发的效率和质量。

例如，AlphaGo 是一个著名的围棋 AI 系统，由 DeepMind 公司开发。AlphaGo 的应用涉及深度强化学习技术，其中的神经网络模型使用了深度学习技术，并且通过强化学习方法进行训练。AlphaGo 在围棋领域取得了巨大的成功，首次在 2016 年战胜了世界围棋冠军李世石，展示了强化学习在复杂游戏中的强大能力。通过与世界顶尖的围棋选手对弈，并且进行自我对弈学习，AlphaGo 不断提高自身水平，最终成为无人能敌的围棋大师。

综上所述，强化学习在游戏中的应用非常广泛，可以帮助游戏开发者提高游戏的品质、可玩性和娱乐性，为玩家提供更好的游戏体验。随着强化学习技术的不断发展和完善，相信在游戏领域中的应用会越来越多样化和深入。

7.5.2　机器人控制中的强化学习应用

机器人控制中的强化学习应用广泛，涉及多个方面，包括机器人导航、自主控制、物体抓取、路径规划、动态环境适应、多智能体协作等。以下是一些强化学习在机器人控制中的应用例子。

（1）机器人导航：强化学习可用于训练机器人在未知环境中进行导航和路径规划。通过与环境交互，机器人可以学习到如何选择合适的动作来到达目标位置，并且避免障碍物的碰撞。

（2）自主控制：强化学习可以帮助机器人学习如何在复杂环境中自主地完成任务，如在工厂生产线上进行装配操作、在仓库中进行货物搬运等。机器人可以通过与环境交互，学习到如何调整自身的姿态和动作来实现任务目标。

（3）物体抓取：强化学习可用于训练机器人学习如何抓取不同形状和大小的物体。通过与仿真环境或真实环境进行交互，机器人可以学习到如何调整手臂和爪子的位置和力度，以实现稳定和有效的抓取操作。

（4）路径规划：强化学习可用于优化机器人的路径规划算法，使其能够在复杂的环境中快速找到最优路径。机器人可以通过与环境交互，学习到如何选择合适的路径和行动策略，以最大化奖励并最小化成本。

（5）动态环境适应：强化学习可以帮助机器人适应动态环境的变化，如在风力和地形不断变化的户外环境中进行移动或飞行。机器人可以通过与环境交互，实时调整自身的控制策略，以适应环境的变化并实现稳定的运动控制。

（6）多智能体协作：强化学习可用于训练多个机器人之间的协作和竞争。例如，在多机器人足球比赛中，机器人可以通过与其他机器人交互，学习如何合作和竞争以实现团队的胜利。

综上所述，强化学习在机器人控制中具有重要的应用价值，可以帮助机器人实现自主、灵活和智能的行为，提高其在各种任务中的执行效率和适应能力。随着强化学习技术的不断发展和完善，相信其在机器人控制领域中的应用会越来越广泛和深入。

本 章 小 结

强化学习是一种十分吸引人的机器学习方法，通过智能体不断与环境进行交互，并根据经验调整其策略来最大化其长远的奖励的累积值。与其他机器学习方法相比，强化学习更接近生物学习的本质，可以应对多种复杂的场景，从而更接近通用人工智能系统的目标。

强化学习和监督学习的区别在于：①强化学习的样本通过不断与环境进行交互产生，即试错学习，而监督学习的样本由人工收集并标注；②强化学习的反馈信息只有奖励，并且是延迟的，而监督学习需要明确的指导信息，如每一个状态对应的动作。

现代强化学习可以追溯到两个来源：一个是心理学中的行为主义理论，即有机体如何在环境给予的奖励或惩罚的刺激下，逐步形成对刺激的预期，产生能获得最大利益的习惯性行为；另一个是控制论领域的最优控制问题，即在满足一定约束的条件下，寻求最优控制策略，使性能指标取极大值或极小值。

强化学习的算法非常多，大体上可以分为基于值函数的方法（包括动态规划、时序差分学习等）、基于策略函数的方法（包括策略梯度等）以及融合两者的方法。不同强化学习算法之间的关系如图 7.3 所示。

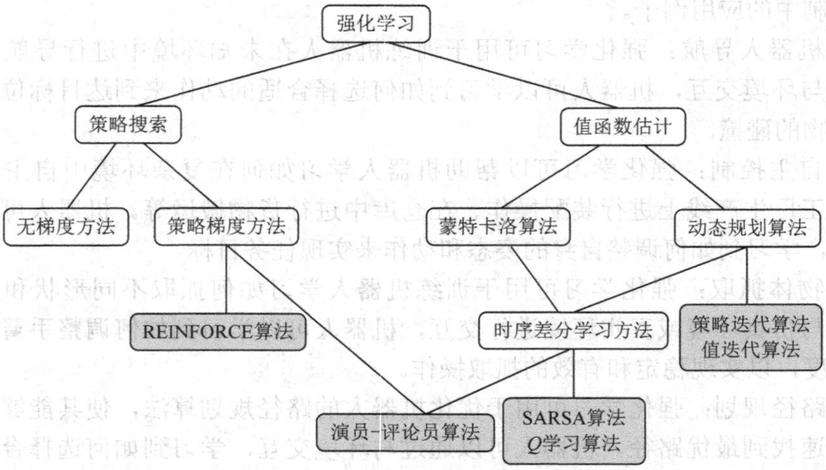

图 7.3　不同强化学习算法之间的关系

一般而言，基于值函数的方法在策略更新时可能会导致值函数的改变比较大，对收敛性有一定的影响，而基于策略函数的方法在策略更新时更加平稳一些。但后者因为策略函数的解空间比较大，难以进行充分采样，导致方差较大，并且容易收敛到局部最优解。演员-评论员算法通过融合两种方法，取长补短，具有更好的收敛性。

在深度强化学习方面，DeepMind 在 2013 年提出了第一个强化学习和深度学习结合的模型——DQN。虽然 DQN 模型相对比较简单，只是面向有限的动作空间，但依然在雅达利（Atari）公司开发的游戏上取得了很大的成功，超越了人类水平。之后，深度强化学习开始快速发展，出现了一些基于 DQN 的改进，包括双 Q 网络、优先级经验回放、决斗网络等。

目前，深度强化学习更多是同时使用策略网络和值网络来近似策略函数和值函数。在演员-评论员算法的基础上，有研究人员将策略梯度的思想推广到确定性的策略上，提出了确定性策略梯度（deterministic policy gradient，DPG）算法。策略函数为状态到动作的映射，即 $a=\pi\theta(s)$ 。采用确定性策略的好处是方差会变得很小，能提高收敛性。确定性策略的缺点是对环境的探索不足，这可以通过异策略的方法解决。进一步在 DPG 算法的基础上，利用 DQN 来估计值函数，提出深度确定性策略梯度（deep deterministic policy gradient，DDPG）算法。DDPG 算法适合连续的状态和动作空间，利用分布式计算的思想提出了异步优势的演员-评论员算法。在 A3C 算法中，有多个并行的环境，每个环境中都有一个智能体执行各自的动作并计算累计的参数梯度。在一定步数后进行累计，利用累计的参数梯度去更新所有智能体共享的全局参数。因为不同环境中的智能体可以使用不同的探索策略，这会使经验样本之间的相关性较小，所以能够提高学习效率。

除了本章介绍的标准强化学习问题之外，还存在一些更加泛化的强化学习问题。例如：

（1）部分可观测马尔可夫决策过程（partially observable markov decision processes，POMDP）是一个马尔可夫决策过程的泛化。POMDP 依然具有马尔可夫性质，但是假设智能体无法感知环境的状态 s，只能知道部分观测值 o。比如在自动驾驶中，智能体只能感知传感器采集的有限的环境信息。

POMDP 可以用一个七元组来描述：$(S,A,T,R,\Omega,O,\gamma)$，其中，$S$ 表示状态空间，为隐变量；A 为动作空间；$T(s' \mid s,a)$ 为状态转移概率；R 为奖励函数；$\Omega(o| s,a)$为观测概率；O 为观测空间；γ 为折扣系数。

（2）逆向强化学习，强化学习的基础是智能体可以和环境进行交互，得到奖励。但在某些情况下，智能体无法从环境中得到奖励，只有一组轨迹示例。例如，在自动驾驶中，可以得到司机的一组轨迹数据，但并不知道司机在每个时刻得到的即时奖励。虽然可以用监督学习来解决，称为行为克隆。但行为克隆只是学习司机的行为，并没有探究司机行为的动机。

逆向强化学习是指一个不带奖励的马尔可夫决策过程，通过给定的一组专家（或教师）的行为轨迹示例逆向估计出奖励函数 $r(s,a,s')$来解释专家的行为，然后再进行强化学习。

（3）分层强化学习是指将一个复杂的强化学习问题分解成多个小的、简单的子问题，每个子问题都可以单独用马尔可夫决策过程来建模。这样，可以将智能体的策略分为高层次策略和低层次策略，高层次策略根据当前状态决定如何执行低层次策略。这样，智能体就可以解决一些非常复杂的任务了。

思考题或自测题

1. 什么是强化学习中的“马尔可夫决策过程”？它的基本组成部分是什么？

2. 在强化学习中，什么是“奖励信号”？它对于智能体学习过程的重要性是什么？

3. 证明式（7.17）。

4. 请解释什么是策略迭代和价值迭代？它们之间的主要区别是什么？

5. 分析 SARSA 算法和 Q 学习算法的不同。

6. 证明式（7.33）。

7. 在实际应用中，REINFORCE 算法可能面临的挑战是什么？如何解决这些挑战以提高算法的效率和性能？

8. 在 PPO 算法中，策略的更新是如何与先前策略之间的差异进行比较的？这种差异如何影响参数更新的大小？

9. 在演员-评论员算法和生成对抗网络中都有两个可学习的模型，其中一个模型用来评估另一个模型的质量。试分析演员-评论员算法和生成对抗网络在学习方式上的异同点。

10. 简述 A3C 算法与 A2C 算法的差异性。

第 8 章 网络轻量化

网络轻量化是一种深度学习模型优化的技术，旨在减少神经网络的计算和存储开销，以适应资源受限（如移动设备、嵌入式系统和边缘计算设备）的环境。该技术通过降低模型的参数数量、计算复杂度和存储需求，在保持模型性能的同时提高模型的推理效率。以下是网络轻量化的一些关键方面和方法。

（1）模型结构设计：重新设计神经网络的结构，提高模型的计算效率。轻量模型结构通常包括深度可分离卷积、轻量块设计、跳跃连接等，在减小参数规模的同时保持对任务的高效处理能力。

（2）通道修剪：利用统计选择的通道修剪方法，通过选择性地剪裁对模型贡献较小的通道，降低模型的复杂度，保持任务的关键特征。

（3）知识蒸馏（knowledge distillation，KD）：通过从一个大型、高性能的模型中蒸馏知识，将这些知识传递到一个轻量化的模型中。这个大型模型被称作教师模型，轻量化模型被称作学生模型。蒸馏学习过程有助于在保持性能的同时减小模型规模。

（4）强化学习：使用强化学习技术来指导模型修剪或结构设计的决策，实现在资源受限的环境中优化模型性能和轻量化的目标。

（5）量化：将模型的参数和激活值转换为低位宽的定点数或整数，以减小模型的存储需求和计算开销。这有助于在保持模型性能的同时提高推理速度。

（6）硬件加速：利用专门设计的硬件（如 TPU、GPU、ASIC 等）加速神经网络的推理过程，提高轻量模型的计算效率。

（7）自适应计算：根据输入数据的特性，动态调整模型计算的复杂度，包括使用可分离卷积、稀疏卷积等技术，在不同输入上实现灵活计算。

网络轻量化技术的发展使深度学习模型更适用于移动设备和嵌入式系统等资源受限的场景，同时有助于减小模型在云端部署时的资源占用，使深度学习模型更具可部署性，广泛应用于实际的生产和应用环境中。本章重点讨论基于统计选择的通道修剪、基于知识蒸馏的模型轻量化和基于强化的模型轻量化学习这 3 个关键技术。

8.1 基于统计选择的通道修剪

基于统计选择的通道修剪是深度学习中一项引人注目的模型优化技术，其核心目标是在降低计算和存储成本的同时，尽可能地保持或提高神经网络的性能。该技术的思想源于对神经网络参数的分析，通过利用统计信息，精确地评估每个通道对整体模型性能的贡献，从而决定是否剪切某些通道。通道修剪的关键思想是对模型中每个通道的“贡献度”进行量化评估。这一贡献度可以通过各种统计手段，如梯度信息、激活值、权重分布等进行分析。通过这种方式，修剪算法能够辨别并选择性地剪切那些对整体模型性能影响相对较小的通道，从而减小模型参数的规模。

8.1.1 通道修剪的基本原理

通道修剪是一种网络轻量化的剪枝技术，其基本原理是通过去除神经网络中的一些通道来减小模型规模，从而提高模型的效率。通道修剪的主要思想是识别和去除那些对网络性能贡献较小的通道，从而减少计算成本和参数数量，同时尽量保持模型的性能。

1. 通道修剪的基本步骤

通道修剪包括以下基本步骤。

（1）计算通道重要性：通过一定的准则，如通道的权重大小、梯度信息或激活值的统计特性，来评估每个通道的重要性。通道的重要性反映了该通道对网络输出的贡献程度。

（2）设置阈值：基于通道重要性的评估，设置一个阈值，将通道分为重要通道和不重要通道两类。通常，重要性低于阈值的通道被认为是不重要通道。

（3）剪枝操作：对于被判定为不重要的通道，将其对应的权重置零或进行其他剪枝操作，从而删除这些通道及其相关参数。这样可以减小模型的规模，同时提高推理速度。

（4）微调：在剪枝后，可能需要对修剪后的模型进行微调，以便保持模型在任务上的性能。微调通常是指在修剪的过程中保持原有的损失函数，以允许模型重新适应。

通道修剪的优点在于它能够在不显著损害模型性能的情况下，大幅减少模型的参数数量并降低计算复杂度。这对于在资源受限的环境中部署深度学习模型，如移动设备、边缘计算和嵌入式系统，具有重要的实际意义。

2. 通道修剪中的剪枝操作

通道修剪中最重要的步骤是剪枝操作，其目标是通过去除网络中的冗余和不必要的连接或参数，从而实现模型的精简和加速推理过程。这种技术的核心思想是通过一些策略来降低模型的复杂度，同时尽量保持模型的性能。剪枝可以在训练后或训练过程中进行，以提高模型的效率和适应性。具体而言，可以归纳为以下几种剪枝。

（1）权重剪枝：通过将小于某个阈值的权重设置为零，然后通过稀疏表示来减小模型。这样可以去除网络中不重要的连接，从而减少参数数量。

（2）神经元剪枝：通过删除神经网络中一些冗余或不必要的连接（称为突触），从而提高网络的效率和性能。这个过程模拟了生物神经系统中的突触重塑现象，其中大脑通过剪除或加强神经元之间的连接来适应环境和学习新信息。

（3）结构化剪枝：以一定的结构方式剪枝网络，如剪枝整个滤波器或神经元块。这样的剪枝方式可以更有效地减小模型的规模，同时保持模型的结构特征。

（4）动态剪枝：在推理过程中动态地去除不活跃的神经元或连接，以减少计算量。这种方法通常需要在线性能和模型大小之间找到平衡。

上述剪枝操作中，权重剪枝和神经元剪枝属于非结构化剪枝。

3. 剪枝的应用

剪枝在实际应用中被广泛使用，特别是在移动设备、边缘计算和嵌入式系统等资源受限的环境中，以提高模型的推理速度和减少内存占用。剪枝并不是一个新的概念，其实从学习深度学习的第一天起就接触过，Dropout 和 DropConnect 就是非常经典的剪枝技术。Dropout 随机地将一些神经元的输出置零，这就是神经元剪枝，DropConnect 则随机地将一些神经元之间的连接置零，这就是权重剪枝。

图 8.1 是一个未剪枝的网络，网络中有 6 个部分，假设 6 个部分中的每个部分只有 14 个神经元。

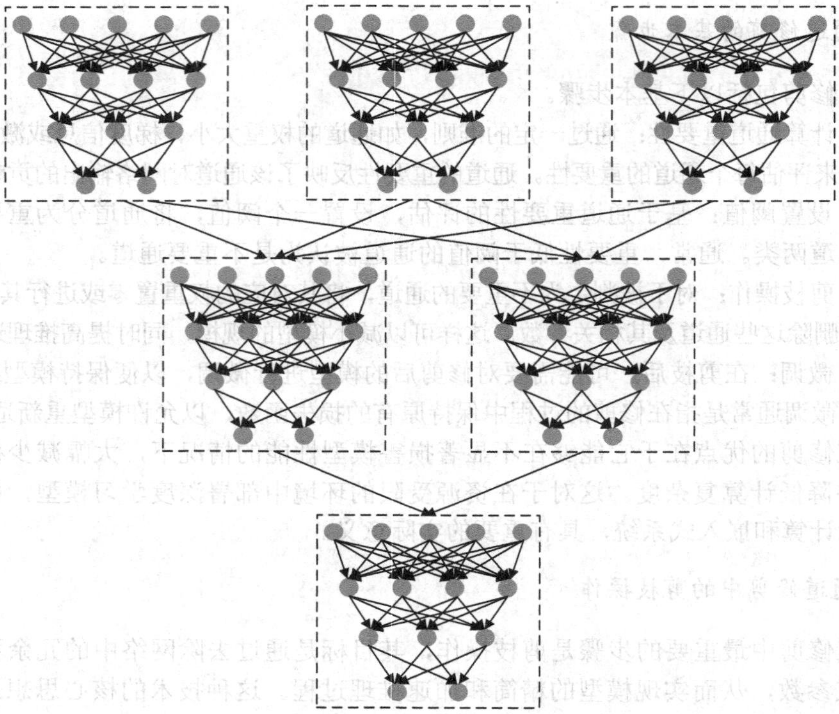

图 8.1　未剪枝的网络

图 8.1 中的一个部分如图 8.2 所示，这部分网络还没有进行剪枝操作，每一个神经元都会与它上一层和下一层的所有神经元相连接。例如，第一层的神经元与第二层的每个神经元都连接，第二层的神经元与第一层的每个神经元和第三层的每个神经元都连接，其他神经元也是如此。

图 8.3 是权重剪枝后的网络，可以看到，通过权重剪枝之后，网络中的每个神经元

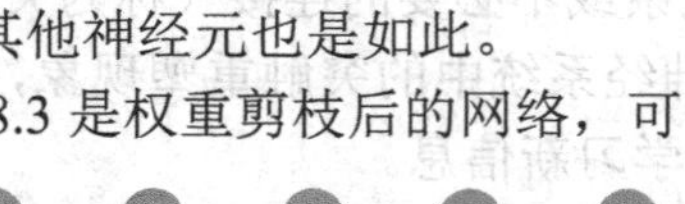

图 8.2　部分网络

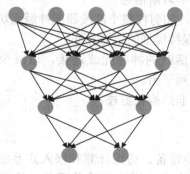

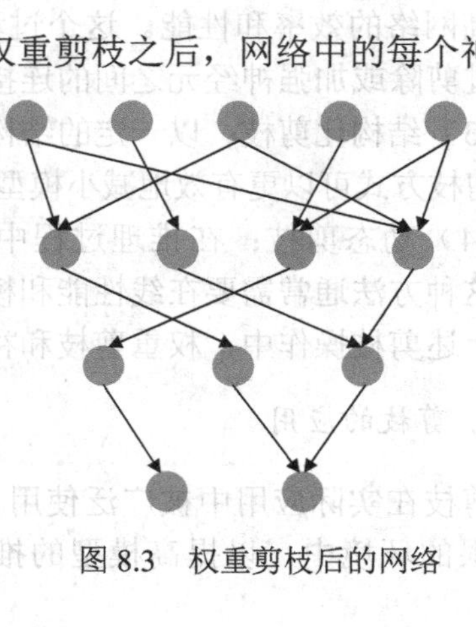

图 8.3　权重剪枝后的网络

与其他神经元的连接变少，被裁剪掉一部分。

图 8.4 是神经元剪枝后的网络，原本网络中的 14 个神经元经过剪枝操作后变成了 12 个，网络结构中的某些神经元被删除了。

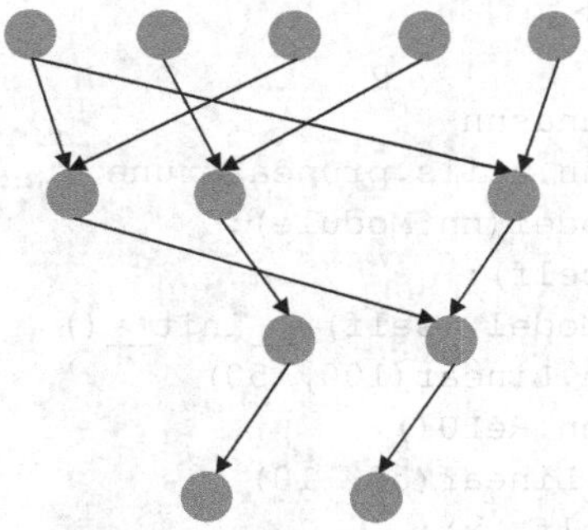

图 8.4　神经元剪枝后的网络

图 8.5 是结构化剪枝后的网络，是在图 8.1 所示的网络基础上直接删除几个部分。

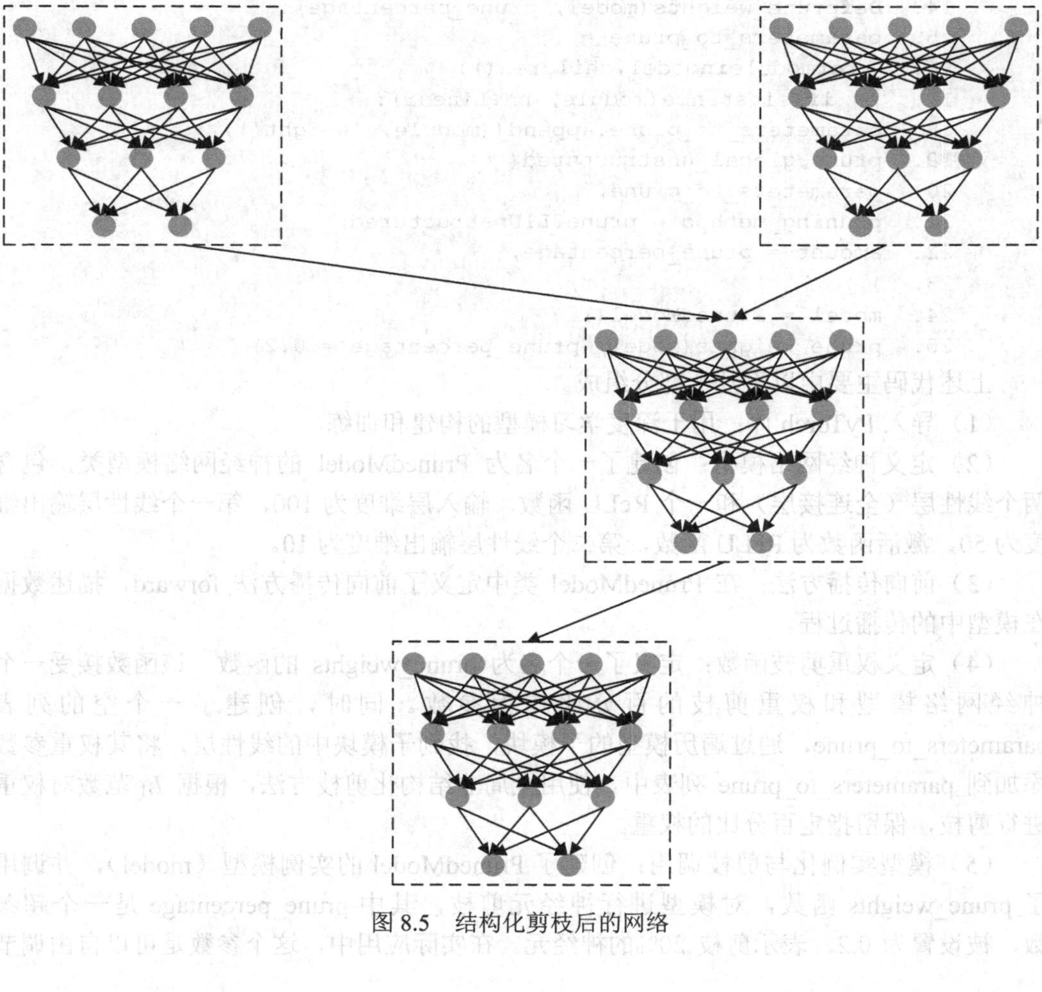

图 8.5　结构化剪枝后的网络

下面是两段简单的 Python 代码，实现权重剪枝和神经元剪枝，在实际的应用中可能需要更多的处理，具体取决于模型的结构和任务的需要。在执行神经元剪枝时，如果神经元之间有共享权重和偏置，则需要更复杂的处理。

实现权重剪枝的代码如下。

```
Importtorch
Importtorch.nnasnn
Importtorch.nn.utils.pruneasprune
ClassPrunedModel(nn.Module):
Def__init__(self):
super(PrunedModel, self).__init__()
self.fc1 = nn.Linear(100, 50)
self.relu = nn.ReLU()
self.fc = nn.Linear(50, 10)
Defforward(self, x):
    x = self.relu(self.fc1(x))
    x = self.fc2(x)
returnx
Defprune_weights(model, prune_percentage):
parameters_to_prune = []
  formoduleinmodel.children():
    ifisinstance(module, nn.Linear):
parameters_to_prune.append((module, 'weight'))
prune.global_unstructured(
parameters_to_prune,
pruning_method = prune.L1Unstructured,
amount = prune_percentage,
)
model = PrunedModel()
prune_weights(model, prune_percentage = 0.2)
```

上述代码主要由以下几个部分组成。

（1）导入 PyTorch 库：用于深度学习模型的构建和训练。

（2）定义神经网络模型：创建了一个名为 PrunedModel 的神经网络模型类，包含两个线性层（全连接层）和一个 ReLU 函数。输入层维度为 100，第一个线性层输出维度为 50，激活函数为 ReLU 函数，第二个线性层输出维度为 10。

（3）前向传播方法：在 PrunedModel 类中定义了前向传播方法 forward，描述数据在模型中的传播过程。

（4）定义权重剪枝函数：定义了一个名为 prune_weights 的函数，该函数接受一个神经网络模型和权重剪枝的百分比作为参数。同时，创建了一个空的列表 parameters_to_prune，通过遍历模型的子模块，找到子模块中的线性层，将其权重参数添加到 parameters_to_prune 列表中。使用全局非结构化剪枝方法，根据 L_1 范数对权重进行剪枝，保留指定百分比的权重。

（5）模型实例化与剪枝调用：创建了 PrunedModel 的实例模型（model），并调用了 prune_weights 函数，对模型进行神经元剪枝，其中 prune_percentage 是一个超参数，被设置为 0.2，表示剪枝 20%的神经元。在实际应用中，这个参数是可以自由调节的，可以通过调节这个参数的大小来控制剪枝的幅度。较小的剪枝百分比会保留更多的神经元，而较大的剪枝百分比则会大幅度减小网络模型的规模，但也可能会影响到模型的性能。

实现神经元剪枝的代码如下。

```
Importtorch
Importtorch.nnasnn
import torch.nn.functionalasF
classPrunedModel(nn.Module):
def__init__(self):
super(PrunedModel, self).__init__()
self.fc1 = nn.Linear(100, 50)
self.relu = nn.ReLU()
self.fc2 = nn.Linear(50, 10)
defforward(self, x):
    x = self.relu(self.fc1(x))
    x = self.fc2(x)
return x
def prune_neurons(model, layer_name, neuron_indices):
    layer = getattr(model, layer_name)
    weight = layer.weight
    bias = layer.bias
    weight.data[: , neuron_indices] = 0
    bias.data[neuron_indices] = 0
model = PrunedModel()
neuron_indices_to_prune = [1, 3]
prune_neurons(model, 'fc1', neuron_indices_to_prune)
```

神经元剪枝代码和权重剪枝代码大同小异，差别主要在剪枝函数的定义中。在上述代码中，定义了 prune_neurons 神经元剪枝函数，参数包括模型（model），要剪枝的层的名称（layer_name），以及要剪枝的神经元索引（neuron_indices）。通过 getattr 函数访问要剪枝的层中的权重、偏置等属性。然后将权重和偏置的相应索引设置为零，就可以实现对神经元的剪枝。代码中，neuron_indices_to_prune = [1, 3]中的[1, 3]指的是将第一个和第三个神经元剪枝，prune_neurons 中的 fc1 指的是将 fc1 层的第一个和第三个神经元剪枝。

8.1.2　统计选择算法

统计选择算法利用统计学方法对模型进行剪枝，在减小模型规模的同时，保留对模型性能最重要的部分。

在网络的第 $l \in \{1,2,\cdots,L\}$ 层中，用 $X_l \in \mathbb{R}^{c_l \times h_l \times w_l}$ 来表示特征图，其中 c_l 是通道数，h_l 和 w_l 是特征图的宽度和高度。此外，（$c_{l-1} \times c_l \times k_l \times k_l$）是一组权重滤波器的张量尺度，其中 c_l 是第 l 层中的通道数，c_{l-1} 是第 l-1 层中的通道数，k_l 是第 l 层的卷积核滤波器的大小。注意，第 l-1 层的输入特征 X_{l-1} 通过卷积滤波器 W_l 的计算，经过批归一化处理或中间激活层之后被转换为输出特征映射 X_l。卷积操作产生带符号的神经元，但是非正神经元通过激活作用（如 ReLU 函数）后失活，并不影响之后的网络层，所以评价的对象是经过激活作用后的神经元所在的特征层。

首先，需要收集每个特征层的全局统计特征作为各层的观测值：平均值 μ 和标准差 σ 都是 $1\times c_l$ 向量。平均值是通道特征图的整体趋势的度量，标准差则反映了每个通道特征图对样本中心的离散分布情况。由于采用了逐层修剪的策略，在同一特征层空间中，第 i 个通道的 μ_i 和 σ_i 分别表示对应通道的平均值与标准差。下面 3 个准则用于计算每个特征图的统计得分。其中，S_i 表示第 i 个通道的得分，可视为重要性指标。

（1）平均值准则（Ave）：平均值是反映总体水平的重要特征。给观测值 μ_i 施加一定的约束条件，以反映通道特征映射的整体性能。统计得分 S_i 的计算方法如下：

$$S_i = 1 - \alpha\frac{1}{\mu_i + \varepsilon} \tag{8.1}$$

式中，α 是一个超参数，用来放缩 μ_i 的作用范围，而 ε 是一个极小值（接近但不完全为零）。小的 μ_i 意味着某个通道的特征映射中的信息量很低，很难在前向传播中发挥作用。靠近零的小值受到很强的约束，而远离零的值受到的约束逐渐减弱。

（2）标准差准则（Std）：标准差是一种描述特征离散度的度量指标。给观测值 σ_i 施加线性约束来描述通道特征的分布。统计得分 S_i 的计算方法如下：

$$S_i = \frac{\sigma_i}{\beta} - 1 \tag{8.2}$$

式中，β 是一个超参数，用于线性放大 σ_i 的作用效果。通常，卷积滤波器对差异比较敏感；相对应的，光滑神经元（σ_i 小）的表达在卷积运算中很难起作用。该准则可以选择标准差较大的特征映射，而丢弃 σ_i 较低的特征映射。

（3）混合统计准则（AStd）：随着 μ_i 的增大，误判的可能性增大。幸运的是，σ_i 有效地降低了这种误判风险。AStd 准则结合观测值 μ_i 和 σ_i 来描述通道特征图的重要程度。统计得分 S_i 的计算方法如下：

$$S_i = -\alpha\frac{1}{\mu_i + \varepsilon} + \frac{\sigma_i}{\beta} \tag{8.3}$$

式中，α、β 和式（8.1）、式（8.2）中保持相同的含义，它们对 μ 项和 σ 项有不同的约束。一般来说，设置 $0<\alpha \leqslant \beta$。当特征映射足够弱时，仅 μ 项可以方便地选择弱特征映射的通道，μ 项在决策中起主导作用。当特征映射通道不能通过整体性能直接判定时，σ 项决策占比将逐渐超过 μ 项，起到决定性的作用，特征映射的分布越离散，包含的信息越多。

特征映射是上一个特征层通过卷积运算，经过归一化处理和激活作用的输出，同时也是下一个特征层的输入。弱的特征映射是卷积滤波效果较差的表现，在前向推理中很难表达。通过 AStd 准则，可以选择总体性能较差的特征映射和内部差异不明显的特征映射进行移除。该方法对关键神经元具有较强的识别能力。

图 8.6 展示了通道修剪方法的总体框架。首先，收集每个特征层的全局平均值和标准差；然后，构建评价函数，并根据统计得分选择弱特征映射的通道，分数低于零的特征映射通道及其相应的卷积滤波器将被丢弃；最后，微调可以帮助经过修剪的模型恢复受损的性能。

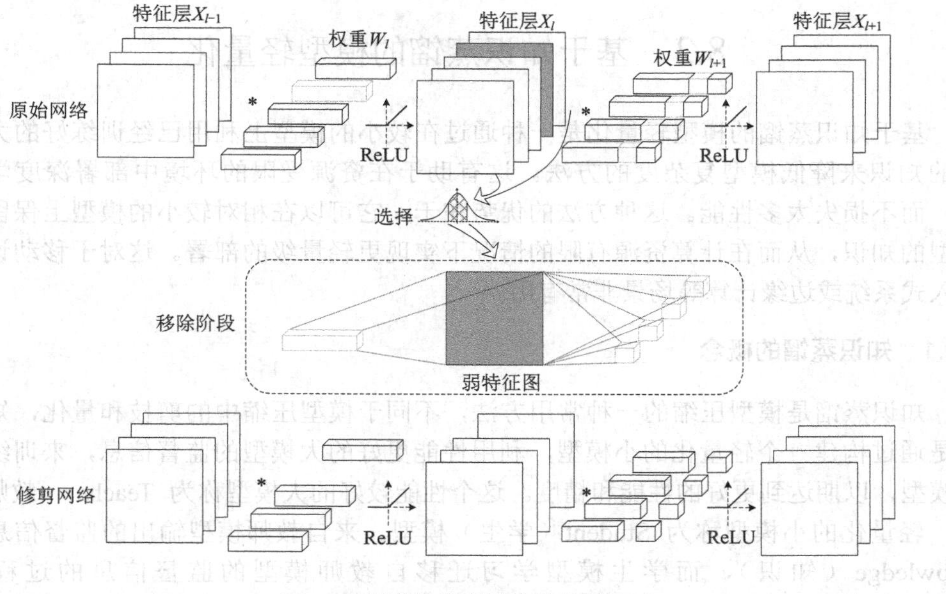

图 8.6　通道修剪方法的总体框架

在 CNN 模型中，超参数的选择至关重要，因为它们直接影响着模型的性能和效率。为了使超参数达到最佳阈值，可以采用两种策略：逐步渐进调节和自适应调节。

逐步渐进调节策略通过逐步增大超参数值来逼近或达到阈值。在逐步渐进调节中，超参数的值在每一步都以固定的间隔逐渐增加，直到达到设定的阈值。通过这种方式，可以精确控制超参数调节的速度和幅度。虽然较小的间隔可以使修剪过程对模型性能的影响更平缓，但也会导致更长的训练时间。逐步渐进调节方法简单直观，易于实施。

自适应调节与逐步渐进调节不同，自适应调节方法根据某种规则或算法动态地调整超参数的值。通常情况下，自适应调节会根据当前的训练状态和模型性能来自适应地更新超参数。例如，可以使用阈值因子根据训练的进展情况自适应地调整超参数。这种方法更加灵活，能够适应不同的训练环境和模型性能变化，但需要更复杂的算法和参数设置来实现。

针对不同的情况，可以根据超参数的大小和调节的精细程度选择适当的调节策略。当超参数较小时，可以使用自适应调节来快速扩展值；而当超参数较大时，需要采用逐步渐进调节的方法进行更为精细化的调节，以达到修剪阈值的目的。这两种策略可以根据实际情况进行灵活组合，以实现超参数的有效调节和模型的优化。

在网络模型精度相同的情况下，使稀疏最大化的最小超参数对通道修剪具有重要的意义。对模型的修剪可能会影响神经网络的分类性能，而给予模型适当的微调可以恢复网络受损的性能。采用“修剪和再训练”的迭代方法十分有效，即一旦特征层的通道被裁剪，就要执行多次训练迭代来恢复性能。该方法可以防止网络模型陷入局部最优，节省训练过程耗时，同时提高受损网络的识别精度。

8.2　基于知识蒸馏的模型轻量化

基于知识蒸馏的模型轻量化是一种通过在较小的模型上利用已经训练好的大型模型的知识来降低模型复杂度的方法。这有助于在资源受限的环境中部署深度学习模型，而不损失太多性能。这种方法的优势在于，它可以在相对较小的模型上保留大型模型的知识，从而在计算资源有限的情况下实现更轻量级的部署。这对于移动设备、嵌入式系统或边缘计算等场景非常有用。

8.2.1　知识蒸馏的概念

知识蒸馏是模型压缩的一种常用方法，不同于模型压缩中的剪枝和量化，知识蒸馏是通过构建一个轻量化的小模型，利用性能更好的大模型的监督信息，来训练这个小模型，以期达到更好的性能和精度。这个性能较好的大模型称为 Teacher（教师）模型，轻量化的小模型称为 Student（学生）模型。来自教师模型输出的监督信息称为 Knowledge（知识），而学生模型学习迁移自教师模型的监督信息的过程称为 Distillation（蒸馏）。

图 8.7 是知识蒸馏流程图，知识蒸馏这一方法的灵感源于师生关系，教师模型代表深度网络中的高性能复杂结构，而学生模型则是精简版本，旨在保持性能的同时降低计算的复杂度。从图中可以看出，教师模型总共有 5 层，而学生模型只有 3 层，并且中间层的神经元也比教师模型少。教师通过给学生传递知识，让学生在训练阶段学习到这些知识中包含的信息，从而学习得更好。

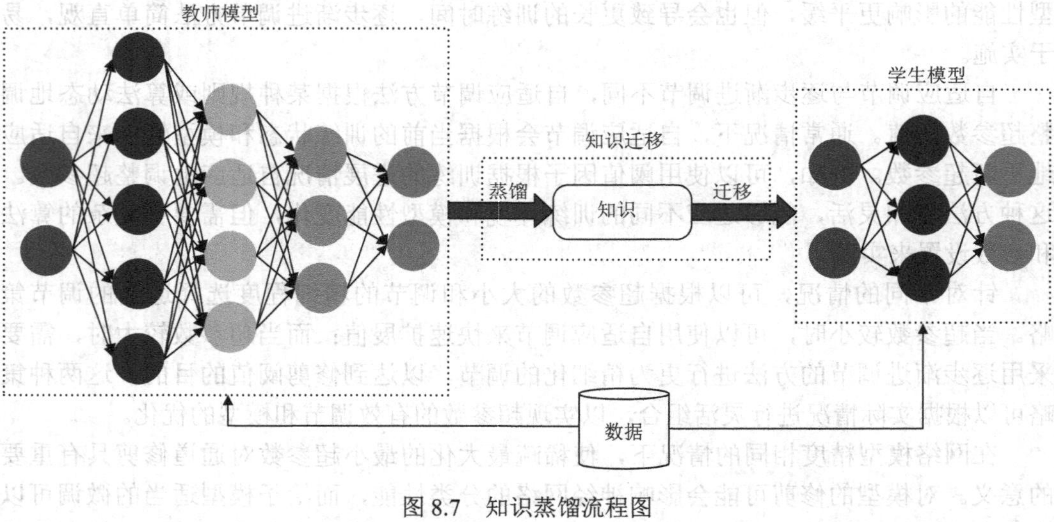

图 8.7　知识蒸馏流程图

1. 知识蒸馏的机制

根据教师模型是否和学生模型同时更新，知识蒸馏的学习方案可以分为离线蒸馏、在线蒸馏、自蒸馏 3 种机制，每种机制有其特定的应用场景和目的。

（1）离线蒸馏：在教师模型训练完成后，离线地使用教师模型生成软标签，然后使用这些软标签来训练学生模型。这是一个两阶段的过程，首先训练教师模型，然后训练学生模型。这个过程在模型训练的离线阶段进行，适用于资源充足的环境，如在云端服务器上。

（2）在线蒸馏：在模型训练的过程中，将教师模型的知识传递给学生模型。与离线蒸馏不同，这个过程是连续进行的，学生模型会不断地更新以适应任务和数据。在线蒸馏适用于动态任务或数据分布不断变化的情况，它允许学生模型实时地融合教师模型的知识。

（3）自蒸馏：一种特殊的蒸馏机制，其中教师模型和学生模型是同一个模型的不同副本。在自蒸馏中，使用教师模型自身的软标签来训练学生模型。这种方法可以使模型逐渐变得更为鲁棒，因为模型自身的软标签通常相对平滑且具有一定的噪声。

总体而言，蒸馏机制是一种有效的方法，可以在保持模型性能的同时，减小模型规模，使其更适用于资源有限的环境。选择离线蒸馏、在线蒸馏还是自蒸馏取决于具体的应用场景和任务需求。图 8.8 所示为这 3 种知识蒸馏机制传递知识的方式。

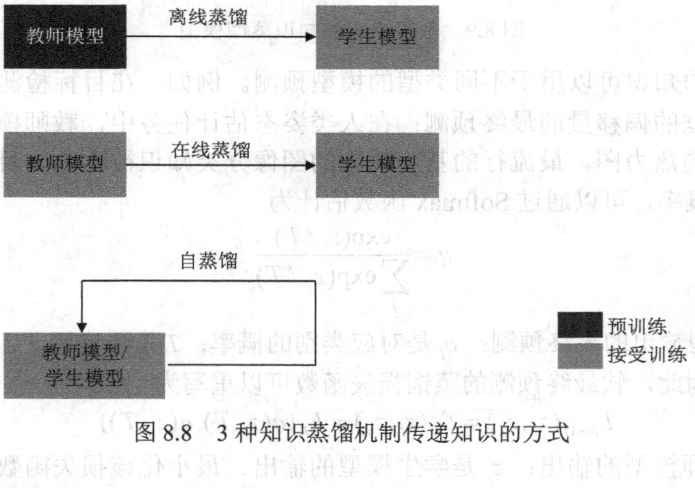

图 8.8　3 种知识蒸馏机制传递知识的方式

2. 知识蒸馏的方法

除了知识蒸馏的 3 种机制，知识蒸馏还有 3 种常见的蒸馏方法：基于响应的知识蒸馏、基于特征的知识蒸馏和基于关系的知识蒸馏。以下是对每种方法的简要介绍。

（1）基于响应的知识蒸馏：主要关注的是模型的输出。教师模型和学生模型之间的知识传递主要基于它们对输入的响应。这可能涉及软标签的生成，其中教师模型的输出被用作学生模型的目标。学生模型被训练来尽可能地复制教师模型的输出，以学习其在输入空间中的映射。

（2）基于特征的知识蒸馏：关注点放在模型的中间层特征表示上。教师模型的中间层表示被用作学生模型的目标，以便学生模型能够学到更抽象、更有效的特征表示。这样的方法可以帮助学生模型更好地捕捉输入数据中的模式和结构。

（3）基于关系的知识蒸馏：将重点放在不同类别之间的关系上。教师模型可能更好地捕捉类别之间的相似性或差异性。这些关系信息可以通过软标签传递给学生模型，使学生模型在类别之间更好地建立联系。

这里重点介绍基于响应的知识蒸馏和基于特征的知识蒸馏。

基于响应的知识蒸馏是指教师模型的最后一个输出层的神经反应，其主要思想是让学生模型直接模仿教师模型的最终预测（logits），其中比较经典的是知识蒸馏和解耦知识蒸馏（decouple KD，DKD）这两种方法。假定对数向量 $\boldsymbol{Z}$ 为全连接层的最后输出，基于响应的蒸馏形式可以被描述为

$$L_{\text{ResD}}(z_t,z_s)=\mathcal{L}_R(z_t,z_s) \tag{8.4}$$

式中，L_{ResD} 表示散度损失（这里也可以用交叉熵损失）。

图 8.9 所示为基于响应的知识蒸馏模型。

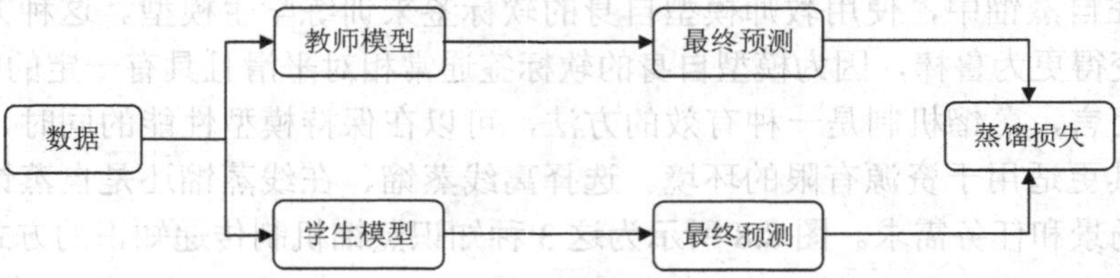

图 8.9　基于响应的知识蒸馏模型

基于响应的知识可以用于不同类型的模型预测。例如，在目标检测任务中的响应可能包含边界框的偏移量的最终预测；在人类姿态估计任务中，教师模型的响应可能包括每个地标的热力图。最流行的基于响应的图像分类知识被称为软目标。软目标是输入的类别的概率，可以通过 Softmax 函数估计为

$$q_i=\frac{\exp(z_i/T)}{\sum_j \exp(z_j/T)} \tag{8.5}$$

式中，z_i 是模型输出的最终预测；q_i 是对应类别的概率；T 是温度因子，控制每个软目标的重要性。因此，软最终预测的蒸馏损失函数可以重写为

$$L_{\text{ResD}}(z_t,z_s)=\mathcal{L}_R(z_t,z_s)=L_R(q(z_t,T),q(z_s,T)) \tag{8.6}$$

式中，z_t 是教师模型的输出；z_s 是学生模型的输出。最小化该损失函数可以使学生的最终预测和教师的最终预测相匹配。

图 8.10 所示为基于响应的知识蒸馏的具体架构。

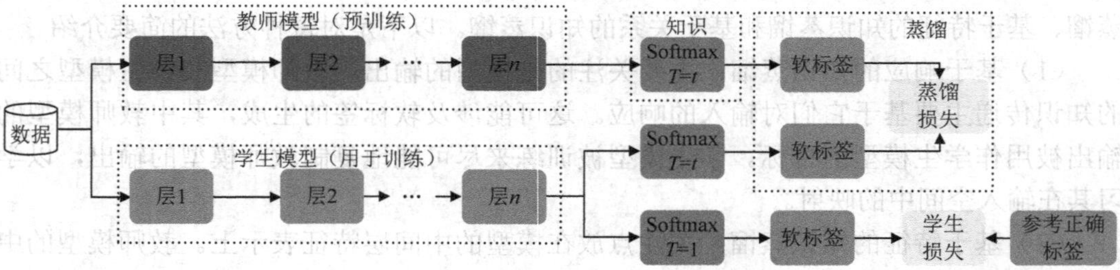

图 8.10　基于响应的知识蒸馏的具体架构

然而，基于响应的知识蒸馏通常需要依赖最后一层的输出，无法解决来自教师模型的中间层面的监督，而这对于使用非常深的神经网络进行表示学习非常重要。由于

最终预测实际上是类别概率分布，因此基于响应的知识蒸馏被限制在监督学习中。

深度神经网络善于学习不同层级的表征，因此中间层和输出层都可以被用作知识来训练学生模型，对于最后一层的输出和中间层的输出，都可以作为监督学生模型训练的知识，中间层的基于特征的知识（feature-based knowledge）对于基于响应的知识（response-based knowledge）是一个很好的补充，这种方法起源于 FitNets，这里通过引入教师网络的中间层来引导学生网络的训练。现在已经出现了各式各样的方法来蒸馏特征，其主要思想是将教师和学生的特征激活直接匹配起来。一般情况下，基于特征的知识转移的蒸馏损失可表示为

$$L_{\mathrm{FeaD}}(f_t(x), f_s(x)) = L_F(\Phi_t(f_t(x)), \Phi_s(f_s(x))) \tag{8.7}$$

式中，$f_t(x)$、$f_s(x)$ 分别是教师模型和学生模型的中间层的特征图。变换函数当教师模型和学生模型的特征图大小不同时应用。$L_F(\cdot)$ 衡量两个特征图的相似性，常用的有 L_1 范数、L_2 范数、交叉熵等。图 8.11 所示为基于特征的知识蒸馏模型的通常架构。

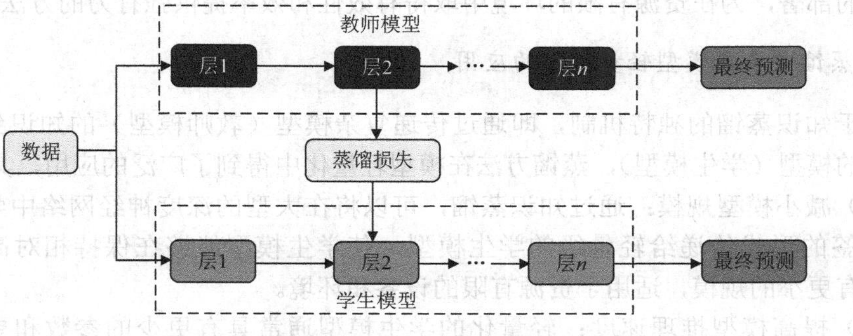

图 8.11　基于特征的知识蒸馏模型的通常架构

虽然基于特征的知识迁移为学生模型的学习提供了良好的信息，但如何有效地从教师模型中选择提示层，从学生模型中选择引导层，仍有待进一步研究。由于提示层和引导层的大小存在显著差异，如何正确匹配教师和学生的特征表示也需要探讨。

8.2.2　蒸馏方法在模型轻量化中的应用

1. 基于知识蒸馏的模型轻量化步骤的解释

在深度学习领域，基于知识蒸馏的模型轻量化是一项创新性的策略，对于在嵌入式系统、移动设备或边缘计算等资源受限的环境中实现高性能模型的部署至关重要。以下是对基于知识蒸馏的模型轻量化步骤的解释。

（1）教师模型的选择：选择一个性能较好的教师模型非常关键。这个模型通常是深度且复杂的，能够在任务上取得显著的性能。教师模型的高性能为学生模型提供了有价值的参考。

（2）软标签的生成与温度参数：软标签的生成是通过在教师模型上应用温度参数调整后的 Softmax 函数得到的。温度参数控制了软标签的平滑度，较高的温度值会使概率分布更平滑。在这一步骤中，合适的温度参数的选择对于蒸馏效果至关重要。

（3）学生模型设计：学生模型的设计应当权衡性能和轻量化。通常采用更浅、更

窄的结构，以减少参数数量并降低计算复杂度。使用轻量化模型的优势在于更适合于嵌入式设备，同时也提高了推理速度。

（4）蒸馏损失的定义：引入蒸馏损失，通常是教师模型输出和学生模型输出之间的交叉熵损失。这个损失量度了学生模型与教师模型之间的相似性，使学生模型能够更好地模拟教师模型的行为。

（5）超参数调优与验证集：在训练过程中，需要通过验证集来监测模型的性能。对于蒸馏过程中的超参数，如温度参数，进行调优是一个迭代的过程，通过实验找到最佳的超参数设置以获得最佳的轻量化效果。

（6）微调与迁移学习：微调阶段可以在蒸馏后进行，以进一步调整学生模型以适应特定任务或数据集。这一步骤还可以结合迁移学习，将学生模型在一个任务上学到的知识迁移到另一个相关的任务中。

通过这些深入的步骤，基于知识蒸馏的模型轻量化可以更好地实现高性能深度学习模型的部署，为在资源有限的环境中取得有效性和效率提供强有力的方法。

2. 蒸馏方法在模型轻量化中的应用

由于知识蒸馏的独特机制，即通过传递复杂模型（教师模型）的知识到更轻量、更简单的模型（学生模型），蒸馏方法在模型轻量化中得到了广泛的应用，具体如下。

（1）减小模型规模：通过知识蒸馏，可以将在大型的深度神经网络中学到的知识以软标签的形式传递给轻量级的学生模型，使学生模型能够在保持相对高性能的同时，具有更小的规模，适用于资源有限的设备和环境。

（2）提高模型推理速度：轻量化的学生模型通常具有更少的参数和更简单的结构，因此在推理过程中的计算开销较小。这导致了更高的推理速度，使模型更适用于实时或边缘计算应用，如移动设备、嵌入式系统等。

（3）降低内存和功耗需求：较小的模型占用更少的内存，同时在推理过程中消耗更少的能量。这对于嵌入式设备和移动端应用非常重要，可以降低功耗并延长设备的续航时间。

（4）适应边缘计算场景：在边缘计算场景中，设备通常具有有限的计算和存储资源。通过蒸馏方法，可以使深度学习模型在这些受限制的设备上高效运行，扩大其在物联网和边缘计算领域的应用范围。

（5）快速模型部署：轻量化的学生模型更容易被部署到生产环境中，因为它们需要较少的计算资源和存储空间。这对于快速迭代和实际应用的快速部署非常有益。

（6）提高模型的鲁棒性：通过蒸馏方法，学生模型能够学到教师模型的一般性知识，这有助于提高模型的鲁棒性，使其更好地泛化到不同的数据分布和任务中。

总体而言，蒸馏方法为深度学习模型在资源有限的环境中的应用提供了一种有效且实用的方式，平衡了模型性能和资源消耗。

3. 知识蒸馏在生活中的应用举例

知识蒸馏由于其在模型轻量化方面的独特优势，在生活当中应用广泛，如语音识别、图像识别、自然语言处理等领域。通过将大型模型的知识传递给小型模型，提高了移动设备上深度学习应用的性能。如图 8.12 所示，假设用户使用狗和猫的数据集训练了一个教师模型 A，使用香蕉和苹果训练了一个教师模型 B，那么就可以用这两个模型同时蒸馏出一个可以识别狗、猫、香蕉以及苹果的模型，即使学生模型没有接收到教师模型的数据集，也能识别出数据集中的对象。

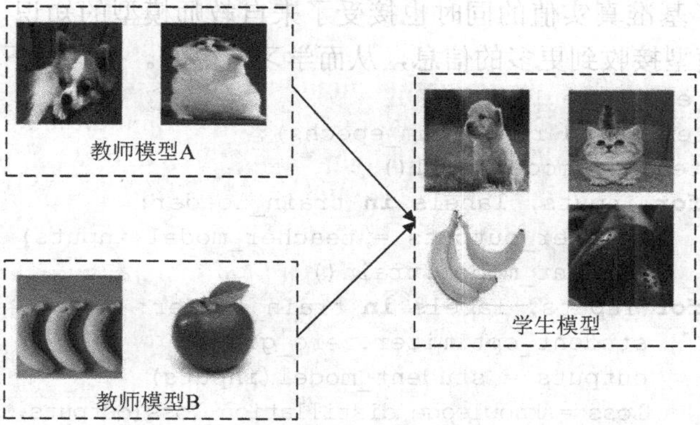

图 8.12　迁移学习

除了学生模型只学习教师模型知识的模式之外，还有学生模型同时学习教师模型的知识以及基准真实值（ground truth）的知识这种模式。在这里，用部分代码来讲解这种模式的知识蒸馏是如何操作的。

先定义教师模型和学生模型，一般来说，教师模型通常是训练好的模型，用这个已经训练好的教师模型传递知识给学生模型。代码如下。

```
class TeacherModel(nn.Module):
    def __init__(self, num_classes=10):
        super(TeacherModel, self).__init__()
        self.resnet50 = resnet50(pretrained = True)
        in_features = self.resnet50.fc.in_features
        self.resnet50.fc = nn.Linear(in_features, num_classes)
    def forward(self, x):
        return self.resnet50(x)
```

```
class StudentModel(nn.Module):
    def __init__(self, num_classes=10):
        super(StudentModel, self).__init__()
        self.resnet18 = resnet18(pretrained = False)
        in_features = self.resnet18.fc.in_features
        self.resnet18.fc = nn.Linear(in_features, num_classes)
    def forward(self, x):
        return self.resnet18(x)
```

定义好模型之后，定义知识蒸馏的损失函数，从 8.1 节了解到，需要通过最小化这个损失函数来训练学生模型。代码如下。

```
def knowledge_distillation_loss(outputs, teacher_outputs, alpha=0.7,
                                temperature=2):
    soft_targets = nn.functional.Softmax(teacher_outputs / temperature,
                       dim=1)
    log_probs = nn.functional.log_Softmax(outputs / temperature,
```

```
                  dim=1)
        kd_loss = -torch.mean(torch.sum(soft_targets * log_probs, dim = 1))
        return alpha * kd_loss + (1 - alpha) * nn.CrossEntropyLoss()
            (outputs, labels)
```

损失函数确定之后就是学生模型的训练过程了。通过训练好的教师模型的指导，学生模型在学习了基准真实值的同时也接受了来自教师模型的知识，即通过这样的学习方式，让学生模型接收到更多的信息，从而学习得更好。代码如下。

```
num_epochs = 10
for epoch in range(num_epochs):
    teacher_model.eval()
    for inputs, labels in train_loader:
        teacher_outputs = teacher_model(inputs)
        student_model.train()
    for inputs, labels in train_loader:
        student_optimizer.zero_grad()
        outputs = student_model(inputs)
        loss = knowledge_distillation_loss(outputs, teacher_outputs,
                alpha = 0.7, temperature = 2)
        loss.backward()
        student_optimizer.step()
```

图 8.13 是教师模型、未蒸馏学生模型以及蒸馏后学生模型在 cifar-100 上的准确率柱状图。从图中可以看出，未蒸馏学生模型的精确率是最低的，教师模型要比学生模型高一些，因为教师模型使用的是 ResNet50，学生模型使用的是 ResNet18，教师模型要比学生模型层数更多，参数也更多。蒸馏后学生模型的精确率超越了教师模型，这充分展示了知识蒸馏方法的有效性。

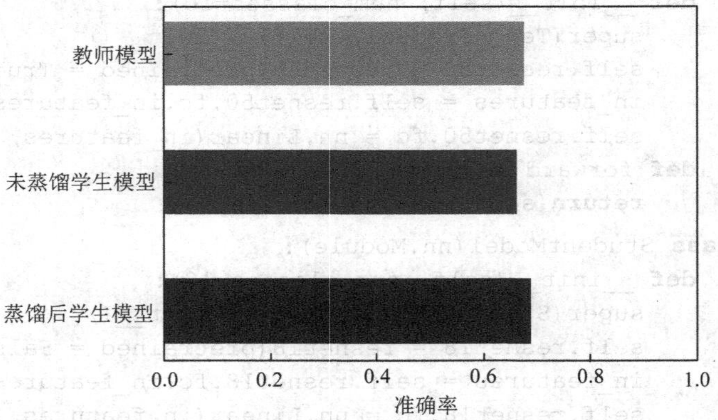

图 8.13 在 cifar-100 上测试准确率

知识蒸馏通过不断的发展现在已经出现了很多不同的蒸馏方式，比如说前文提到的基于响应、特征以及关系的知识蒸馏。上述代码中使用的是基于响应的知识蒸馏，也就是使用最终预测进行蒸馏，即使用式（8.3）中的损失函数。解耦知识蒸馏提出的这种损失函数有一个缺点就是学生模型和教师模型高度耦合，将损失写为

$$\mathrm{KD} = \mathrm{TCKD} + (1 - \boldsymbol{p}_t^{\mathrm{T}})\mathrm{NCKD} \tag{8.8}$$

式中，$\boldsymbol{p}_t^{\mathrm{T}}$ 表示教师模型对目标类的置信度；TCKD 表示教师模型与学生模型对目标类

的二进制概率分布之间的相似性；NCKD 表示教师模型与学生模型的概率分布之间的相似性。如图 8.14 所示，知识蒸馏方法蒸馏损失是高度耦合的。

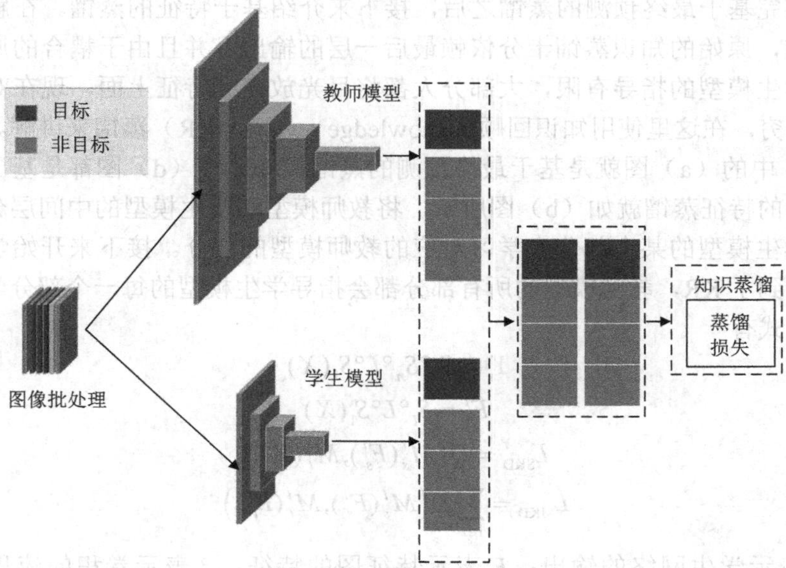

图 8.14 传统知识蒸馏流程

一般来说，教师模型对培训样本的信心越高，传递的知识越可靠，而 NCKD 被具有高信心的教师所抑制。因此，作者将该公式解耦，提出了一个新的损失函数：

$$\mathrm{DKD} = \alpha\mathrm{TCKD} + \beta\mathrm{NCKD} \tag{8.9}$$

图 8.15 所示为解耦知识蒸馏的流程，这种新的基于最终预测的蒸馏策略，通过设

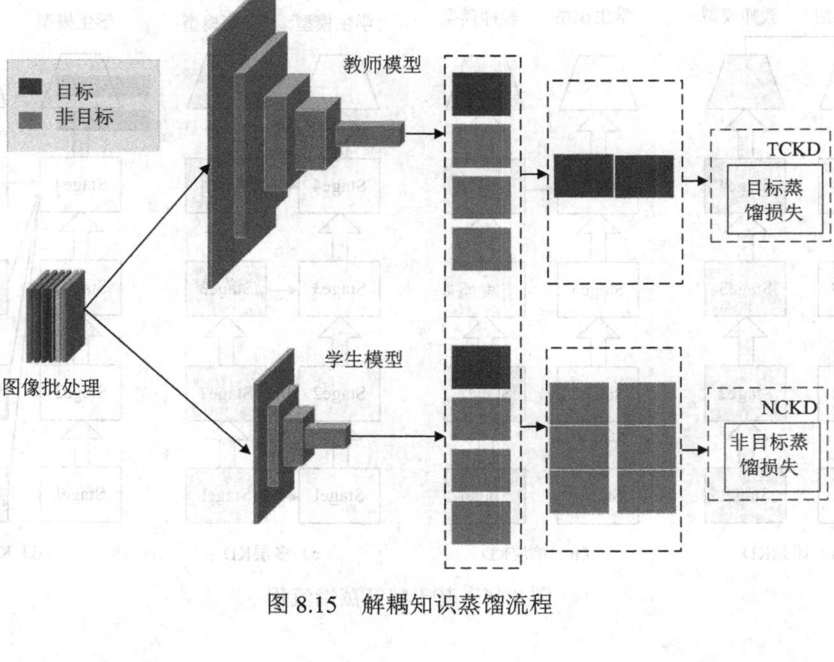

图 8.15 解耦知识蒸馏流程

置两个超参数解耦这两部分的损失，允许学生学习时即使面对一个老师非常自信的样本也能很好的学习，最小化新的损失函数，从而更新自己的内部参数。

在介绍完基于最终预测的蒸馏之后，接下来介绍基于特征的蒸馏。在解耦知识蒸馏出现之前，原始的知识蒸馏十分依赖最后一层的输出，并且由于耦合的原因，教师模型对于学生模型的指导有限，大部分人都将目光放在了特征上面，现在对于特征的研究层出不穷，在这里使用知识回顾（knowledge review，KR）蒸馏来讲解。

图 8.16 中的（a）图就是基于最终预测的蒸馏，（b）～（d）图都是基于特征的蒸馏。最开始的特征蒸馏就如（b）图所示，将教师模型和学生模型的中间层分为几个部分，然后学生模型的某个部分去学习对应的教师模型的部分。接下来开始学习每一个对应部分。到了 KR，教师模型的所有部分都会指导学生模型的每一个部分学习。通过这些蒸馏方式有

$$Y_s = S_c \circ S_n \circ L \circ S_1(X) \tag{8.10}$$

$$F_s^i = S_i \circ L \circ S_1(X) \tag{8.11}$$

$$L_{\text{SKD}} = D\left(M_s^i(F_s^i), M_t^i(F_t^i)\right) \tag{8.12}$$

$$L_{\text{MKD}} = \sum_{i \in I} D\left(M_s^i(F_s^i), M_t^i(F_t^i)\right) \tag{8.13}$$

式中，Y_s 表示学生网络的输出；F 表示特征图的特征；$\circ$ 表示卷积的流程。通过式（8.10）和式（8.11）再结合式（8.7）得出损失公式 L_{SKD}，公式等号右边的 S 表示的是 single；M 表示的是转换，不同阶段的输出大小可能不相同，因此需要转化为相同大小才能计算；D 则表示的是距离，体现教师和学生在相同阶段的差异性。通过优化式（8.13）就可以让学生模型在某一阶段学习教师模型所有阶段的知识，当然这是对于单个阶段的学习。如果要学生模型的整体进行学习则需要通过优化整体的损失函数 L_{MKD}，最小化 L_{MKD} 就可以让教师模型和学生模型的中间层更加相似，从而让学生模型

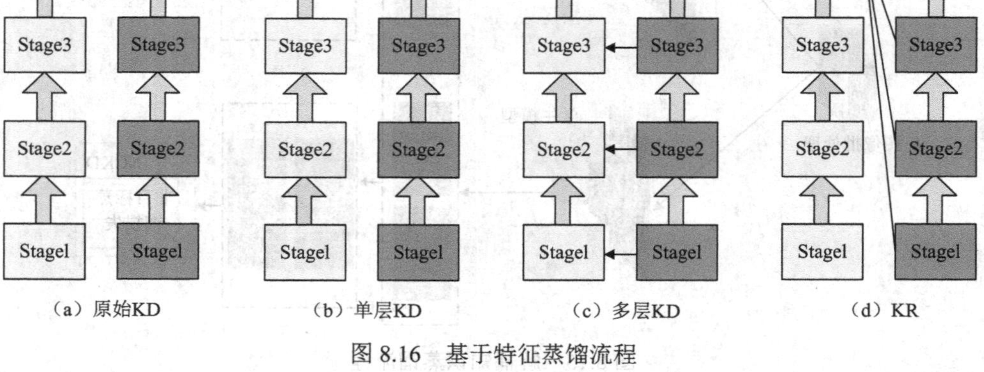

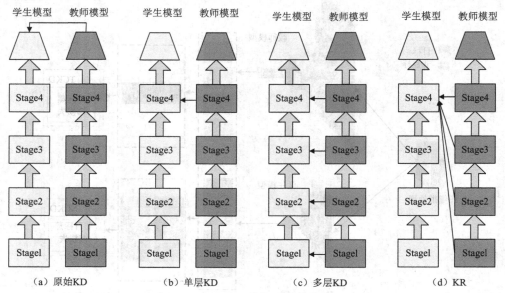

图 8.16　基于特征蒸馏流程

学习得更好。这种通过中间层的特征学习方式就类似于人类的学习，在学习成长的过程中，巩固每一个阶段的知识，这样就可以让越来越多的知识被吸收。

当涉及深度神经网络轻量化时，基于最终预测的蒸馏和基于特征的蒸馏都是有效的方法。基于最终预测的蒸馏主要关注于模型输出的概率分布，通过教导轻量模型复制教师模型在输入数据上的输出结果。这种方式有助于保留模型在分类任务中的决策能力，尤其是对于复杂的问题，因为它专注于模型的输出层。

另外，基于特征的蒸馏侧重于传递模型的中间表示或特征。这意味着轻量模型学习如何捕捉输入数据的重要特征，而不仅是关注最终的分类概率。通过这种方式，轻量模型可以更加高效地学习并推理，因为它专注于捕捉数据的关键特征，而不是复制整个复杂模型的输出。

无论选择哪种蒸馏方式，轻量化的目标都是在减小模型体积的同时保持其性能。这在资源受限的环境中尤为重要，如移动设备或边缘计算场景。通过最终预测或特征的蒸馏，可以有效地将深度神经网络压缩为更加紧凑且适用于特定应用场景的模型，同时最大限度地减小计算和内存需求。

8.3 基于强化学习的模型轻量化

8.3.1 强化学习概述

强化学习是一种机器学习范式，它涉及智能体（agent）在与环境的交互中学习如何通过采取行动来最大化某种累积奖励。在强化学习中，智能体通过观察环境的状态并执行动作来达到某个目标。智能体从环境中获得反馈（即奖励），并试图通过调整其策略来最大化长期奖励的总和。

以下是强化学习的主要组成部分和概念。

（1）智能体：负责在环境中执行动作的实体，它可以是机器人、虚拟角色、程序等。

（2）环境：智能体执行动作的外部系统，它可以是现实世界中的一个场景，也可以是一个模拟器。

（3）状态：描述环境的一种观察方式，反映了环境的当前情况。智能体根据状态来决定采取什么动作。

（4）动作：智能体可以在环境中执行的操作或策略，如在某个状态下向左或向右移动。

（5）奖励：环境提供给智能体的反馈，用于衡量智能体的行为好坏。奖励可以是正的、负的或零。

（6）策略：智能体的策略是指在给定状态下选择动作的方式。策略可以是确定性的或随机的。

（7）价值函数：衡量在某个状态或状态-动作对下预期的累积奖励。价值函数用于评估不同状态或动作的好坏。

强化学习可以应用于各种领域，如机器人控制、游戏玩法、自然语言处理、金融交易等。深度强化学习结合了深度学习和强化学习，通过神经网络来表示复杂的策略和价值函数，获得了在复杂环境中学到高度抽象的能力。

8.3.2 强化学习在模型压缩中的应用

1. 强化学习在模型压缩中的应用方向

强化学习在模型压缩中的应用是一个新颖而有趣的研究方向。使用强化学习来优化、压缩和精简深度学习模型的过程可以带来一些有趣的优势。以下是强化学习在模型压缩中的一些应用方向。

（1）自动模型剪枝：利用强化学习来自动决策剪枝策略。通过定义奖励信号，使智能体能够动态地选择要保留和删除的神经元或连接，从而实现模型的自动剪枝。

（2）自适应量化：强化学习可以用于确定合适的量化参数。通过建模模型在不同位宽和量化级别上的性能，并利用奖励信号来引导智能体学习适当的量化方法，实现自适应量化。

（3）策略优化的知识蒸馏：使用强化学习来优化知识蒸馏的过程，使学生模型更有效地学习教师模型的知识。智能体可以学习生成更有效的软标签，以提高学生模型的泛化性能。

（4）强化学习优化器：开发专门用于模型压缩任务的强化学习优化器。这些优化器能够自动调整模型的结构或参数，可以在资源受限的环境中实现更好的性能。

（5）异构硬件感知的压缩：利用强化学习来学习模型在不同硬件平台上的适应性。通过考虑硬件的特性和性能，智能体可以指导模型在运行时动态地调整自身结构，以适应不同的硬件环境。

（6）稀疏表示学习：强化学习可以用于自动化稀疏表示的学习过程。通过引导智能体学习在环境中发现的重要特征，可以实现更有效的稀疏表示，降低模型的复杂度。

（7）动态模型结构：强化学习可以用于动态地学习和调整模型的结构。智能体在训练过程中可以根据任务的需求自适应地调整模型的深度、宽度或其他结构参数。

（8）有损压缩优化：强化学习可以用于优化有损压缩算法的参数。通过定义压缩质量的奖励信号，智能体可以学习在不同压缩比下保持模型性能的最佳配置。

（9）迁移学习与模型压缩的结合：利用强化学习来实现迁移学习中的模型压缩。通过在源领域上训练一个大模型，智能体可以学习如何更有效地将知识压缩并迁移到目标领域。

（10）对抗训练与模型压缩：强化学习可以用于改进模型的对抗鲁棒性，从而提高模型在压缩过程中对抗攻击的能力。

将在有限模型空间中寻找最优稀疏结构的任务看作马尔可夫决策过程（MDP）。估计值函数的方法可以准确地找到最优解，但是形式上并不能直接应用，需要重新设计一种状态与动作的映射。通过使用网络化学习（electronic learning，E-learning）方法，用动作增量来更新学习策略，将其简化为一个串行的单步任务。加权奖励池结合全局奖励和局部奖励，它鼓励代理探索最优稀疏度，而不会对现有的性能造成明显负担。

在已有的认知中，网络剪枝被认为是一个完整的过程，层级稀疏只是其中的一个内在步骤。代理与整个环境交互，每个层根据稀疏度对参数进行修剪，并在全部修剪完成后进行性能评估。单个层的稀疏度更新依赖于修剪模型的整体性能，忽略了每个层的敏感性差异。该节代理只对其相应的模块执行稀疏操作和策略更新，整个剪枝任务由相似的代理串联组成。为了防止陷入局部最优，采用全局和局部奖励的组合激励函数（加权奖励池）来激励代理在全局范围内探索最优行为。此过程简化了偶发任务，并为 E-learning 引擎提供后续服务。

2. 轻量化的过程

轻量化有以下 3 个过程。

1）定义状态空间

神经网络由不同类型的网络层按照特定结构连接而成，这些层按有无可训练参数分为两类：功能层和参数层。功能层提供了特定的函数变换功能，不会对模型压缩产生影响，参数层则包含了大量实现卷积运算、归一化处理以及分类功能的可训练参数，这些参数丰富了特征在神经网络中的表达，而模型轻量化的目标是减少参数层中可被替换的冗余通道。为了对神经网络进行有针对性的裁剪，利用状态空间来区分不同的层（包括卷积层和全连接层），并将其传输给代理。对于第 l 层，时间 t 的状态可以用元组表示为

$$s_l^t = (t, l, c, f, h, w, k, \#\text{Param}, a) \tag{8.14}$$

式中，t 是时间步；l 是层索引；c 和 f 是第 l 层的输出通道和过滤器的数量；h 和 w 是特征映射的宽度和高度；k 是内核大小；#Param 是权重张量的数目；a 是当前层的稀疏度。输出张量大小是 $c \times h \times w$，对应的权重张量是 $c \times f \times k \times k$。

2）选择动作空间

通道修剪有效地减少了离散空间中的通道数。有两个可供选择的操作空间来确定稀疏度：细粒度空间（连续稀疏比）和粗粒度空间（通道数）。细粒度空间直观地反映了稀疏度，稀疏修剪比率越大，对修剪的侵略性越强。在结构化剪枝过程中，需要将动作空间离散到特定的通道中，这似乎不需要光滑连续的动作空间，离散化的空间也可以实现精确的修剪。粗粒度空间可以很容易地实现通道剪枝，但忽略了顺序。模型压缩是一个单向稀疏过程，与稀疏绝对值相比，稀疏增量更有意义。对于离散序列动作空间，采用渐进稀疏动作保证剪枝过程足够光滑。考虑到各层灵敏度的不同，代理采用独立的状态-行为决策，由各自的层决定修剪的通道数量。该方法有效地限制了作用空间的范围，避免了在空间中发生对离散动作步探索爆炸。

3）采用 E-learning 代理

图 8.17 是 E-learning 框架图，使用这种框架可以有效避免状态的维度灾难，提高探索效率，加快代理的收敛速度。

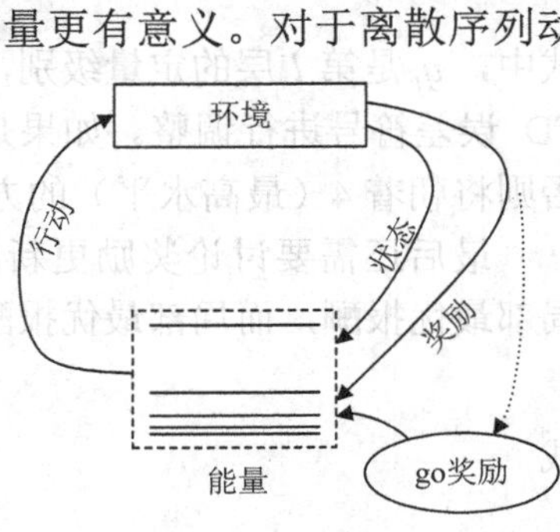

图 8.17 E-learning 框架图

3. 强化学习的实际应用

1）在模型剪枝上的应用

通道修剪任务可以视为一个时间序列为 T 的偶发性任务队列。第 l 个网络层可以认为是阶段 t 的子任务，代理从状态 s_l 掩膜稀疏化为次状态 s_l' 的奖励表示为 R_l，这在一个单层过程中被视为实际值函数 $V(s,a)$。目标值函数定义如下：

$$V^*(s,a) = \lambda_v R_{\text{go}} + (1-\lambda_v) R_{\text{lo}} \tag{8.15}$$

式中，R_{go} 是全局最优奖励；R_{lo} 是第 l 层的局部最优奖励；λ_v 是用于平衡局部和全局最优奖励的系数。

利用 TD 误差来衡量目标奖励 $V^*(s_l,a_l)$ 和实际奖励 $V(s_l,a_l)$ 之间的差异：

$$\begin{aligned}\delta_l &= V(s_l,a_l) - V^*(s_l,a_l) \\ &= R_l(s_l,a_l) - \left[\lambda_v R_{\text{go}} + (1-\lambda_v) R_{\text{lo}}\right]\end{aligned} \tag{8.16}$$

代理的更新规则分解为模型更新和参数更新两个部分。

模型更新：考虑到剪枝的操作可能会破坏模型的性能，采用贪婪策略，保留性能更好的剪枝模型 $\delta_l > 0$，同时放弃性能退化严重的模型。为了加快稀疏度的探索，利用 ε-贪婪策略来选择模型。具体来说，存在直接更新修剪模型的可能性 ε，而在其他情况下，通过上面的策略更新模型。ε 将随着层的稀疏趋势逐渐减少，这不会影响网络的性能。

参数更新：在能级的启发下，给出了状态-动作学习策略。能量子附近的离散能级是不等距离的，可用于快速确定稀疏增量。构造一个近似动作值函数的能量函数 $E(s)$，它将经验策略（状态动作转换，TD 误差）映射到动作选择中。

$$E(s) = (1+\alpha_\delta \delta_l)\phi(s) \tag{8.17}$$

式中，α_δ 是一个恒定步长参数，并且将 TD 误差投影到缩放因子中以放大步长；$\phi(\cdot)$ 是一个基于经验的状态动作转换函数。这里选择其中一种对数形式：

$$\phi = \alpha_\phi \log(\#\text{Param}) \tag{8.18}$$

此外，还将按能量级别更新操作 a_l：

$$a_l \leftarrow a_l + \frac{E(s)}{q_l} \tag{8.19}$$

式中，q_l 是第 l 层的定量级别，最大级别为 4，这个量化级别的能量已经足够小。根据 TD 误差符号进行调整。如果是 $\delta_l > 0$，那么量化级别朝 1（最低水平）的方向发展，否则将朝着 4（最高水平）的方向发展。

最后还需要讨论奖励更新的方式。全局最优奖励的更新规则是选择一个值最大的局部最优报酬，而局部最优报酬的更新则取决于实际奖赏 R_l：

$$R_{\text{lo}} = \gamma R_l \tag{8.20}$$

或

$$R_{\text{lo}} = \gamma(\lambda_o R_{\text{lo}} + (1-\lambda_o) R_l) \tag{8.21}$$

式中，$\gamma \in (0,1)$ 代表折旧率，从折现率扩展而来，折现率表示当前收益在未来的剩余价值；λ_o 是用于筛选实际值的权重。式（8.20）在 TD 误差 $\delta_l > 0$ 时使用，而当前的局部最优奖励被实际奖励 R_l 替换。在其他情况下，式（8.21）用于更新局部最优报酬。当 γ 接近 1 时，代理可以采取更精细的决策，但这很耗时。通常，折旧率 γ 设定成 0.8。

奖励函数的组合约束（准确性、模型大小、计算复杂度）为模型压缩提供了激励。奖励函数如下：

$$R = -\frac{\text{Error} \cdot \log(\#\text{Param})}{\log(\#\text{Param}_{\text{init}})} \tag{8.22}$$

式中，#Param 是第 l 层中的权重数量；$\#\text{Param}_{\text{init}}$ 是初始参数。此奖励函数在初始阶段受资源约束，在后期将升级到精度保证。同时，它对模型的精度和模型的大小都很敏感，能够帮助代理自动发现稀疏边界。

2）在知识蒸馏中的应用

除了在模型剪枝上应用，强化学习还可以应用到知识蒸馏中。N2Nlearning 通过策略梯度强化学习实现网络间压缩，认为可以将网络压缩的过程抽象为一个强化学习问题。

① 状态 s 代表当前的网络结构。

② 动作 a 代表采取何种手段进行网络压缩。宏观上的手段主要有两种：LayerRemoval 和 Layer Shrinkage。第一种是删除某个 layer 来缩小规模，第二种是减小某个 layer 的参数。

③ 奖励 r 代表准确率和压缩率的权衡，要求在保证准确率不明显降低的情况下尽量压缩网络。

强化学习流程将动作选择分为以下两个阶段。

第一个阶段决定删除哪些层，动作是一个二进制的变量，用来决定每层是应该保留还是应该删除。

第二个阶段决定缩小的规模，动作是一个具体的数值，使用 Softmax 输出几个选项，表示应该缩小的规模。

两个阶段分别使用两个策略网络进行学习。强化学习流程如图 8.18 所示。

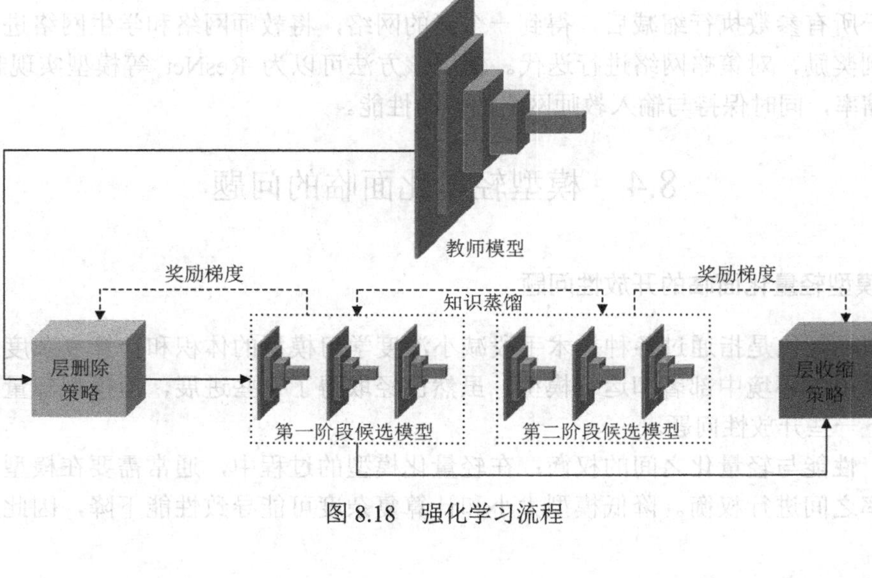

图 8.18 强化学习流程

学习流程中主要包括两个阶段的训练。

第一个阶段是层删除：

第一个动作的训练首先与环境交互 T 个时间步作为一个周期，周期长度与网络的层数相等，即逐层地采取动作来删减网络。对于每层，策略网络输出 0 或 1 来表示该层是否保留。策略表示为

$$\pi_{\text{remove}}(a_t \mid h_{t-1}, h_{t+1}, x_t) \tag{8.23}$$

从式（8.23）中可以看出，输入包括记忆单元 h_{t-1}、h_{t+1} 和当前状态 x_t。这里有两个记忆单元是因为使用双向 LSTM 网络，所以存在前向和后向记忆。状态 x_t 表示为（$l, k, s, p, n, s_{\text{start}}, s_{\text{end}}$），其中 l 代表层类型，k 代表内核大小，p 代表填充项，n 代表输出层数目，s_{start} 和 s_{end} 代表跳过连接的初始位置和结束位置。总之 x_t 编码了当前层的所有信息。删减的具体流程如下。

① 在第一层网络 x_1，根据策略 π_{remove} 采取动作 a_1，执行删减，得到删减后的网络 $\hat{x}_1$。

② 在第一层网络 x_2，根据策略 π_{remove} 采取动作 a_2，执行删减，得到删减后的网络 $\hat{x}_2$。

……

以此类推，直到每层都选择动作得到删减后的层，将 $\hat{x}_1, \hat{x}_2, \cdots, \hat{x}_n$ 连接起来就得到了删减后的总体网络 $\hat{X}$。随后，对网络进行从教师模型到学生模型的知识蒸馏学习，根据其结果（准确率）和网络的压缩率构造奖励函数，用 RL 方法对策略网络的梯度进行训练。

第二个阶段是层收缩：

第二个动作是离散的，如可以包括[0.1,0.2,⋯,1.0]等几个选项，表示参数缩减的规模。动作与环境交互 T 个时间步。例如，网络共有 10 层，每层包括 4 个参数（kernel size,padding,number of output filters,connections），则周期长度为 40。对每个参数分别执行缩减。

对于所有参数执行缩减后，得到一个新的网络，将教师网络和学生网络进行知识蒸馏得到奖励，对策略网络进行迭代。使用该方法可以为 ResNet 等模型实现超越 10 倍的压缩率，同时保持与输入教师网络相似的性能。

8.4 模型轻量化面临的问题

8.4.1 模型轻量化面临的开放性问题

模型轻量化是指通过各种技术手段减小深度学习模型的体积和计算复杂度，以便在资源受限的环境中部署和运行模型。虽然已经取得了一些进展，但模型轻量化仍然面临以下一些开放性问题。

（1）性能与轻量化之间的权衡：在轻量化模型的过程中，通常需要在模型性能和计算效率之间进行权衡。降低模型大小和计算复杂度可能导致性能下降，因此需要找

到平衡点，以确保在资源受限的环境中仍能具备良好的性能。

（2）通用性和特定性的平衡：通常，轻量化模型会更专注于特定任务或领域，而在通用性上可能有所缺失。开发者需要考虑如何在轻量化和通用性之间取得平衡，以满足不同应用场景的需求。

（3）硬件和软件的互操作性：在不同的硬件平台和软件框架上部署轻量化模型可能涉及一些互操作的问题。如何在不同环境中实现模型的高效运行是一个需要解决的问题。

（4）对抗性攻击和安全性：一些轻量化技术可能增加模型对对抗性攻击的敏感性。确保轻量化模型在面对对抗性攻击时保持稳健性，以及在模型的部署过程中保障数据的安全性是重要的挑战。

（5）自动化与人工干预的平衡：自动化工具可以帮助轻量化模型，但在一些情况下，需要人工专业知识进行手动调整以获得最佳结果。如何平衡自动化和人工干预，以获得高效的轻量化过程是一个问题。

（6）模型量化的精度问题：模型量化是一种降低模型参数位数以减小模型大小和计算复杂度的方法。然而，量化可能会导致模型精度下降，需要找到有效的方法来解决这一问题。

8.4.2 模型轻量化涉及的拓展和挑战

除了以上问题之外，模型轻量化还涉及一些其他方面的拓展和挑战。

（1）在线学习和增量学习：在资源受限的设备上实现在线学习和增量学习是一个挑战。如何在模型已经部署并运行的情况下，通过新数据进行模型的动态更新，以适应变化的环境，是一个需要解决的问题。

（2）跨平台跨设备的一致性：模型轻量化可能需要在不同的平台和设备上进行适配。确保在各种硬件和操作系统上实现一致性，并且保证轻量化模型能够在多种设备上平稳运行是一个挑战。

（3）自适应模型设计：开发自适应模型，能够根据输入数据的特性自动调整自身的结构和参数，以提高在不同场景下的性能，是模型轻量化领域的一个有趣方向。

（4）对小样本和不平衡数据的鲁棒性：在一些领域，数据可能是不平衡的或者样本数量非常有限。轻量化模型需要在这些情况下保持鲁棒性，确保对小样本和不平衡数据的处理效果良好。

（5）能源效率和环境可持续性：在嵌入式设备和移动设备上运行轻量化模型通常涉及能源效率的问题。如何设计模型以最大程度地减少能耗，以及在能源受限的环境下进行模型轻量化，是一个需要考虑的问题。

（6）标准化和共享：制定模型轻量化的标准和共享最佳实践，有助于加速技术的发展和推广。行业和研究机构之间的合作可以促进标准化进程，确保轻量化技术的通用性和互操作性。

这些拓展和挑战凸显了模型轻量化领域的复杂性和多样性。解决这些问题需要全球范围内的研究者、工程师和决策者的协同努力，以推动深度学习技术在各种应用场景中的可持续发展。

本章小结

本章详细介绍了模型轻量化的两种关键技术：模型剪枝和模型蒸馏，并深入讲解了它们的具体方法和操作细节。在模型剪枝方面，探讨了不同的剪枝技术，包括权重剪枝、神经元剪枝等，以及如何通过精心设计剪枝策略来最大程度地降低模型复杂度。对于模型蒸馏，详细解释了知识蒸馏和数据蒸馏的原理，并提供了实际应用中的案例和细节说明，以确保在蒸馏过程中保持模型性能。此外，深入研究了强化学习在模型剪枝和蒸馏中的创新应用，介绍了强化学习算法如何优化剪枝策略和蒸馏过程，从而进一步提升轻量化模型的效果。

思考题或自测题

1. 简要描述权重剪枝和神经元剪枝，并说出它们各自的侧重点。
2. 为什么 Dropout 和 DropConnect 是剪枝技术？它们是如何实现剪枝的？它们分别属于结构剪枝还是非结构剪枝？
3. 正态分布检验是统计选择算法吗？如果是，请说出它是如何实现剪枝的。
4. 如何通过某个特征信息熵和信息增益的大小判断这个特征对于决策来说是不是重要特征？
5. 知识蒸馏的 3 种机制是什么？它们各自的特点是什么？
6. 知识蒸馏的 3 种方法分别是对什么进行蒸馏的？
7. 请简要叙述知识蒸馏的流程。
8. 请说明 softtarget 和 hardtarget 的区别，为什么使用 Softmax 函数得到 softtarget 更利于模型学习？
9. 为什么传统的知识蒸馏是高度耦合的？这种高度耦合会带来什么问题？
10. 强化学习是如何运用到剪枝当中的？通过哪些操作实现了剪枝？
11. AMC 引擎有哪些优点？在面对超参数时它的表现怎么样？
12. 强化学习是如何应用到模型蒸馏中的？
13. 在生活当中有哪些是强化学习应用的实例？

第9章　深度学习前沿发展方向

深度学习近年来发展迅猛，涌现出了许多前沿的研究方向，其中包括可解释性、元学习和自监督学习。这些方向不仅在学术界引起了广泛关注，也在工业界和应用领域产生了深远影响。

可解释性是深度学习领域的一个热门研究方向，其目的在于理解和解释深度学习模型的决策过程和预测结果。通过提高模型的可解释性，可以增强模型的透明度和可信度，使其更容易被理解和信任。可解释性不仅有助于提高深度学习模型在各个领域的应用性能，还为人们提供了对模型决策进行验证和解释的重要工具和方法。

元学习是一种新兴的学习范式，旨在使模型在不同的任务之间学习，并在新任务上快速适应。元学习的核心思想是从以往的经验中学习，并将这些经验应用于新的情境和任务中。通过元学习，模型可以更加灵活和智能地适应不同的环境和任务，从而提高其泛化能力和适应性。

自监督学习是一种无监督学习的方法，通过利用数据本身的结构和特征来进行学习。自监督学习的核心思想是利用数据中的某种结构或属性作为监督信号来指导模型的学习过程，而不需要人工标注的标签。自监督学习不仅可以提高深度学习模型在各种任务上的性能，还可以为模型提供更加丰富和有用的表示，从而提高其泛化能力和学习效率。

9.1　可 解 释 性

人工智能的飞速发展和由此带来的产业革命引发了一系列人工智能伦理问题，这些问题正成为阻碍新技术潜力发挥的主要障碍。人工智能所处的困境与生物科技、医学等领域一样，在新技术开发与实践的发展过程中，伦理问题也备受关注。然而，与其他领域不同，人工智能增加了一个新的伦理维度—可解释性，可以被用户理解和需要对用户负责任。

9.1.1　可解释性定义及原因

描述可解释性的单词主要有解释（interpretability 或 explainability）和理解（understandability）。有研究者从模型特征方面给出了每个词的定义。Interpretability 表示向人类解释或提供意义的能力，即将抽象概念（如预测类别）映射到人类可以理解的领域。例如，图像（像素阵列）或文本（单词序列）是可解释的，人们可以查看、阅读它们，而抽象向量空间（单词嵌入）是不可解释的。Explainability 是连接人类和模型决策之间的接口，解释会产生输入特征对输出的贡献程度，其贡献由相关分数表示。例如，在图像中，解释可以是热力图的形式，代表输入图像的哪些像素支持分类决策；在自然语言处理中，解释可以用高亮文本表示。Understandability 是可解释人工智能（explainable artificial intelligence，XAI）中重要的概念，表示让人类理解模型如何工作，而无须解释其内部结构或模型内部处理数据的算法。

目前，对解释的研究横跨认知科学、心理学与哲学等领域，但是，各个学科对可解释性并没有一个明确的定义。较为流行的定义是 2017 年在 ICML（国际机器学习大会）会议中提出的："Interpretation is the process of giving explanations to human"，意思是"解释是向人类解释的过程"。有人将受众作为解释机器学习模型的关键因素，提出"Given a certain audience, explainability refers to the details and reasons a model gives to make its functioning clear or easy to under-stand"，这表明模型必须为特定受众提供功能清晰或容易理解的细节和原因。还有人提出"Interpretability is the ability to explain or to present in understandable terms to a human"，也就是"以可理解的方式向人类解释或呈现的能力"。综上所述，解释的最终目的是让特定受众理解模型的决策原因和推理过程，建立模型和受众之间相互信任的关系。

可解释性是人工智能在解决实际问题中面临的主要障碍之一。大多数深度学习模型不透明的原因是神经网络结构由连续的非线性变换层和可调整的权重和偏差组成，这些层与层之间的单个转换在数学上很容易理解，但是一旦神经网络经过训练，就会因网络结构的高度非线性而很难推断出它在权重和偏差之间以及从每个变换到下一个变换之间是如何组合信息、获得最终输出的。因此，深度学习模型应用在金融、司法和医疗等领域时，即使模型达到了期望的输出，但缺乏对模型的理解也会导致许多问题。例如，模型可能过度拟合数据，建立和输入噪声之间的映射关系，而不是捕获输入和输出之间有意义的映射。此外，在许多领域（地球物理、石油勘探等），样本量非常有限，输出和噪声的映射可能导致网络无法驱动输入和输出之间正确的建模关系。因此，解释深度学习模型的决策原理对不同的领域而言都至关重要。

9.1.2 独立于模型的解释

独立于模型的解释方法将解释过程与底层的机器学习模型分离，可以应用于任何模型，其主要依赖于分析特征输入和输出，而不关注模型的内部细节，如权重或结构信息。此类方法的最大优点是松耦合，可以很方便地替换底层的机器学习模型或采用新的解释方法，且通常是在模型训练之后进行解释，解释时不牺牲原模型的预测能力。此外，不同类型的解释能产生特征表示和满足不同的信息需求，具有表示灵活性和解释灵活性。本节将独立于模型的解释方法细分为 3 种类型：特征相关解释、基于样本的解释和代理模型解释。

1. 特征相关解释

在可解释性研究中，首先要回答是什么驱动了模型的预测，即哪些特征在模型的决策中发挥了重要作用。特征相关解释方法主要有部分依赖图（partial dependence plots，PDP）、个体条件期望（individual conditional expectation，ICE）、累积局部效应（accumulated local effects，ALE）、基于 Shapley 值和基于规则的提取等。

1）PDP

PDP 方法描述了特征是如何影响模型预测的，同时显示特征和标签之间是否具有线性相关性等。具体来说，先假定其他特征保持不变，然后将感兴趣的特征全部改成某个取值，利用训练模型对这些数据进行预测，求所有样本的预测平均值，然后遍历该特征的其他不同取值，得到平均预测值。通过绘制 PDP 图，可以判定特征的贡献度，这是一种全局解释方法。该方法的缺点是当特征之间存在明显的线性关系时，对于原数据特征的修改会产生无意义的数据，输出不符合现实逻辑的决策结果。另外，PDP 只能反映特征变量的平均水平，而忽视了数据异质对结果产生的影响。

2）ICE

ICE 方法刻画的是每个个体的预测值与单一变量之间的关系，是一种局部解释方法。ICE 的原理是：对于某一个个体，保持其他变量不变，随机置换选定的特征变量的取值，黑盒模型输出预测结果，最后绘制该个体的单一特征变量与预测值之间的关系图。通过 ICE 图，可视化每个个体对每个特征的预测依赖关系，每个特征下的每个个体都会分别产生一条线，而部分依赖图是个体条件期望图的平均值，因此每个特征只有一条线。ICE 图避免了数据异质的问题，但它也只能反映单一特征变量与目标的关系。

3）ALE

由于 PDP 与 ICE 方法的前提都是待解释变量与其他变量之间相互独立，但在大多数场景下，都不能满足这样的前提。ALE 正是为了解决上述缺陷而被提出。ALE 通过计算特征的条件分布来计算预测的差异，而不是预测的平均。首先，选定特征，取特征的上、下界取值计算局部效应，从而解决了特征之间存在相关性的问题，预测值的差异被累积中心化，形成 ALE 曲线，这是一种全局解释方法。但该方法实现复杂且不直观，当特征强相关时，解释困难。

4）基于 Shapley 值

基于 Shapley 值的方法最早是由美国加州大学教授罗伊德·沙普利（Lloyd Shapley）提出的，用于经济活动中的利益合理分配等问题。在多人合作中，每个成员的贡献都不一样，因此对应的利益分配也应该有差异。一个特征的 Shapley 值是该特征在所有的特征序列中的平均边际贡献。基于 Shapley 值进行联盟成员的利益分配体现了各盟员对联盟总目标的贡献程度，避免了分配上的平均主义，更具合理性和公平性，该方法具备完整理论基础（有效性、对称性、虚拟性和可加性），可同时用于模型的全局和局部解释。具体来说，Shapley 值将参与者 i 对整个联盟 P 的贡献定义为

$$\phi_i = \sum_{S \subseteq P \setminus \{i\}} \alpha_S \left(v(S \cup \{i\}) - v(S) \right) \tag{9.1}$$

式中，每个子集 S 由 $\alpha_S = |S|!\cdot(|P|-1-|S|)!/|P|!$ 加权；$|P|$ 为特征数量；$|S|$ 为集合中特征的个数；$v(S \cup \{i\})$ 为特征组合 S 的模型输出值；$v(S)$ 为在子集 S 删除特征 i 的情况下模型的输出值。

将该方法应用到解释深度学习模型任务中时，合作博弈的参与者成为输入特征，并且回报函数与 DNN 模型的输出相关。

5）基于规则的提取

基于规则的提取是解释决策的一种方法，通过生成基本的、直接的规则来表示所学习的数据，如 if-then 规则或表示知识的几个规则的组合。基于规则的算法旨在设计

可解释的和直观的模型，但是模型可解释性受到生成规则的长度和数量的影响，大量的规则可能不利于模型的解释。一种解决方法是将基本规则转化为模糊规则，使用模糊逻辑和模糊集表示各种形式的知识，并对变量之间的交互关系进行建模，而基于模糊的规则是透明模型，因为它将深度学习模型和模糊逻辑相结合来创建更易于理解的深层网络。因此，基于规则的提取已被广泛应用于深度学习模型中。例如，有研究者通过基于规则的 Sugeno 模糊推理，为无人机设计了一个可解释的转向控制框架。该框架的设计分为两个阶段：指导无人机按照指定任务飞行，并记录其在遭遇不同天气状况和不同飞行模式时采取的一系列动作，完成数据收集；在数据上使用减法聚类算法训练 Sugeno 模糊推理模型，通过访问模型的性能和规则数量优化减法聚类算法中的参数，并使用自适应网络模糊推理系统（adaptive-network-based fuzzy inference system，ANFIS）对模型进行微调，以提供无人机决策的可解释特征。

2. 基于样本的解释

基于样本的解释通过选择数据集的特定实例解释模型的行为或底层数据分布。当以人类可以理解的方式表示数据实例时，基于样本的解释是十分有意义的。下面将详细介绍几种基于样本解释的方法。

1）对抗样本

对抗样本是指攻击者通过向原始样本做出微小的扰动而使整个模型的注意力发生转移，从而做出一个错误的预测。在一些关键系统的应用中，如何提升模型的可靠性，不让其被攻击欺骗，是一个值得深入研究的问题。目前，大多数可解释性问题通常关注正常样本的预测进行解释和分析，而忽视了模型在现实场景中可能遇到的对抗样本并没有解释模型发生错误的原因，从而对安全关键的深度学习应用造成威胁。

有研究者提出了基于深度神经网络模型可解释性的对抗样本防御方法，其过程是首先通过投影梯度下降法生成与原始图像对应的对抗样本图像，然后将原始样本与对抗样本都作为模型的输入，通过计算特征图权重分布和激活图进行训练后，最后将测试样本输入模型中进行分类，以此来剔除对抗样本，实现对对抗样本的防御。还有研究者为了实现可解释的深度神经网络，利用对抗样本检验深度神经网络的内部特征表示。

2）原型样本

原型样本是指数据中具有代表性的样本。在数据中找到原型的方法有很多，如用 k 近邻（k-nearest neighbor，KNN）算法找到的各个簇的中心点就可以作为一种原型。

KNN 算法通过样本之间的距离度量其邻域关系，从而选出某一样本附近的 k 个邻居样本，达到分类的效果。在可解释性方面，KNN 模型的输出取决于测量样本之间相似性的距离函数，因此可以清晰地知道当 k 改变时，输出是如何更新的。因此，KNN 被广泛应用在深度学习可解释中。有研究者提出了一种基于原始 KNN 算法的稀疏 KNN 分类器（group lasso sparse KNN classifier，GL-SKNN），该分类器利用稀疏组套索选择最相关的类，并提取最大信噪比的稀疏特征，最后将回归权重总和作为预测类指标，以此提高分类精度并使模型具有可解释性。但是，KNN 的可解释性严重依赖于特征数量、邻居数量和样本之间相关性的距离函数，高 k 值阻碍了模型的可模拟性，而大量特征或复杂的距离函数又阻碍了模型的可分解性。

目前，在可解释性方法中考虑到时间效率，采用基于原型的可解释方法可以大幅提升解释的效率。

3）有影响力的样本

在模型训练过程中，删除某一个训练数据点时，可能会对模型的参数造成较大的影响。因此，有影响力的样本解释的思路是从构建模型的数据出发来进行修改和测试的，与在已有模型上修改特征值的方法不同，既可以考察单个数据点对全局模型参数的影响程度，也可以给定一个预测实例，来寻找哪个训练数据点对它影响最大。然而，该方法的缺点是为了找到有影响力的实例，需要依次移除数据点，重新训练模型来评估，计算量巨大。有研究者利用模型的梯度来建立影响函数，可以在不重新训练模型的情况下近似计算数据点对模型参数造成的影响。在最近的研究中，有研究者通过 s-test、KNN 及并行计算实现了高效率的影响函数（influence functions）计算。通过影响函数可以理解模型行为并检测数据集中的错误。

在 XAI 研究中，对于开发人员来说，识别和分析有影响力的实例有助于发现数据问题，从而更好地调试模型以了解模型的行为。

3. 代理模型解释

代理模型使用可解释的模型来模仿黑盒的行为，与原始模型相比，降低了复杂性，更容易实现。主要有两种代理模型解释方法：一种是全局代理模型，另一种是局部代理模型。

全局代理模型通过训练一个可解释的模型来近似黑盒模型的预测。首先，使用经过训练的黑盒模型对数据集进行预测，然后针对该数据集和预测训练可解释的模型，训练好的可解释模型成为原始模型的代理。但由于代理模型仅根据黑盒模型的预测而不是真实结果进行训练，因此全局代理模型只能解释黑盒模型，不能解释数据。

有研究者提出了局部可解释模型（local interpretable model explanations，LIME），这是一种与模型内部结构无关的方法，可以使用简单的、更易解释的模型 g（如线性回归，$g(z)=w\cdot z$）局部逼近复杂模型。从数据角度看，LIME 的目的是观察输入数据变化时，对模型输出结果的影响。因此，LIME 本质上是一种基于扰动的方法。与全局代理方法相比，它训练可解释的模型来近似单个预测，而不对整个模型进行解释。该方法的主要思想是通过扰动输入观察模型的预测变化，根据这种变化在原始输入中训练一个线性模型来局部近似黑盒模型的预测，线性模型中系数较大的特征被认为对输入的预测很重要，从而实现由白盒模型去解释黑盒模型的局部。LIME 方法的优点是它可以解释表格数据、图像和文本数据，其缺陷是解释不稳定，有研究者在研究中证明 LIME 方法存在 3 种不确定性的来源，即抽样过程的随机性、随抽样接近性的变化以及不同数据点的解释模型可信度的变化。

为了改进 LIME 方法精度较低的缺点，LIME 的提出者于 2018 年又提出了基于 LIME 的改进方法 Anchor，它将特征和输出简化成 if-then 形式，此外它可以找到输入中最重要的部分，由分类器进行预测，输出更容易理解。

针对 LIME 方法的不稳定性，S-LIME 被提出，它基于中心极限定理的假设检验框架来保证结果稳定性所需要的扰动点的数量，因此 S-LIME 方法可以产生稳定的解释。还有研究者通过使用自动编码器对 LIME 进行修改，赋予局部模型更好的权重函数，称作 ALIME，该方法不仅能提高稳定性，还能提高局部保真度。

代理模型解释方法在模型的可解释性研究中是具有启发性的，尤其是针对 LIME 的拓展研究，任何模型得到的预测结果都能使用 LIME 及其变种方法来解释，但是其缺点也是明显的，在大规模应用中必须解决稳定性问题。

9.1.3 依赖于模型的解释

依赖于模型的解释方法适用于特定的模型，因为每个解释方法都基于模型的内部结构，包括传统的自解释模型和特定模型的解释。

1. 自解释模型

自解释模型指模型本身是可解释的，即对于一个已经训练好的学习模型，无须额外信息就可以理解模型的决策过程或决策依据。然而，由于人类认知的局限性，自解释模型的内置可解释性受到模型复杂度的制约，这要求自解释模型结构不能过于复杂，通常采用结构简单、容易理解的模型。这也使与其他机器学习模型相比，自解释模型的预测效果通常较差。传统的自解释模型包括线性模型、逻辑回归、决策树等。

一般来说，自解释模型是人类最容易理解的模型，但是由于其简单的结构会对模型的拟合能力造成限制，而且大多数场景下存在特征交互等问题，并不能用简单的线性模型来表示。4 类常见的自解释模型具体描述如下。

1）线性回归

线性回归是研究变量之间定量关系的表达式，其形式如下：

$$y = w_0 + w_1 x_1 + \cdots + w_n x_n + \varepsilon \tag{9.2}$$

式中，w 为权重；ε 为偏差。

通过权重可以看出每个特征对预测的影响有多大，以及是正相关还是负相关，目标变量 y 是 n 个特征变量的权重和。线性回归模型结构简单，对模型输出的结果具有可解释性。然而该方法对线性关系有很强的依赖性，线性关系越强，得到的结果才会越好，无法处理更复杂的关系，因此它的解释能力是有限的。

2）逻辑回归

线性回归的输出是一个数值，用来解决回归问题，而对于分类问题，最直观的一个解决方法是通过设定一个阈值，去预测标签。结合 Sigmoid 函数，线性回归函数把线性回归模型的输出作为 Sigmoid 函数的输入，于是就变成了逻辑回归模型：

$$P(Y=1) = \frac{1}{1 + \mathrm{e}^{-(w_0 + w_1 x_1 + \cdots + w_n x_n)}} \tag{9.3}$$

假设已经训练好一组权值，代入上述公式，就可以得到预测标签为 1 的概率，从而判断输入数据的类别。逻辑回归在训练过程中，训练速度快，解决共线性问题，提供模型的可解释性，其缺点是准确率不高，无法处理非线性数据。

3）决策树模型

决策树模型是一种基于分层结构的机器学习算法，它满足透明模型的所有约束，具有很好的可解释性，因此衍生出许多基于决策树的深度学习模型。有研究者介绍了 DNN 中的具体挑战，并且提出了一种基于决策树的 DNN 规则提取（deep neural network rule extraction via decision tree in-duction，DeepRED）算法，该算法将为浅层网络设计的分类随机早期检测（classification random early detection，CRED）算法扩展到 DNN 的多个隐藏层，通过分析权重值，在每个隐藏层神经元和输出神经元水平上提取规则。此外，还有研究者提出了一种精确可转换决策树算法（exact-convertible decision tree，EC-DT），该算法将具有 ReLU 函数的神经网络转换为提取多元规则的代理树，因此可以有效地从神经网络中提取重要规则。

4）朴素贝叶斯

朴素贝叶斯算法是应用最为广泛的分类算法之一，它基于贝叶斯定义和特征条件独立性假设，先通过给定的训练集，学习从输入到输出的联合概率分布，再基于学习到的模型，输入 X 求出使后验概率最大的输出 Y。

该算法具有很好的可解释性，而且分类效果比较稳定，缺点是特征独立性假设在实际应用中往往不成立，当特征个数较多或特征之间相互关联时，分类效果并不好。

2. 特定模型的解释

特定模型的解释主要基于模型的内部结构。近年来，此类方法的研究主要集中于深度神经网络的可解释性。当模型成为知识的来源时，其能够提取到怎样的知识在很大程度上依赖于模型的组织架构及对数据的表征方式，对模型的解释可以捕获这些知识。这类解释方法主要包括深度学习重要特征（deep learning important features，DeepLIFT）、层方向的关联传播（layer-wise relevance propagation，LRP）和激活最大化（activation maximization，AM）。

1）DeepLIFT

DeepLIFT 解释方法通过将神经网络中的所有神经元对每个输入变量的贡献反向传播来分解对特定输入的神经网络的预测，其工作原理是将实际输入上的神经元激活与“参考”输入上的神经元激活进行比较，并反向传播重要性信号，所有输入特征的贡献总和等于输出激活与其参考值的差值。使用参考差异可以使信息即使在梯度为零的情况下也能进行传播。

2）LRP

LRP 是一种基于非线性分类器像素分解的方法，该方法计算层之间的像素相关性分数，并根据结果生成热力图。从最后一层开始，以反向传播的方式根据相关性得分逐层确定每个神经元的贡献大小。第 l 层第 j 个神经元的相关性得分 R_j^l 是由第 $l+1$ 层第 k 个神经元的相关性 R_j^{l+1} 计算得到的。

$$R_j^l = \sum_k \left(\alpha \frac{a_j^l w_{jk}^+}{\sum_j a_j^l w_{jk}^+} - \beta \frac{a_j^l w_{jk}^-}{\sum_j a_j^l w_{jk}^-} \right) \cdot R_k^{l+1} \tag{9.4}$$

式中，a_j^l 为第 l 层神经元 j 的激活；w_{jk}^+ 为神经元 j 和 k 之间的最大权重；w_{jk}^- 为神经元 j 和 k 之间的最小权重。

式（9.4）是 LRP 方法最常用的 $\alpha\beta$ 规则，只要满足条件 $\alpha-\beta=1$ 并且 $\beta \geqslant 0$，就

可以通过赋予 α 更多或更少的权重来产生积极或消极的影响。

3）AM

AM 用来可视化每个神经元的输入偏好，即找到怎样的输入能够最大程度地激活在特定层的特定神经元。它可以帮助人们深入理解深度神经网络的内部特征，该方法的核心思想是通过迭代地调整输入，使神经元的激活最大，从而可视化神经元学到的特征。激活最大化方法表述如下：

$$x^* = \text{argmax}\,\alpha_{i,j}(\theta, x) \tag{9.5}$$

式中，$\alpha_{i,j}$ 为第 i 层第 j 个卷积的激活，是关于输入 x 的函数；θ 是一个训练过的 DNN 参数，包括权重和偏差。通过梯度上升法可以找到一个局部最优解 x^*。

通过激活最大化可以知道模型是通过哪些特征做出预测的。有研究者提出了一种激活最大化方法，该方法通过生成一个输入图像来最大化一个特定滤波器，并通过生成的图像显示滤波器学习到的特征。激活最大化方法可以帮助人们理解 DNN 内部的工作逻辑，其解释结果更准确，能反映待解释模型的真实行为。然而该方法无法直接应用于文本、图等离散型数据模型，因此难以直接用于解释自然语言处理模型和图神经网络模型。

3. 因果解释方法

因果解释方法解释用不同的输入参数训练模型时，模型会做出什么决定，因此对用户来说更友好。有研究者将可解释性分为 3 个层次，以及在每个层次上可以回答的特征问题，分别是统计相关的解释、因果干预的解释和基于反事实的解释，并指出反事实解释是实现最高层次可解释性的方法，因为它包含介入和关联问题。

反事实解释是一种基于实例的因果解释方法，它并没有明确回答模型为什么会做出这样的决策，主要侧重的是“改变什么条件，模型的决策结果会发生改变”。例如，在一个信用贷款案例中，如果一个人的贷款申请被拒绝了，申请人想知道的不仅是为什么会被拒绝，还想了解改变什么条件，申请会被批准，这对申请人来说是更有用的。因此反事实解释可以作为最终用户的推荐，实现想要的输出。

如何定义一个好的反事实解释是诸多研究者想要解决的关键问题。有研究者提出解释应该接近真实世界和原始数据样本，因此需要利用距离来度量最小扰动，并将反事实解释的优化问题定义为

$$\text{argminmax}\,\lambda(f(x') - y')^2 + d(x, x') \tag{9.6}$$

在反事实解释方法中将所有特征视为同等重要，从而导致生成的反事实会改变大量特征，而且生成的反事实不易理解，因此有研究者提出每个特征改变的能力和幅度是不同的，提出利用 KNN 和全局特征重要性两种加权策略以生成反事实解释。

反事实解释除了应用在表格数据上，在图像数据上也表现出了良好的性能。有研究者利用生成模型对图像进行干预操作，反事实解释确定图像的哪些方面可以做出改动，以便分类器输出不同的类别，或者为修改后的图像提供更精确的分类。

考虑到优化损失函数需要大量的调参工作，有研究者提出使用原型来指导反事实生成，该方法不仅加快了反事实的搜索过程，而且在表格和图像数据上都表现出了良

好的性能。

在保留因果约束的反事实研究中，研究者们提出的方法主要分为两类：一类是通过因果结构模型来建立因果损失函数。然而在实际应用场景中，变量的确切函数因果机制通常是未知的；另一类是先通过模型生成反事实，然后再通过用户反馈对模型进行微调或通过因果知识、领域知识（domain knowledge）对反事实进行过滤。

9.1.4　可解释性的评估

目前，可解释性研究领域的大部分工作集中在开发新的方法或技术去提高预测任务的可解释性，很少有对可解释性方法的评估工作，导致不同类型的解释方法之间的可解释性难以比较。在本节中将可解释性方法的评估分为定性评估和定量评估两类。

1. 定性评估

定性评估方法依靠人的视觉感观来评价解释结果是否符合人的认知，该方法简单清晰，易于理解，对用户来说是更友好的。对于 XAI 方法的定性评估，主要从解释的基本单位和可视化效果两个方面进行。

解释的基本单位是指解释是由什么组成的，可以是特征重要性值、训练集的实例、规则列表和像素等。因此，对于解释的基本单位想要知道其构成形式与数量，即：如果解释是由特征组成的，那么它是包含所有特征还是仅包含少数特征？如果提供的是反事实解释，那么提供的解释与决策结果之间是否具有因果关系以及反事实结果对用户来说是否可行？

目前对于深度神经网络，更多采用可视化的方式进行解释，即构建显著性图来突出显示最相关的信息，从而提供可解释性。因此，对于可解释性的定性评估方法，主要从可视化效果方面考虑，包括两方面的问题：一方面是观察目标区域的集中度和覆盖面，显著性图需要重点关注感兴趣的目标区域，忽略其他不相关区域，显著性图中突出的区域对感兴趣目标的覆盖越全面，表明可视化效果越好；另一方面是考查多目标的可视化效果，当多个同一类别的目标同时出现在图像中时，可视化方法能够同时定位多个目标，而不会遗漏其中的某个目标。

2. 定量评估

定量评估是量化解释的数字指标，为比较不同的解释提供了一种直观的方法。接下来，将介绍正确性（correctness）、连贯性（coherence）和稳定性（stability）这几种定量评估指标。

1）正确性

正确性表示解释在多大程度上忠实于预测模型。为了评估解释对预测模型的可靠性和敏感性，加入了模型参数随机化检查方法，该方法从上到下破坏已学习的权重，并将可解释性方法应用到每个随机状态。如果随机化后的解释与原始解释相同，则该解释对模型不敏感；如果两种解释不同，则不能保证原始解释完全正确。根据解释度 $\Phi(f,x)$ 在输入 x' 的微小扰动下的最大变化来衡量可靠性，最大灵敏度方法计算如下：

$$\text{SENS}_{\text{MAX}}(\varPhi, f, x, r) = \max \|\varPhi(f, x+\delta) - \varPhi(f, x)\| \tag{9.7}$$

式中，$\delta = x' - x$；f 为黑箱函数；r 为输入邻域半径；$\|\cdot\|$ 为对函数取范数。

2）连贯性

连贯性是为了比较 XAI 方法生成的解释是否与领域知识或共识一致。对于图像解释，通常将热力图或解释的位置与真实物体边界框、分割掩码或人类注意力图进行比较来评估“位置一致性”，并使用内外相关比、点定位误差或定点游戏的准确度等量化“基本事实”与解释之间的对应关系。例如，使用定点游戏的准确度评估自上而下的注意力图在视觉场景中定位目标对象的能力。在注意力图上提取最大点，如果最大点位于提示对象类别的注释边界框内，则发生命中。其中，对象类别的定位准确度由 $\text{Acc} = 1/N \cdot \#\text{Hits}/(\#\text{Hits} + \#\text{Misses})$ 计算得到，N 为数据集中相关类别的数量。对于文本解释，通常使用标准的自然语言进行评估。例如，Rouge 度量标准，将待评估摘要与人类创建的标准摘要进行比较，自动确认摘要的质量。ROUGE-N 的计算式统计了计算机生成的待评估摘要和标准摘要的重叠单元数量（*n*-gram 长度、单词序列或单词对）：

$$\text{ROUGE-N} = \frac{\sum_{S \in \{\text{Ref}\}} \sum_{\text{gram}_n \in S} \text{Count}_{\text{match}}(\text{gram}_n)}{\sum_{S \in \{\text{Ref}\}} \sum_{\text{gram}_n \in S} \text{Count}(\text{gram}_n)} \tag{9.8}$$

式中，gram_n 为 n 个连续片段 *n*-gram 的长度；$\text{Count}_{\text{match}}(\text{gram}_n)$ 为待评估摘要和参考摘要中共同出现的 *n*-gram 的最大数量。

3）稳定性

稳定性用于评估原始输入样本和引入噪声的样本分别得到的解释之间的相似性，也就是说，输入加入微小的白噪声，解释也会引入可见的变化。有研究者通过归一化距离的方法衡量特定输入 x 及邻域 e 的自解释模型 f_{expl} 的稳定性，并使用激活最大化方法优化参数。

$$\hat{L}(x_i) = \underset{x_j \in B_\varepsilon}{\text{argmax}} \frac{\|f_{\text{expl}}(x_i) - f_{\text{expl}}(x_j)\|_2}{\|h(x_i) - h(x_j)\|_2} \tag{9.9}$$

式中，$h(\cdot)$ 为输入 x 的可解释表示。

此外，还有研究者通过分析相似输入实例产生的解释是否具有相似性，系统地验证了 XAI 方法在 MNIST 数据集上的解释具有高稳定性。

9.2 元 学 习

随着大数据的兴起以及计算机硬件的飞速发展，深度学习在计算机视觉、自然语言理解、语音识别等多个人工智能领域都取得了重大突破。传统深度学习模型通常需要大量标注数据和反复调整超参数才能适应新任务，并且对于每个新任务都需要重新训练和调整参数，需要大量数据来获取足够的泛化能力。收集大量的数据是一项非常困难的任务，不仅耗费大量的人力物力，有时候甚至是不可能的。例如，罕见疾病的医疗数据或极端环境下的数据等都难以获得。相比之下，人类只需要少量图像就能识别物体，并且具有快速理解新概念并将其泛化的能力。在人类强大学习能力的启发下，研究人员希望机器也能够以类似的方式完成任务。因此，元学习（Meta-learning）逐渐成为近年来人工智能领域非常重要的前沿研究方向，在自然语言处理、计算机视觉、机器人学习和医疗健康等领域得到了广泛应用。

9.2.1　Meta-learning 的概述

Meta-learning 的基本概念：Meta-learning 就是学习如何学习，其目标是通过学习大量的任务来获取通用的学习能力或内在的元知识，以便在面对新任务时能够快速学习和适应。Meta-learning 的研究最早可以追溯到 1987 年，当时有研究者提出了一种元进化算法和权重快速化与权重慢速化的概念，被广泛认为是 Meta-learning 的起源，为后续 Meta-learning 的发展奠定了基础。

Meta-learning 主要包括零样本（zero-shot）学习、单样本（one-shot）学习和小样本（few-shot）学习等。zero-shot 学习就是训练样本里没有这个类别的样本，但是如果可以学到一个完美的映射，这个映射即使在训练时没看到这个类，但是在遇到时依然能够通过这个映射得到这个新类的特征。one-shot 学习就是类别下训练样本只有一个或很少时，依然可以进行分类。例如，可以在一个更大的数据集上利用知识图谱、领域知识等方法，学到一个一般化的映射，然后再到小数据集上进行更新升级映射。小样本学习（few-shot learning，FSL）利用先验知识可以快速地泛化到只包含少量有监督信息样本的新任务中。FSL 可以是各种形式的学习（如监督、半监督、强化学习、迁移学习等），本质上的定义取决于可用的数据，但现在解决 FSL 任务时，采用的都是 Meta-learning 的一些方法。

Meta-learning 学习任务中的特征表示，从而在新的任务上泛化。如图 9.1 所示，以 one-shot 学习为例，训练包含多个数据集，每个数据集包含一个 one-shot-five 类的分类任务，即来自 5 个不同类的 5 个样本。在元测试中，再次使用以前从未训练过的类来提供数据集。在这个例子中，Meta-learning 的重点是学习对象分类的秘密。一旦学习了上百个任务，就不应该只关注单个的类，相反，应该发现对象分类的一般模式。因此，即使面对的是从未见过的类，也应该设法解决这个问题。

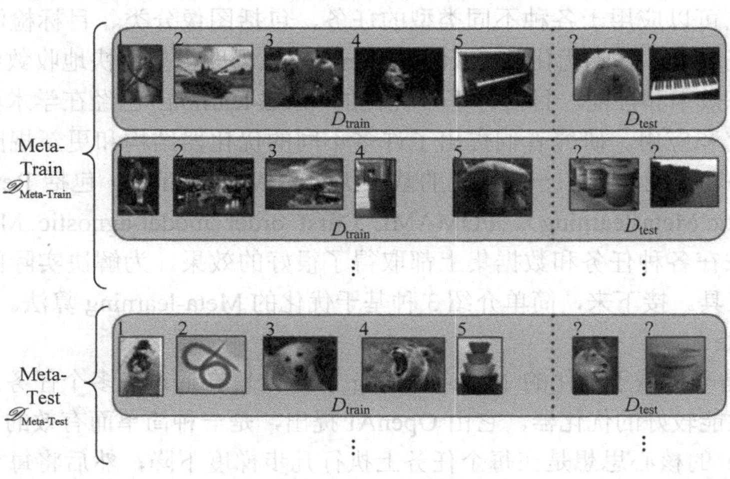

图 9.1　one-shot

Meta-learning 是一类专门用于学习如何学习的算法，通常包含两个层次的学习：外层学习和内层学习。外层学习用于学习如何在不同任务之间共享知识，内层学习用于在给定任务上学习模型参数。元特征是指用于描述任务特性或数据特性的特征。元特征的选择对于 Meta-learning 的性能至关重要，它们通常包括任务标签、任务描述符、输入数据的统计特征等。元学习器是指具有 Meta-learning 能力的模型或算法，它可以从一系列相关任务中学习到通用的特征或策略，以便在新任务上快速适应和泛化。

9.2.2　Meta-learning 的分类

根据学习方式分类，可以将 Meta-learning 分为 3 类：基于优化的 Meta-learning、基于度量的 Meta-learning 和基于模型的 Meta-learning。

1. 基于优化的 Meta-learning

基于优化的 Meta-learning 旨在学习一个能够在新任务上快速适应的优化器，使模型能够在不同的任务之间共享参数或优化策略。这种方法的核心思想是通过在多个任务上的训练来学习一个泛化性能较好的优化器，使模型能够更快地收敛到最优解。通常情况下，基于优化的 Meta-learning 涉及两个关键部分：优化器的参数和更新规则。优化器的参数通常使用神经网络来表示，更新规则指定了如何调整优化器参数以适应新任务。

基于优化的 Meta-learning 通常采用梯度下降算法或其变种作为基础优化器，然后通过在多个任务上的训练来调整基础优化器的参数，从而使其能够在新任务上更加高效地搜索最优解。在训练过程中，通常会使用多个任务的数据来更新优化器的参数，以提高其泛化性能。一种常见的做法是使用 Meta-learning 来训练优化器，即在训练过程中模型需要同时学习任务特定的参数和更新规则，从而使优化器能够更好地适应新任务。

基于优化的 Meta-learning 在各个领域都有广泛的应用，特别是在机器学习和深度学习领域。它可以应用于各种不同类型的任务，包括图像分类、目标检测、语义分割等。在这些任务中，基于优化的 Meta-learning 可以帮助模型更快地收敛到最优解，提高模型的训练效率和性能。目前，基于优化的 Meta-learning 已经在学术界和工业界得到广泛的研究和应用。研究者们提出了许多不同的优化器结构和更新规则，以适应不同类型的任务和应用场景。一些常见的基于优化的 Meta-learning 包括 Reptile、MAML（model-agnostic Meta-learning）、FOMAML（first order model-agnostic Meta-learning）等。这些方法在各种任务和数据集上都取得了很好的效果，为解决实际问题提供了有效的思路和工具。接下来，简单介绍 3 种基于优化的 Meta-learning 算法。

1）Reptile

Reptile 是一种基于优化的 Meta-learning 算法，旨在通过在多个任务上的训练来学习一个泛化性能较好的优化器。它由 OpenAI 提出，是一种简单而有效的 Meta-learning 算法。Reptile 的核心思想是在每个任务上执行几步梯度下降，然后将每个任务的参数变化平均作为模型参数的更新。这样做的目的是使模型在面对新任务时能够更快地收敛到最优解。

Reptile 算法的优点是简单且直观，易于理解和实现。它不需要额外的复杂结构或计算资源，只需要在多个任务上进行简单的梯度下降即可。然而，Reptile 算法也存在一些局限性，如对任务之间的相似性要求较高，对任务的样本数量和多样性敏感等。

2）MAML

MAML 是一种模型无关的 Meta-learning 算法，与 Reptile 类似，MAML 旨在通过在多个任务上的训练来学习一个泛化性能较好的模型。然而，与 Reptile 不同的是，该算法采用更加灵活的优化策略，可以适用于各种类型的模型和任务。

MAML 算法的核心思想是通过在多个任务上执行梯度下降和梯度更新，来学习一个可以快速适应新任务的模型初始化参数。具体而言，该方法首先在每个任务的训练集上执行一步梯度下降，然后根据每个任务的梯度更新参数，最终通过多个任务的梯度更新来更新模型的初始化参数。

MAML 算法的优点是可以适用于各种类型的任务和模型，具有较强的泛化能力。它还可以通过在任务之间共享参数和更新规则来提高模型的训练效率和性能。然而，MAML 也存在一些局限性，如对任务之间的相似性和样本数量要求较高，对模型初始化参数的选择敏感等。

3）FOMAML

FOMAML 是 MAML 的一种变体，旨在通过优化一阶梯度更新来加速 Meta-learning 的过程。与 MAML 不同的是，该算法只计算一阶梯度更新，从而降低了计算复杂度，并且可以更快地收敛到最优解。

FOMAML 算法的核心思想是通过计算每个任务的一阶梯度更新来更新模型的初始化参数，从而使模型能够在新任务上更快地适应。具体而言，FOMAML 首先在每个任务的训练集上计算一阶梯度更新，然后根据这些更新来更新模型的初始化参数。通过这种方式，该算法可以在更少的迭代次数内达到较好的性能，从而提高 Meta-learning 的效率和速度。

FOMAML 算法的优点是可以在更短的时间内获得较好的性能，具有较高的计算效率和泛化能力。然而，与 MAML 相比，该算法可能会丢失一些二阶梯度信息，从而导致性能下降或过拟合等问题。

以上介绍了 3 种基于优化的 Meta-learning 算法：Reptile、MAML 和 FOMAML。它们都是通过在多个任务上的训练来学习一个泛化性能较好的模型或优化器，从而提高模型在新任务上的适应能力。这些算法在各种任务和应用中都取得了较好的效果，为解决实际问题提供了有效的思路和工具。随着深度学习技术的不断发展和应用，基于优化的 Meta-learning 将会在各个领域发挥越来越重要的作用。

2. 基于度量的 Meta-learning

基于度量的 Meta-learning 是一种利用度量学习任务之间相似性的 Meta-learning 算法。它通过学习任务之间的相似性度量来实现快速学习和泛化。在这种方法中，模型被训练用于度量学习任务之间的相似性，从而可以在新任务上快速适应。它的核心思想是通过学习任务之间的度量来实现对新任务的快速适应。在这种算法中，模型通过度量学习任务之间的相似性，从而可以在新任务上快速调整其参数，以获得较好的性能。

基于度量的 Meta-learning 可以分为两类：基于样本的度量学习和基于任务的度量学习。基于样本的度量学习方法试图学习样本之间的相似性度量，如学习样本之间的欧氏距离或余弦相似度。基于任务的度量学习方法试图学习任务之间的相似性度量，如学习任务之间的特征表示的相似性。

基于度量的 Meta-learning 的理论基础主要来自度量学习和 Meta-learning 的相关理论。度量学习是一种机器学习方法，旨在学习样本之间的相似性度量，从而可以在新样本上进行泛化。Meta-learning 是一种学习如何学习的方法，旨在通过学习任务之间的相似性来实现快速学习和泛化。基于度量的 Meta-learning 将度量学习和 Meta-learning 相结合，通过学习任务之间的相似性度量来实现对新任务的快速适应。

基于度量的 Meta-learning 在各种领域和任务中都有广泛的应用。例如，在计算机视觉领域，基于度量的 Meta-learning 被用于图像分类、目标检测、图像分割等任务中。在自然语言处理中，它被应用于文本分类、命名实体识别、语义理解等任务中。此外，还被应用于推荐系统、医疗诊断、金融预测等各种领域和任务中。目前，基于度量的 Meta-learning 是深度学习领域的研究热点之一，吸引了众多研究者的关注和探索。在过去的几年中，已经提出了许多基于度量的 Meta-learning 算法，如 ProtoNet、MatchingNet、RelationNet 等。这些算法在各种任务和数据集上都取得了令人满意的性能，为解决实际问题提供了有效的工具和思路。接下来，简单介绍 3 种基于度量的 Meta-learning 算法。

1）ProtoNet

ProtoNet 是一种基于原型的 Meta-learning 算法，其核心思想是通过学习任务之间的原型表示来实现对新任务的快速适应。在 ProtoNet 中，每个类别的原型表示为该类别样本的特征向量的平均值。在 Meta-learning 阶段，ProtoNet 首先通过训练集中的样本计算每个类别的原型，然后通过原型与测试样本的距离来进行分类。

ProtoNet 的原理很简单，易于理解和实现。同时，ProtoNet 通过原型表示学习任务之间的通用特征，具有较好的泛化能力。但是，ProtoNet 的性能受样本表示的影响较大，如果样本表示不够准确或有效，则可能影响网络的性能。

ProtoNet 已被成功应用于图像分类、目标检测、语义分割等各种计算机视觉任务中，并取得了令人满意的结果。在各种数据集上的实验结果表明，ProtoNet 在小样本学习和 Meta-learning 任务上具有较好的性能。

2）MatchingNet

MatchingNet 是一种基于注意力机制的 Meta-learning 算法，它通过学习样本之间的注意力权重来实现对新任务的快速适应。在该网络中，模型首先通过学习任务之间的相似性度量来计算样本之间的注意力权重，然后通过加权求和的方式来生成任务特定的表示，最后使用生成的表示来进行分类。

MatchingNet 通过学习样本之间的相似性度量和注意力权重，能够有效地捕捉样本之间的关系，从而提高模型的泛化能力。此外，MatchingNet 的注意力机制使其具有较强的灵活性，能够适应不同任务和数据集的特点。但是，该网络中的注意力机制涉及对所有样本之间相似性度量的计算，因此在处理大规模数据集时可能会面临计算复杂度较高的问题。

MatchingNet 已被广泛应用于图像分类、目标检测、语义分割等各种计算机视觉任务中，并在不同数据集上取得了令人满意的结果。MatchingNet 在注意力机制方面的优势使其在小样本学习和 Meta-learning 任务上表现突出。

3）RelationNet

RelationNet 是一种基于关系网络的 Meta-learning 算法，它通过学习样本之间的关系来实现对新任务的快速适应。在该网络中，模型首先通过学习任务之间的相似性度量来计算样本之间的关系，然后通过关系网络来建模样本之间的关系，最后使用关系网络来进行分类。

RelationNet 通过关系网络来建模样本之间的关系，能够有效地捕捉样本之间的复杂关系，从而提高模型的建模能力。此外，RelationNet 在小样本学习和 Meta-learning 任务上具有较好的泛化能力，能够快速适应新任务。但是，RelationNet 中的关系网络通常由多层神经网络组成，因此在训练和推断过程中可能面临较大的计算开销。

RelationNet 已被成功应用于图像分类、目标检测、语义分割等各种计算机视觉任务中，并在各种数据集上取得了令人满意的结果。RelationNet 在建模能力和泛化能力上的优势使其成为小样本学习和 Meta-learning 领域的研究热点。

总的来说，ProtoNet、MatchingNet 和 RelationNet 各有优势，可以根据具体任务的需求和特点选择合适的算法。随着 Meta-learning 领域的不断发展，相信这些算法会得到进一步的改进和应用，为现实世界中的各种学习问题提供更加有效的解决方案。

3. 基于模型的 Meta-learning

基于模型的 Meta-learning 是一种重要的 Meta-learning 算法，它通过训练一个元模型来学习如何在新任务上快速适应。这种算法在解决小样本学习和 Meta-learning 问题上表现出了很高的灵活性和效果。

基于模型的 Meta-learning 的核心思想是训练一个元模型，该模型能够从一组任务的训练集中学习到通用的任务适应规律，并能够在面对新任务时快速适应。这种算法通常包括两个阶段：元训练（Meta-Training）阶段和元测试（Meta-Testing）阶段。在 Meta-Training 阶段，使用多个任务的训练集来训练元模型。元模型接受任务描述作为输入，通过学习任务之间的共同特征和差异，学习到如何快速适应新任务的能力。在 Meta-Testing 阶段，元模型被用于解决新任务。给定一个新任务的训练集，元模型可以通过少量的训练迭代来快速适应这个新任务，并在测试集上表现出良好的性能。

基于模型的 Meta-learning 在各种机器学习任务中都有广泛的应用，特别是在小样本学习和 Meta-learning 问题上取得了显著的成果。这些算法已经成功应用于图像分类、目标检测、语义分割等任务中，并在许多领域展现出优异的性能。随着深度学习技术的不断发展，基于模型的 Meta-learning 将继续在各种机器学习任务中发挥重要作用。未来的研究方向包括进一步改进模型的泛化能力、提高模型的训练效率以及拓展 Meta-learning 算法的适用范围。同时，基于模型的 Meta-learning 算法也将与其他学习方法相结合，以进一步提高模型的性能和泛化能力。接下来，简单介绍两种常见的基于模型的 Meta-learning 算法。

1）Learning to Learn

Learning to Learn（L2L）是一种基于模型的 Meta-learning 算法，其核心思想是通过在 Meta-Training 阶段学习到的元模型来指导在元测试阶段对新任务的学习过程。在 Meta-Training 阶段，L2L 算法通过多个任务的训练数据来训练一个元模型，该元模型能够从这些任务中学习到通用的任务适应规律。在 Meta-Testing 阶段，L2L 算法使用元模型来初始化模型参数，并通过少量的参数更新来适应新任务的数据。该算法可以应用于各种机器学习任务中，包括分类、回归和强化学习等。

L2L 算法的优势在于可以帮助模型更好地利用先前学到的知识和经验，从而在新任务上更快地实现收敛和优化。L2L 已经在多个领域取得成功，包括图像分类、语音识别、自然语言处理等。

2）Meta-Learner LSTM

Meta-Learner LSTM 是一种基于循环神经网络（LSTM）的 Meta-learning 算法，其核心思想是通过在 Meta-Training 阶段学习到的 LSTM 模型来指导在元测试阶段对新任务的学习过程。在 Meta-Training 阶段，Meta-Learner LSTM 算法通过多个任务的训练数据来训练一个 LSTM 模型，该模型能够从这些任务中学习到通用的任务适应规律。在 Meta-Testing 阶段，Meta-Learner LSTM 算法使用训练好的 LSTM 模型来初始化模型参数，并通过少量的参数更新来适应新任务的数据。该算法具有良好的泛化能力，可以在面对新任务时快速适应。

Meta-Learner LSTM 的优势在于利用了 LSTM 网络的记忆和序列建模能力，能够更好地捕捉任务之间的序列关系和模式，从而提高模型的泛化能力和适应性。

总的来说，Learning to Learn 和 Meta-Learner LSTM 是两种常见的基于模型的 Meta-learning 算法，它们通过在多个任务上学习和调整，使模型能够更好地适应新任务，从而提高模型的泛化能力和适应性。这些算法已经在许多领域取得了成功，并且在未来有望得到进一步的发展和应用。

9.2.3 Meta-learning 的挑战和机遇

Meta-learning 作为一种前沿的深度学习算法，面临着各种挑战和机遇。本小节将从多个方面详细介绍 Meta-learning 所面临的挑战和机遇，并探讨其对未来发展的影响。

1. 挑战

1）数据和任务多样性

Meta-learning 算法的性能高度依赖训练数据集和任务的多样性。然而，获取具有代表性的、多样化的数据集和任务并不容易。数据集的质量和多样性直接影响模型的泛化能力和适应性，因此如何有效地获取和利用多样化的数据集和任务是一个挑战。

2）迁徙和泛化能力

Meta-learning 算法通常在一组训练任务上进行学习，并通过迁移学习的方式将学到的知识和经验应用于新任务中。然而，不同任务之间存在着差异性和相关性，模型在新任务上的表现可能会受到训练任务的影响。因此，如何提高模型的迁移和泛化能力是一个挑战。

3）训练效率和收敛性

由于 Meta-learning 算法通常需要在多个任务上进行训练，并通过多次迭代来调整模型参数，因此其训练效率和收敛性是一个挑战。特别是在面对大规模数据集和复杂任务时，如何有效地训练和调整模型参数是一个挑战。

4）解释性和可解释性

Meta-learning 算法通常具有较强的黑盒性，模型的决策过程和参数调整过程不够透明和可解释。这给模型的解释性和可解释性带来了挑战，特别是在涉及关键任务和应用场景时，如何提高模型的解释性和可解释性是一个挑战。

2. 机遇

1）推动机器人学习和人工智能的发展

Meta-learning 算法作为一种前沿的深度学习算法，具有巨大的潜力和机遇，可以推动机器学习和人工智能的发展。通过学习如何在新任务上进行学习，Meta-learning 算法可以提高模型的泛化能力和适应性，从而在各种应用场景中取得更好的性能和效果。

2）解决复杂任务和场景

Meta-learning 算法可以帮助模型更好地适应复杂的任务和应用场景，特别是在面对大规模数据集和复杂任务时，Meta-learning 算法可以帮助模型快速适应新任务，从而提高模型的性能和效果。

3）加速模型训练和调优

Meta-learning 算法可以帮助模型更好地适应复杂的任务和应用场景，特别是在面对大规模数据集和复杂任务时，Meta-learning 算法可以帮助模型快速适应新任务，从而提高模型的性能和效果。

4）推动人工智能的应用和发展

Meta-learning 算法可以帮助模型更好地适应不同的任务和应用场景，特别是在面对复杂的现实世界问题时，Meta-learning 算法可以帮助模型更好地理解和解决问题，从而推动人工智能的应用和发展。

9.3　自监督学习

要在深度神经网络中应用监督学习，需要足够的标记数据。但是人工手动标记数据既耗时又昂贵。对于一些特殊的领域（如医学领域）获取足够的数据本身就是一个挑战。因此，监督学习当前的主要瓶颈是标签生成和标注。自监督学习作为一种重要的深度学习方法，近年来受到了广泛的关注和研究。本节将从多个方面详细介绍自监督学习的基本概念、方法、挑战和机遇。

9.3.1 自监督学习的基本概念

自监督学习基本思想是利用数据本身的结构和特征进行学习，无须外部标签或监督信号。传统的监督学习方法需要大量标注数据来指导模型的学习过程，而自监督学习则通过设计合适的任务或目标，使模型在学习过程中能够自动生成标签或监督信号，从而实现对数据的有效表征学习。自监督学习示意图如图 9.2 所示。

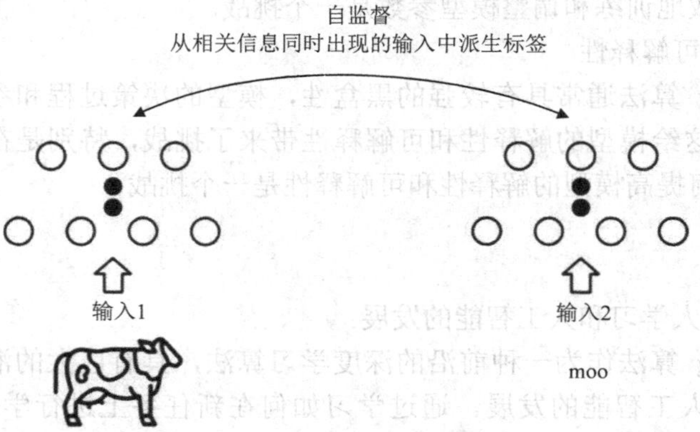

图 9.2　自监督学习

自监督学习的关键是设计合适的任务或目标，这些任务或目标通常包括数据的内在结构和特征。通过设计合适的任务，模型可以从数据中学习到有用的信息，从而实现对数据的有效表征。自监督学习通常包括两个阶段：首先是数据预处理阶段，通过设计合适的任务或目标生成伪标签；其次是模型训练阶段，利用生成的伪标签进行有监督学习，从而学习到数据的有效表征。

自监督学习的目标是使模型在学习过程中尽可能地利用数据中的信息，从而学习到更加鲁棒和有效的表征。自监督学习的核心挑战之一是设计合适的任务或目标，这需要考虑数据的特点、领域知识及模型的能力等因素。另外，自监督学习还需要解决数据表示和表征学习的难题，包括如何提取数据中的有用信息、如何降低数据的维度以及如何提高模型的泛化能力等问题。

9.3.2 自监督学习方法

自监督学习又可以分为对比学习（contrastive learning）和生成学习（generative learning）两条主要的技术路线。

1. 对比学习

对比学习的核心思想是通过学习样本之间的相似性和差异性来学习数据的表征。与传统的监督学习方法不同，基于对比学习不需要外部标签或监督信号，而是利用数据本身的内在结构和特征进行学习，其基本原理是将数据样本分为正样本和负样本，并通过最大化正样本之间的相似性、最小化正负样本之间的差异性来学习数据的有效表征。

对比学习通常包括两个阶段：构建对比样本集和学习样本表征。在构建对比样本集阶段，通常采用数据增强或随机采样的方式生成正样本和负样本对，以及相应的标签。在学习样本表征阶段，通常采用神经网络模型来学习数据的表征，通过最大化正样本之间的相似性、最小化正负样本之间的差异性来优化模型参数。接下来将介绍基于对比学习的 3 种典型方法。

1）SimCLR

SimCLR（simple contrastive learning，简单对比学习）是一种简单而有效的基于对比学习的方法，由谷歌大脑（Google Brain）团队提出。SimCLR 的核心思想是通过最大化同一样本的不同视角之间的相似性、最小化不同样本之间的差异性来学习数据的表示。

SimCLR 使用了大量的数据增强方法，如随机裁剪、随机色彩扰动、随机反转等，以增加模型对数据的理解能力。同时，使用了对比损失函数，通过最大化同一样本的不同视角之间的相似性，最小化不同样本之间的差异性来优化模型参数。常用的对比损失函数包括 NT-Xent 损失和 Triplet 损失等。此外，还使用了投影头和归一化操作，将图像特征映射到低维空间，并进行归一化处理，以提高模型的性能和泛化能力。

2）MoCo

MoCo（momentum contrast，动量对比）是一种基于动量对比的方法，由 Facebook AI Research 提出。MoCo 的核心思想是通过构建一个动态的负样本队列，利用模型参数的动量更新策略来学习数据的表示。

MoCo 使用了动量更新策略，将在线更新的模型参数作为动量变量，并利用负样本队列中的样本来更新模型参数，以提高模型的性能和泛化能力。同时，还使用了一个动态的负样本队列，存储了历史上访问过的图像特征，并根据动量更新策略来更新负样本队列，以提高模型的性能和泛化能力。与 SimCLR 一样，MoCo 同样使用了对比损失函数，通过最大化同一样本的不同视角之间的相似性、最小化不同样本之间的差异性来优化模型参数。

3）SimSiam

SimSiam 是一种简化版本的自监督对比学习方法，由 Facebook AI 提出。SimSiam 的核心思想是通过自编码器的方式学习数据的表示，而不需要额外的负样本对。

SimSiam 使用了一个简单的自编码器结构，将图像特征映射到一个固定的低维空间，并通过自编码器的重构误差来优化模型参数。与 SimCLR 和 MoCo 两种方式一样，同样使用了对比损失函数，通过最大化同一样本的不同视角之间的相似性来优化模型参数。

2. 生成学习

生成学习的核心思想是学习数据的生成分布，从而能够生成与原始数据分布相似的新样本。生成学习的基本原理是通过学习一个生成模型来近似地表示数据的分布，然后利用这个生成模型生成新的样本。

生成模型需要学习原始数据的分布，即数据样本的概率分布。这可以通过各种统计方法或概率模型来实现，如概率密度估计、深度生成模型等。一旦生成模型学习到了数据的分布，就可以使用这个模型生成新的样本。生成新样本的过程通常是从潜在空间中采样，然后通过生成模型将潜在变量映射到数据空间，从而生成新的样本。生成模型的训练通常是通过最大化样本的似然概率来实现的，即最大化生成模型产生样本的概率。这可以通过梯度下降等优化算法来实现。接下来，介绍3种基于生成学习的典型方法：生成对抗网络（GAN）、变分自编码器（VAE）和生成式对抗自编码器（adversarial auto-encoder，AAE）。

1）GAN

GAN 于 2014 年被提出，是一种由生成器和判别器组成的对抗性框架。GAN 的核心思想是通过生成器生成假样本，判别器则负责区分真实样本和假样本。生成器和判别器通过对抗训练的方式不断优化，最终使生成器能够生成逼真的样本。

训练过程可以描述如下：生成器接收一个随机噪声向量作为输入，并生成与原始数据分布相似的样本。生成器的目标是尽可能地欺骗判别器，使生成的样本足够逼真。判别器接收生成器生成的样本和真实样本作为输入，并输出一个概率值，表示输入样本为真实样本的概率。判别器的目标是尽可能地区分生成的假样本和真实样本。生成器和判别器之间进行对抗训练，生成器试图最小化判别器的损失，而判别器试图最大化判别器的损失，从而达到动态平衡。GAN 的优点是能够生成高质量的样本，具有很强的生成能力。然而，GAN 的训练过程不稳定，容易出现模式崩溃和模式塌陷等问题。

2）VAE

VAE 是一种基于概率生成的模型，于 2013 年被提出。VAE 的核心思想是学习数据的潜在变量表示，并通过学习编码器和解码器来实现数据的重构和生成。

训练过程可以描述如下：编码器接收输入样本，并将其映射到一个潜在空间中的概率分布。编码器的目标是学习数据的潜在变量表示，并尽可能地捕获数据的分布信息。解码器接收编码器生成的潜在变量，并将其映射回原始数据空间。解码器的目标是根据潜在变量重构输入样本，并尽可能地减小重构误差。VAE 通过最大化变分下界来优化模型参数，从而实现对潜在变量的学习和数据的生成。VAE 的优点是能够生成具有多样性的样本，并且能够学习数据的连续表示。然而，VAE 生成的样本质量通常较低，缺乏逼真度。

3）AAE

AAE 是一种将自编码器和生成对抗网络相结合的方法，于 2016 年被提出。AAE 的核心思想是通过自编码器学习数据的表示，并通过对抗训练来优化表示的质量。

训练过程可以描述如下：AAE 使用自编码器来学习数据的表示，其中编码器负责将输入样本映射到潜在空间，解码器负责将潜在变量映射回原始数据空间。AAE 引入了一个判别器网络，它接收从编码器生成的潜在变量和真实潜在变量样本，并尝试区分它们。编码器和解码器通过对抗训练，使生成的潜在变量足够逼真。AAE 使用了自编码器的重构损失和对抗损失来优化模型参数，其中对抗损失旨在使编码器生成的潜在变量与真实潜在变量尽可能地接近。

对比学习和生成学习是两种不同的学习方式，它们分别从不同的角度解决了深度学习中的问题。对比学习主要关注数据的相似性和差异性，生成学习主要关注数据的分布和生成过程。这两种方法都在各自的领域取得了显著的成就，为人工智能的发展做出了重要贡献。

9.3.3　自监督学习的挑战和机遇

自监督学习作为一种前沿的深度学习方法，面临着各种挑战和机遇。接下来将从多个方面详细介绍自监督学习面临的挑战和机遇，并探讨其对未来发展的影响。

1. 挑战

1）数据标注

自监督学习的一个主要挑战是设计有效的自监督任务。虽然自监督学习不需要人工标注的标签，但是需要设计一些能够利用数据本身结构的任务来指导模型学习。这些任务需要具有一定的难度和多样性，以提供充分的信息来学习有用的表示。

2）模型设计

另一个挑战是设计能够有效学习数据表示的模型。自监督学习需要设计适合不同类型数据的模型架构，并且需要考虑到数据的特点和任务的复杂度。同时，需要解决模型训练过程中的收敛和过拟合等问题。

3）数据偏差

在自监督学习中，数据偏差可能会影响模型的性能。例如，如果自监督任务过于简单或数据集中存在特定的偏差，模型可能会学习到无用的特征或偏差。因此，需要设计能够克服数据偏差的自监督任务，并且进行有效的数据预处理和清洗。

4）迁徙学习

自监督学习中的另一个挑战是将学到的表示应用到其他任务中。虽然自监督学习可以学习到有用的表示，但是如何有效地将这些表示应用到其他任务中仍然是一个挑战。需要设计有效的迁移学习方法，以充分利用自监督学习学到的表示。

2. 机遇

1）数据利用率

自监督学习可以充分利用大规模无标签数据，从而提高数据的利用率。在现实世界中，大量的数据是未标注的，而自监督学习可以通过设计合适的自监督任务来利用这些数据，从而提高模型的性能。

2）表示学习

自监督学习可以学习到数据的有用表示，从而提高模型在各种任务上的泛化能力。通过设计合适的自监督任务，可以学习到具有丰富语义信息的表示，从而提高模型的性能。

3）迁徙学习

自监督学习学到的表示可用于各种其他任务，从而实现迁移学习。通过将学到的表示应用到其他任务中，可以显著提高模型在这些任务上的性能，并减少对标注数据的依赖。

4）鲁棒性

自监督学习学到的表示通常具有良好的鲁棒性和泛化能力。通过设计多样化的自监督任务，可以学习到具有丰富语义信息的表示，从而提高模型的鲁棒性和泛化能力。

本 章 小 结

深度学习的前沿发展方向涵盖了许多令人兴奋的领域，本章详细介绍了可解释性、Meta-learning 和自监督学习，它们在提高模型性能、推动人工智能发展和解释模型行为等方面具有重要意义。

可解释性指的是理解模型内部如何做出决策的能力，这对于提高模型的可信度、透明度和可靠性至关重要。为了解决模型黑盒问题，研究者们提出了一系列解释方法和可视化技术，以帮助用户理解和解释深度学习模型的行为。

Meta-learning 旨在使模型能够在不同任务之间学习，并且能够在新任务上快速适应。这种能力类似人类学习的方式，即从以往的经验中学习，并将这些经验应用于新的情境和任务中。Meta-learning 模型能够通过学习任务之间的共同特征和学习策略，快速适应新任务，大大减少了对新数据的依赖和数据标注的成本，也能更好地泛化到未见过的任务中，提高了模型的泛化能力和适应性。Meta-learning 可以分为基于优化的方法、基于度量的方法和基于模型的方法 3 种主要类型。

自监督学习是一种无监督学习的方法，通过利用数据本身的结构和特征来进行学习。与传统的无监督学习方法不同，自监督学习利用数据中的某种结构或属性作为监督信号来指导模型的学习过程。自监督学习可以看作一种“自我生成”的监督学习方法，它不需要人工标注的标签，而是利用数据本身的结构和属性来生成伪标签，从而指导模型的学习过程。

尽管这 3 个方向都已经取得了一些进展，并且在不同领域都得到了广泛的应用，但是仍然面临着不同的挑战。尽管存在挑战，但同时也带来了巨大的机遇。对这些方向的研究不仅有助于推动深度学习领域的发展，也对机器学习理论和方法提出了新的挑战。同时也为未来智能系统的构建提供了重要思路和方法。

思考题或自测题

1. 什么是可解释性？研究它的必要性是什么？
2. 独立于模型的解释方法可细分为哪几类？
3. 描述几种常见的自解释模型（至少 3 种）。
4. 列举几种可解释性方法的定量评估指标（至少 3 种）。
5. 什么是 Meta-learning？它通常包含哪两个层次的学习？
6. 列举基于优化的 Meta-learning 方法（至少 2 种），它们的核心思想和优点分别是什么？
7. 什么是 Meta-Learner LSTM？它属于哪种 Meta-learning 算法？它的核心思想是什么？

8. 什么是自监督学习方法？相较于传统的监督方法有什么优点？

9. 简要介绍 SimCLR、MoCo 和 SimSiam 3 种对比学习的典型方法。它们有什么共同点？

10. 生成对抗网络属于哪种自监督学习方法？它的核心思想是什么？简要介绍训练过程。

参考文献

李丁园，2019．回声状态网络结构设计及应用研究[D]．长春：吉林大学．

李玉鑑，张婷，单传辉，等，2018．深度学习：卷积神经网络从入门到精通[M]．北京：机械工业出版社．

牟晓惠，2022．回声状态网络学习机制的研究及其应用[D]．北京：北京邮电大学．

彭博，2018．卷积神经网络[M]．北京：机械工业出版社．

骞宇澄，刘昭策，2017．深度学习的实现与发展：从神经网络到机器学习[J]．电子技术与软件工程（11）：30-31．

史忠植，2009．神经网络[M]．北京：高等教育出版社．

吴岸城，2016．神经网络与深度学习[M]．北京：电子工业出版社．

袁冰清，陆悦斌，张杰，2018．神经网络与深度学习基础[J]．数字通信世界（5）：32-33，62．

张春霞，姬楠楠，王冠伟，2013．受限玻尔兹曼机简介[EB/OL]．北京：中国科技论文在线[2013-01-11]（2024-06-20）．https://www.paper.edu.cn/releasepaper/content/201301-528.

钟珞，饶文碧，邹承明，2007．人工神经网络及其融合应用技术[M]．北京：科学出版社．

周志，2016．机器学习[M]．北京：清华大学出版社．

HAYKIN S, 2004．神经网络原理[M]．叶世伟，史忠植，译．北京：机械工业出版社．

HAYKIN S, 2011．神经网络与机器学习[M]．申富饶，徐烨，郑俊，等译．3 版．北京：机械工业出版社．

ANDERSON J A, ROSENFELD E, 2000. Talking nets: An oral history of neural networks[M]. Cambridge: MIT Press.

KRIZHEVSKY A, SUTSKEVER I, HINTON G E, 2012. Imagenet classification with deep convolutional neural networks[C]// Proceedings of the Advances in Neural Information Processing Systems. Lake Tahoe, USA: 1097-1105.

LAROCHELLE H, ERHAN D, COURVILLE A, et al., 2007. An empirical evaluation of deep architectures on problems with many factors of variation[C]// Proceedings of the 24th International Conference on Machine Learning: 473-480.

LEE H, GROSSE R, RANGANATH R, et al., 2009. Convolutional deep belief networks for scalable unsupervised learning of hierarchical representations[C]// Proceedings of the 26th Annual International Conference on Machine Learning: 609-616.

MCCLELLAND J L, RUMELHART D E, GROUP P R, 1986. Parallel distributed processing: Explorations in the microstructure of cognition. volume i: Foundations & volume ii: Psychological and biological models[M]. Cambridge: MIT Press.

RANZATO M, POULTNEY C, CHOPRA S, et al., 2006. Efficient learning of sparse representations with an energy-based model[C]// Proceedings of the 19th International Conference on Neural Information Processing Systems. Cambridge: MIT Press: 1137-1144.

SMOLENSKY P, 1986. Information processing in dynamical systems: Foundations of harmony theory [R]. Dept Of Computer Science, Colorado Univ At Boulder.

VINCENT P, LAROCHELLE H, BENGIO Y, et al., 2008. Extracting and composing robust features with denoising autoencoders[C]// Proceedings of the International Conference on Machine Learning: 1096-1103.

WELLING M, ROSEN-ZVI M, HINTON G E, 2005. Exponential family harmoniums with an application to information retrieval[C]//Advances in Neural Information Processing Systems: 1481-1488.

WERBOSP,1974. Beyond regression: New tools for prediction and analysis in the behavioral sciences [D]. Cambridge: Harvard University.